勐 库 —— 世 界 古 茶 树 原 乡 第 一 标 志 地

茶源探秘·勐库大叶种茶

邓少春　何青元　田易萍 ◎ 主编

YNK 云南科技出版社
·昆 明·

图书在版编目（C I P）数据

茶源探秘：勐库大叶种茶 / 邓少春，何青元，田易萍主编. -- 昆明：云南科技出版社， 2024. 8. -- ISBN 978-7-5587-5571-2

Ⅰ. TS272

中国国家版本馆 CIP 数据核字第 2024BK2412 号

茶源探秘·勐库大叶种茶

CHAYUAN TANMI · MENGKU DAYEZHONG CHA

邓少春　何青元　田易萍　主编

出 版 人：温　翔
责任编辑：吴　涯　张翟贤
整体设计：长策文化
责任校对：孙玮贤
责任印制：蒋丽芬

书　　号：ISBN 978-7-5587-5571-2
印　　刷：昆明木行印刷有限公司
开　　本：787mm × 1092mm　1/16
印　　张：24.5
字　　数：600千字
版　　次：2024年8月第1版
印　　次：2024年8月第1次印刷
定　　价：186.00元

出版发行：云南科技出版社
地　　址：昆明市环城西路609号
电　　话：0871-64190978

版权所有　侵权必究

编委会

顾　　问：申时全　甄　鹏　陈　鹏

主　　任：周玉忠　徐亚和

副 主 任：丁相恒　朱兴正　刀　林　刘本英　杨光明　陈林波　蓝增全　曾海前　伍　岗　李崇兴　夏白梅

主　　编：邓少春　何青元　田易萍

副 主 编：蒋会兵　张　荣　常俐丽　张建伟　尚卫琼

编　　委：（排名不分先后）

刀正平　邓少春　王凯博　田易萍　孙　超　叶　爽
包云秀　宁功伟　孙云南　仝佳音　刘　悦　刘玉飞
许　燕　刘福桥　刘德和　李友勇　李付雄　李华江
吴　涯　张　荣　张建伟　张艳梅　陈春林　陈　静
陈　雷　何青元　宋维希　罗　瑞　尚卫琼　庞丹丹
杨盛美　杨方慧　杨廷光　杨懿毅　赵才美　姜红毅
唐一春　徐丕忠　袁江华　夏丽飞　夏　锐　浦绍柳
黄文华　常俐丽　蒋会兵　普彦维　彭连清　罗成荣
赵国海　陈武芳

照片提供：田易萍　蒋会兵

本书获“中国勐库大叶茶创新中心（中国勐库大叶种茶研究中心）建设项目”经费支持，“云南省农业科学院双江农科服务团”、云南省科技厅科技计划项目“双江县公弄科技创新示范村创建(202304BU090006)”和双江拉祜族佤族布朗族傣族自治县“三茶统筹”研究院工作支持。全书合计600千字，其中，邓少春主编完成220千字，何青元主编完成100千字，田易萍主编完成100千字；蒋会兵、张荣、常俐丽、张建伟、尚卫琼等副主编合计完成180千字书稿撰写，特此致谢！

前言

云南位于中国西南部，是世界茶树起源中心和原产地，产茶历史悠久，茶树资源丰富，是我国乃至世界茶树资源保存面积最大、数量最多的地方。云南境内分布着大量的古茶树种质资源及野生茶树居群，是世界公认的茶树天然基因库和茶园生物多样性研究宝库，也是世界茶文化的根和源，对景观、文化、科研和产业有重大的提升价值。了解云南茶，“勐库大叶种茶”是一个绕不开的课题。勐库大叶种茶原产于双江县勐库镇，为有性系、乔木型、大叶类、早生茶树良种，是中国茶界专家公认的“大叶茶品种的英豪”“云南大叶种茶的正宗”。主要分布在临沧双江、镇康、永德、凤庆，保山昌宁，普洱思茅等县（市、区）。由于勐库大叶种茶优异的品质和良好的适制性，在20世纪60年代、80年代两次被全国茶树良种委员会评定为全国茶树良种。四川、贵州、广东、广西、海南、湖南等省区均有大面积引种和栽培，在全国具有较大的影响力。

本书内容共分七章，第一章介绍勐库大叶种茶发源地，分别从自然环境概况、社会经济概况和茶产业概况等方面阐述了勐库大叶种茶发源地的总体情况；第二章介绍勐库大叶种茶树种质资源，分别表述了勐库大叶种茶特征特性、资源科考与普查、资源地理分布、名山名茶等方面的内容；第三章介绍勐库大叶种茶树品种，主要从群体品种、无性系品种、优异材料等方面进行了

分类列举和详细介绍；第四章介绍勐库大叶种茶树栽培管理，分别列举了新茶园建设、繁育技术、管理技术等勐库大叶种茶树栽培管理技术及要点；第五章介绍勐库大叶种茶叶加工，分别从鲜叶、普洱茶加工、绿茶加工、红茶加工、白茶加工、乌龙茶加工等方面对勐库大叶种茶加工技术进行了分类和描述；第六章介绍勐库大叶种茶文化，分别从茶俗与茶饮、茶诗与茶歌、茶人与茶文、茶旅等方面对勐库大叶种茶文化进行了挖掘和整理；第七章介绍勐库大叶种茶企及品牌，分别从茶叶企业和茶叶品牌两方面对勐库大叶种茶企及品牌进行了搜集和梳理。本书系统全面、图文并茂，可读性和趣味性较强，是一部探秘勐库大叶种茶发源地、资源、品种、栽培管理、加工、文化及品牌的工具书和科普读物，适合茶叶爱好者、茶叶科研工作者、茶产业从业人员阅读和参考。

本书的付梓出版得到了临沧市、双江县相关单位、企业及茶叶爱好者的鼎力支持和热忱帮助，本书编委为本书的出版付出了大量时间和心血，但由于本书篇幅有限，编撰时间仓促，且限于作者的水平和经验，书中难免有疏漏和不妥之处，敬请读者批评指正。

编　者

2024年2月14日

茶源探秘·
勐库
大叶种茶

茶源探秘

DISCOVERING
THEORIGINAL
LARGELEAFTEA

勐库大叶种茶

目　录
CONTENTS

目　录
CONTENTS

茶源探秘 · 勐库大叶种茶

茶人福地 康养双江 欢迎您

第一章

勐库大叶种茶发源地

第一节

自然环境概况

一、总体概况

勐库大叶种茶原产于云南省临沧市双江拉祜族佤族布朗族傣族自治县（以下简称双江县），双江县是全国唯一的拉祜族佤族布朗族傣族自治县。县内澜沧江、小黑江相交相融，北回归线穿境而过，县域内水资源丰富，冰岛湖是国家级重点水利风景区。双江县气候温暖，光照充足，草经冬而不枯，花非春亦不谢，被誉为“北回归线上的绿色明珠”。双江古茶山国家森林公园里栖息着目前世界上生长海拔最高、密度最大、分布最广、原始植被保存最完整、抗逆性最强的1.27万亩（亩为非法定单位，1亩≈666.67平方米，全书同。）千年野生古茶树群落，被誉为“世界古茶树原乡第一标志地”“中国国土古茶树种质基因宝库”。勐库大叶种茶已通过农产品地理标志认证，于20世纪60年代、80年代两次被全国茶树良种审定委员会评为国家级茶树良种。2013年双江勐库冰岛茶入选“中华国茶名片”。2017年冰岛古茶园被评为云南省高原特色现代农业茶产业“魅力古茶园”。2015年11月，双江县“勐库大叶种茶”被中华人民共和国农业部成功登记为农产品地理标志。2015年10月，双江勐库古茶园与茶文化系统被中华人民共和国农业部认定为第三批中国重要农业文化遗产，2016年3月，2019年6月被中华人民共和国农业部两次列入全球重要农业文化遗产预备名单。2020年10月，双江县茶产业区域公共品牌——双江勐库大叶种茶于北京国际茶业展览会上正式发布。

双江县茶园总面积达32.15万亩，可采摘面积达24.37万亩，百年以上栽培型古茶树3.69万亩，茶园有机认证面积12.9万亩。涉及茶农13万人，茶产业综合产值42亿元。双江各民族历来有种茶、饮茶、爱茶、敬茶的传统习俗，在与茶的相生相伴中，形成了“营茶为生、以茶为饮、引茶入药、以茶入馔”的民族茶文化。双江县是“全国最美茶乡”“全国茶产业百强

云南双江勐库古茶园与茶文化系统

县”“全国茶叶品牌建设十强县”“云南省茶产业十强县”、云南省“一县一业”茶产业示范县。双江县境内居住着23个少数民族，是布朗族的主要聚居地和文化发祥地之一，各民族同生共荣，民族文化丰富多彩。双江布朗族作家陶玉明的散文《我的乡村》曾获第九届少数民族骏马奖；布朗族蜂桶鼓舞被列入国家级非物质文化遗产保护名录，入围中国民间文艺山花奖；佤族鸡枞陀螺、拉祜族“七十二路”打歌被列入云南省级非物质文化遗产保护名录。双江县被称为“中国多元民族文化之乡”，20世纪90年代就被评为“全国民族团结进步模范自治县”。近年来，双江县先后被评为“全国法治县创建活动先进单位”“全国普法先进县”“全国民族团结进步示范县”“国家卫生县城”“联合国森林文书履约示范单位”“云南省文明城市”“省级园林县城”“省级美丽县城”。

二、地理位置

双江拉祜族佤族布朗族傣族自治县成立于1985年，位于云南省西南部，地处东经99°35′～100°09′，北纬23°11′～23°48′之间。因澜沧江和小黑江交汇于县境东南而得名。双江处于东出昆明、西通缅甸的要冲位置，是临沧市与南亚各国进行商业、旅游、文化交流的必经要塞，是云南—临沧构筑“一带一路”辐射中心的“前沿阵地”，是临沧各县（区）与西南各州（市）普洱、西双版纳交通联系的重要中转站。县城驻地勐勐镇距省城昆明755km，距临沧市政府所在地104km，东西最大横距58km，南北最大纵距64km，东与景谷县隔江相望，南以澜沧江、小黑江为界河与澜沧县、沧源县相邻，西连耿马县，北接临翔区。

双江县勐库镇是勐库大叶种茶的故乡，勐库镇土地总面积为475.3km^2，

双江勐库茶区分布图（来源：新境普洱茶业）

境内山多坝少，山区面积占99.55%，坝区面积仅占0.45%，地势呈西北高、东南低，境内河谷交错、山峦起伏，河沟纵横，条条溪流汇集南勐河，南勐河贯穿全镇37km，把勐库镇分为东西两半，勐库镇的地形为两山夹一河一坝，两山指邦马山与马鞍山，一河指南勐河，一坝指勐库坝。邦马山与马鞍山对峙，南勐河流经两山之间，勐库人习惯以南勐河为界，将南勐河东边的山称为东半山，南勐河西边的山称为西半山。马鞍山在河东，勐库人称为东半山，邦马山在河西，勐库人称为西半山。

三、地形地貌

双江县地处云贵高原的西南部、横断山脉南部帚形地带的扩展部位，平面地貌形似桑叶。北回归线穿境而过，境内地貌复杂，海拔高差悬殊大，山高谷深，立体气候明显，成就了双江丰富的资源禀赋。因邦马山脉古夷平面抬升、错断、河流侵蚀切割作用而形成地面破碎、高差悬殊和西北高、东南低的地势形态，与耿马县交界海拔3233m的大雪山是县境西北极边最高点，县境东南的双江渡口为最低点，海拔669m，相对高差2564m。大雪山主山呈阶梯状层叠，层上峰峦桥立，边沿破碎，层与层之间有陡坡地带。县境地貌分为侵蚀构造、构造剥蚀、侵蚀堆积、深岩地貌4大类型。全县地貌形态大致可分为深切中山河谷地、河谷盆地和“V”型中山窄谷山地三种。

四、气候生态

由于地处北回归线，双江县太阳辐射强，光热资源丰富，有利于多种作物生长，属较典型的亚热带季风气候。具有冬无严寒、夏无酷暑、干湿季分明、冬春干旱、立体气候明显等特点。年平均气温19.5℃，最冷月平均气温5.7℃，最热月平均气温21.6℃，历年极端最高气温38.1℃，历年极端最低气温-2.1℃。年平均降雨量995.3mm，其中5—10月降雨量为836.8mm，占全年降雨总量的84%，月最大降雨量323.6mm，月最小降雨量0.0mm，最大日降雨量103.8mm。年平均相对湿度75%。年最长无霜期日数343天，随着全球气候变暖，近年来，双江县无霜期日数逐年增多。全年日照时数2222.0小时。年平均风速1m/s，年最多风向为静风，次多风向为西南风。

五、自然资源

（一）土地资源。双江县土地面积为2160.72km^2，山区面积为2083.62km^2，占总面积的96.43%。耕地面积67.12万亩，占总面积的20.71%，全县农业人口均占有耕地1.66亩。双江光照充足，有一定的热区土地资源，有海拔1300m以下热区土地资源83.07万亩，占总面积的25.58%。

（二）水利资源。双江河流属澜沧江水系，全县有106条河溪。水资源2.04万亿m^3，水能蕴藏总量为223万kW。县境内有地下热水两处，水温52～58℃。水能蕴藏量38.2万kW（不含澜沧江），南勐河主流6.82万kW，支流15.39万kW，小黑江主流7.99万kW，支流3.06万kW，澜沧江支流4.94万kW。

（三）森林资源。双江县森林类型划分为：热性阔叶林、暖热性阔叶林和针叶林、暖凉性阔叶林和针叶林、暖性阔叶林和针叶林等4种类型。用材林树种有：云南松、华山松、思茅松、旱冬瓜、桉树等。主要经济林树种有：橡胶、茶树、纯叶黄檀、芒果等。双江县林业用地面积226.4万亩，占全县土地总面积的69.86%，森林覆盖率62.1%。

（四）植物资源。双江县内植物资源有62科145属288种。粮食作物有水稻品种192个，陆稻品种33个，玉米品种14个，麦类品种14个。经济作物有：甘蔗、花生、油菜、生姜、辣椒、棉花、席草、麻类及蔬菜。经济林木有：紫胶、勐库大叶种茶、橡胶、油桐等。药材香料植物有胡椒、砂仁、草果等60种。有国家二级保护植物5种、三级保护植物10种。被国家列为一类、二类、三类保护植物的有：桫椤、长蕊木兰、云南苏铁等。被云南省列为二级、三级保护植物的有大果枣、萝芙木、竹柏、壮丽含笑等4种。有植物药材81科195种，菌类药材4科7种。

（五）动物资源。双江有野生动物资源87种，其中兽类40种、鸟类47种。有动物药材34科38种。国家二类保护动物有虎、绿孔雀；三类保护动物禽类有白鹇、原鸡、白腹锦鸡、红腹锦鸡。有省级一类保护动物风猴、金钱豹、云豹、犀鸟；二类保护动物有穿山甲、蟒等。鱼类有青鱼、红鲫鱼、刺花鱼、鲤鱼、鲫鱼、扁头鱼、刀把鱼、白花鱼、面瓜鱼、麦穗鱼、胡子鲶、谷花、泥鳅、黄鳝等15种本地原有鱼类，以及草鱼、白鲢、团头鲂、尼罗罗非鱼、莫桑比克罗非鱼等5种外地引进鱼类。还有螃蟹、龟鳖、蛤鲱、巨蛤等水产生物。昆虫类有宽条稻蛛、八斑瓢虫等24种益虫和水稻二化螺、水稻三化螺、叶蝉、茶毛虫、本公毛、黄蚁、蟑螂等46种害虫。

（六）矿产资源。双江发现的矿产资源有21个矿种，80个矿床（点）。大致可划分为三个矿带：东部矿带分布于勐库镇以东的贺六、忙糯、大文、邦丙一带，主要矿种有：地热、铜、铁、铅、锌、钨、锡、锑、银、高岭土、硅石、沸石、花岗岩、黏土等；中部矿带分布于勐库镇至勐勐镇的断陷盆地中，主要矿种有：煤、硅藻土、建筑用砂、石、黏土等；西部矿带分布于勐库镇以西、沙河乡一带，主要矿种有金、石灰岩等。

第二节 社会经济概况

一、行政区划

双江拉祜族佤族布朗族傣族自治县辖2镇、4乡、72个村、3个社区及勐库华侨管理区、双江农场管理区。

乡镇（管理区）名称	政府驻地	主要辖区
勐勐镇	勐勐	辖2个社区、15个行政村：公很、新村；千蚌、大荒田、闷乐、千福、忙乐、南宋、邦迈、大吉、那布、忙建、彝家、细些、红土、章外、同化
勐库镇	勐库	辖16个行政村：城子、亥公、那赛、邦渎、那蕉、坝糯、梁子、冰岛、坝卡、懂过、大户赛、公弄、丙山、邦改、护东、忙那
沙河乡	沙平	辖1个社区、11个行政村：允甸；土戈、南布、允俸、忙开、邦协、邦木、陈家、平掌、营盘、下吧哈、布京
大文乡	大文	辖11个村：大文、大忙蚌、大梁子、邦驮、大南矮、忙冒、仟信、户那、太平、清平、邦烘

续表

乡镇（管理区）名称	政府驻地	主要辖区
忙糯乡	忙糯	辖 10 个村：忙糯、小坝子、康太、邦界、荒田、巴哈、滚岗、南骂河、富王、南亢
邦丙乡	邦丙	辖 9 个村：邦丙、南协、丫口、南栏、南直、岔箐、邦歪、邦况、忙安
勐库华侨管理区	勐库镇	辖勐库华侨农场
双江农场管理区	双江农场	辖 12 个行政单位

二、人口与民族

双江拉祜族佤族布朗族傣族自治县是全国唯一的拉祜族佤族布朗族傣族自治县，因多元民族文化而扬名。全县常住总人口为16.67万人（农业人口14.6万人），少数民族人口7.3万人，占总人口的43.9%，汉族、拉祜族、佤族、布朗族、傣族、彝族为六个世居民族，其中拉祜族3.37万人，占总人口的46.16%；佤族1.31万人，占总人口的17.95%；布朗族1.24万人，占总人口的16.99%；傣族0.98万人，占总人口的13.42%。两江之水不仅滋养了一方承载着24个民族的独特乡土，还蕴育了演绎生命之态、自然之态、和谐之态的多元民族文化。

拉祜、佤、布朗、傣多元民族文化之乡（来源：双江县人民政府网站）

（一）拉祜族

双江拉祜族有着悠远而鲜活的民族文化，其中最有代表性的就是葫芦笙舞，也称为“打歌”，在形式上较多地保留了传统古朴的艺术风格。一般是男子吹葫芦笙，逆时针方向转圈边吹边跳，女子随男子围圈舞蹈，男女老少不限，人数多少不限，最多可达数百人。舞蹈由领舞者“歌头”带领，即兴变换套路。“打歌”套路共有七十二套，分为农业生产、日常生活、娱乐、飞禽走兽、人情世故、非农业生产劳动等六类。多以跺、踢、踏步、转身、跳跃、下蹲转身为主要动作特点。时而优雅，时而热烈，风格独特，舞姿古朴，诙谐风趣，生活气息浓郁。“打歌”主要有《三脚歌》《青蛙歌》《箐鸡摆尾歌》《大路歌》等，内容丰富，妙趣横生。“打歌”多以葫芦笙伴奏，有时辅以箫、牛腿琴和小三弦。音乐节奏多用四分之二拍，旋律简单、乐句较短。“七十二路打歌”动作较为复杂，现只有少部分拉祜族同胞能完整地表演。“七十二路打歌”主要以口传身教的方式传承，“歌头”和骨干人员均为师传。双江县各拉祜族村寨尚无专门和固定的葫芦笙舞演出队伍，但以村寨为单位都能形成50～100人的文艺骨干群体。“七十二路打歌”是迄今为止发现的最为完整的拉祜族民间歌

拉祜族“七十二路打歌”（来源：中共临沧市纪律检查委员会　临沧市监察委员会网站）

舞文化遗存之一。2008年拉祜族“七十二路打歌”被列为云南省级非物质文化遗产保护名录。

拉祜族信仰原始宗教，认为万物有灵，必须加以敬奉和祭拜。天有天神，山有山神，而茶神作为古茶园的守护神，是拉祜族敬奉和祭拜的神灵之一。每年春茶开采前夕，拉祜族都要举行祭茶仪式。通常是在一片勐库大叶种古茶园里，迎着冉冉升起的太阳，在最大的一棵古茶树下开始神圣的祭茶仪式。祭茶仪式以拉祜族寨子德高望重的3名长者为首，带领其他村民，通常是一户一人，通过念经、奏乐及一系列舞蹈动作，达到与神灵沟通的目的。随后，在古茶树下用竹子搭建的一个小祭台上，以米饭、酒、茶等祭品进行供奉，并对古茶树行跪拜礼，默默祈求天神、山神和茶神共同保佑茶叶丰收、茶山繁荣、茶农平安。

（二）佤　族

佤族主要居住在云南省西南部的沧源、西盟、孟连、耿马、澜沧、双江、镇康、永德等县和缅甸的佤邦、掸邦等地。耿马、双江、沧源、澜沧的佤族自称“巴饶”或“布饶”。每年农历六月二十四日为佤族的火把节，佤族称火把节为“便克”节，并且把它列为民族节日当中最重要的节日，有“便克节老大、中秋节老二、春节老三”的民间俗语。过节这天，家禽家畜、生产工具、生活用具要全部关好收齐，不能让其留在野外，别人借去的东西也要收回，家里人不准外出。除了派女孩到旱谷地里采摘小米穗或者几片叶子、瓜果之类外，全寨人谁也不准上山下地干活，不准出门串亲。小米穗、瓜果等拿到家后要杀鸡、蒸糯米饭、舂糯米粑粑、泡浓烈的水酒、烧松明子、撒松香面等。然后摆三堆粑粑（每堆三块）、一杯茶水、一碗清水、一碗饭、一碗菜，陈列上一些新收的谷物、瓜果等为供品，请德高望重的老人滴酒、念词。还要在猪圈、鸡圈、锄头、犁、耙等主要劳动工具上包贴糯米粑粑，让劳动工具也享受劳动的果实。过节这天早上忌讳客人进屋，当夜幕降临时，家家户户要点燃火把，竖在屋檐下，整个寨子亮如白昼，接着用干蒿子和香灰撒向室内外，驱逐蚊蝇。青年男女借撒香灰之机互相倾诉爱慕之情，老人们成群结队地巡回喝酒、唱调、对歌，年轻人集中在舞场上踢竹球，整个寨子沉浸在欢乐的节日气氛之中。在佤族节日中，人们将“便克”节视为灭灾驱鬼、送旧迎新、预示家事平安、五谷丰登、六畜满园的隆重佳节，视为旧的灾难、饥饿、疾病的结束，新的吉祥、平安、快乐的开始。

“鸡枞陀螺”是双江县沙河乡红山大寨、东等村佤族群众的一项民间民族传统竞技体育运动，也是云南乃至中国独有的体育文化遗产之一。鸡枞陀螺因形状像野生菌——鸡枞而得名，佤族称之为“赶迪约”。传说鸡枞陀螺起源于三国诸葛亮南征蛮夷之时，最初用作祭祀表演，在每年“泼水节”前一个月的农历属龙日举行，当日也叫“祭龙节”，后来发展演变为农闲或年节时用来娱乐和表演的技艺，一直流传至今。鸡枞陀螺与其他陀螺相比大有不同，首先是制作时的选材十分讲究，鸡枞陀螺必须选用质地坚硬且韧性极好的紫杨木为材料，直径约6cm，高约7～8cm。其次是鸡枞陀螺的外形独特，像盛开的鸡枞花。鸡枞陀螺表演的基本技艺为：绕、转、抛、接、打五个方面。首先用一根榄皮搓成的细绳（长约1～1.5m）缠紧陀螺的细部，右手小拇指套住绳索的另一端，而后用全部手指紧握陀螺，用力抛向前方，同时回掣细绳，使陀螺细部朝下飞速旋转。然后将细绳结一活扣，把旋转中的陀螺套起迅速抛向空中，再用活扣把落下的陀螺接住。接时有胸前接、背后接、弯腰拱背在胯下接等花样。现在还有两种接陀螺的绝活——表演者用嘴咬住活扣接和用手掌接住陀螺使其继续飞

制作鸡枞陀螺

（来源：中共临沧市纪律检查委员会　临沧市监察委员会网站）

转，两种表演方式都极具挑战性和危险性。佤族鸡枞陀螺是中华民族大家庭的体育奇葩，随着历史的变迁，形成了今天全国独一无二的民间竞技体育运动。鸡枞陀螺除了具有其他陀螺所具备的功能外，其独具特色的造型以及高难度抛接表演是其他陀螺无法相比的。2009年，东等佤族鸡枞陀螺被列入云南省第二批省级非物质文化遗产名录。

（三）布朗族

布朗族是中国最古老的少数民族之一，是云南最古老的土著民族之一。布朗族独有的传统织品“牛肚被”是一种布朗族人用棉线织成的用以御寒的被子。牛肚被分为里外两层，其里层用棉条起绒，表面上形成一条条凸起的绒圈，像牛肚的内侧凸凹不平；外层为平纹组织，像牛肚平滑的外侧，因其整体外形似牛肚外滑内绒，所以形象地称其为“牛肚被”。牛肚被的历史可以追溯到西汉，史书上所记载的“塌布”即是今天布朗人用作被子的牛肚

布朗族蜂桶鼓舞

（来源：中共临沧市纪律检查委员会　临沧市监察委员会网站）

被。自古以来，布朗人就自己种植棉花，用传统工艺纺纱、纺线、织布、染色，制作独具民族特色的服被，纺织文化真实地记录了布朗族各个历史时期的发展变化。牛肚被的纺织技艺在其他地方已经失传，只有双江县邦丙一带的布朗族还完整地保留着这项技艺。牛肚被采用天然棉纤维纯手工制作，其制作程序分为轧棉花、弹棉花、搓棉条、纺棉线、绕棉线、煮棉线、圈棉线、拉棉线、织棉线九个程序。从地里收回棉花，用自制的压棉机去掉棉籽；把经脱籽后的棉花用羊弦弹之，使其变软、变松，同时达到祛除灰尘的目的；将弹好的棉花用木棒或稍粗的筷子搓成花条，以便纺线；将搓好的棉花条在纺线车上纺成一根根细线；然后将线拉成同样长的经线；为了保持棉线的硬度和牢固性，将绕成经线的棉线在装有小红米或包谷的大锅中煮沸，经过漂洗后晒干；为使棉线不打死结，方便操作，用纺线车将棉线绕成团；用拉线车将绕成团的棉线固定在纺线车上；从绕线架拉出的若干股经线端用一块宽约五厘米的布带子固定，系在织布机手的腰上，当右脚踩下踏板，经线交错变换一次位置，纬线左右穿一次，线梳前后拉一次，一面用粗棉起绒，一面平织，如此循环反复，纯白的纯棉牛肚被就织成了。

双江县有一个偏远的小山村，这里因蜂桶鼓和蜂桶鼓舞而远近闻名，它就是邦丙乡大南直村。蜂桶鼓和蜂桶鼓舞是双江布朗人的独门绝活，完全属于双江布朗人，蜂桶鼓源于它的形状像民间养蜂的蜂桶而得名。蜂桶鼓舞是布朗族的群众性舞蹈，每个村寨的蜂桶鼓舞跳法都不一样，手的动作也是不一样的。大南直村蜂桶鼓舞跳法比较传统，舞步有两种：三步和五步。三步表达的是蜜蜂采蜜时不太忙碌的场景，五步的节奏稍快，表现的是蜜蜂采蜜时很忙碌的场景。在起跳之前，大铓敲三下，随后起步，队伍行进的方向一般是从左向右，由两名年轻男女双手各持一条手巾（布朗人称为“帕洁”）在前面跳“帕洁舞”引导，舞蹈动作主要是甩“帕洁”，随着鼓点甩起落下。其后是蜂桶鼓队，一般为4～6只，后紧随2只象脚鼓，之后是6人敲打的大、中、小芒和镲，最后是跟着跳舞的人们和助兴的老幼。蜂桶鼓舞的节奏明快热烈，几种打击乐器相配合，高、中、低音融为一体，独具情趣。动作大方、潇洒、粗犷、活泼，舞姿轻盈、柔和、细腻。蜂桶鼓舞队伍的人可以随时轮换，如果有人打累了就有跟在队伍旁边的人来替换。大南直村布朗蜂桶鼓队多次被邀赴省会昆明和省外演出，向人们展示了本民族独特的文化艺术风采。

傣族泼水节（来源：双江县人民政府网站）

（四）傣　族

傣族是一个似水的民族，“青山竹楼依傍水，笙声悠扬凤尾竹，阿娜身影水中映，恰似仙境画一幅”，形象地描绘出了傣族人如诗如画的生活场景。双江的傣族主要分布在勐勐、勐库两个坝区，忙糯、大文有少量分布。傣族以茶赕佛的历史悠久，在传统节日“开门节”“关门节”和傣历新年“泼水节”，虔诚的傣族群众都用茶、水、米花到佛寺赕佛，体现了茶文化与宗教文化的和谐共融。

傣族聚居地区不仅保留着优美的天然生态，同时也保留着古老、奇特的民族习俗——傣族刺绣。傣族刺绣是傣族女子非常擅长的一个手工活，很多女孩从五六岁就开始学习刺绣，当地女生为了追求美丽，会塑造各种花色和图案。傣族刺绣一般以白纱线为经，红、黑做纬织绣而成，图案由几种不同纹样连续构成。刺绣配色大胆，常将亮度相同的色彩配色并置，瑰丽瞩目，纹饰多为大象、孔雀、狮、马、花、树、缅寺、人纹及菱形等几何图案。材料多采用棉线或丝线，有时加入金线，更显灿烂。绣工精湛、色彩绚丽的傣族绣花鞋是傣家儿女经济创收的一个新亮点。只要你走进当地傣族村寨，或是在村头、或是在茂盛的大青树下、或是在凉风徐徐的江边沙滩上，时常能看到“小卜少”（小姑娘）们围坐在一起，刺绣纳凉、嬉戏欢笑。在欢悦的气氛中相互交流着刺绣的技艺，把祖祖辈辈传下来的“美丽的情思”展示在自己灵巧的手指下。一般而言，姑娘们绣制出来的布块，多用作裙摆，或镶于衣袖、或作绑腿、或作衣摆。姑娘从学会刺绣的十三四岁开始，直绣到十八九岁成婚，若能绣制出一套精致的嫁装，那这姑娘就算得上十分成器。而有的人家往往是母亲为女儿做嫁装，一件好的嫁装，妈妈缝绣得再勤快，也要花上五六年的时间才能制好。傣族刺绣的图案结构精巧细密，色彩搭配适宜。每件傣族刺绣绣品，都可称得上精美的艺术品，因为每幅图案中，都熔铸着姑娘们对爱情的美好憧憬，寄托着她们对生活的美好向往，是傣族人传承下来的一种对生活、自然的崇拜，是傣族人智慧的结晶，同时也是对傣族文化的一种传承。

在双江县生活的傣族还有一项独特技艺，即“手工制陶”。傣族自古喜爱使用陶器，考古发掘证明，早在四千多年前，傣族先民制作的陶器已成为了其生活中不可缺少的生活用具。在《明史·百夷传》《百夷纪略》等众多的史料中，就有了傣族制陶和用陶的记载。历史上，双江县内沙河乡大土戈、小土戈村以此技艺驰名。现今那洛、回堆等村寨还各有三四户傣族农户制陶。制陶工艺大致可分和泥、制胎、烧燎三个环节。和泥：先取白色黏土在木槽中捣细，和以适量细沙再捣，直至形成能成团、不粘手的形态。制胎：全用手工捏制，工具均以竹、木制成，有拍板、竹签等。陶制品有锅、甑、罐、瓶、炒茶锅、薄壁风炉等。泥胎用拍板拍打圆正、严实后，用竹签或木模戳压出花纹，为圈、为点、为线，图案简单、朴素。烧燎：泥胎阴干后，先以草灰铺地，将泥胎置放其上，大件套小件，一摞摞装好后，横向放置，一层层堆好；再用稻草盖严，然后堆置上细干柴，点火烧燎，一气呵成，不能中断，以防水汽外逸，器物炸裂报废。两小时左右，停止烧火，让器物自然冷却，即出成品。一般是傍晚点火，次晨出产品。此种陶器，形体古朴，结实耐用。傣族制陶的独特之处在于全用手工捏造，所制圆形器皿不用转轮，圆周精度很高。由于此项技艺难度较大，传人全为心灵手巧的妇女，加之受到现代工艺品冲击，学习此技艺的人越来越少，濒临消失。

第二节

茶产业概况

一、茶业发展历史

勐库大叶种茶的栽培历史悠久，有文字记载的可以追溯到明成化二十年（1484年，傣历946年），据《双江县志》记载，明成化二十年（1484年），双江勐库冰岛李三到西双版纳行商，看到那里的农民种茶，路过“六大茶山”，捡得部分茶籽带回，到大蚌渡口过筏时被关口检查没收。傣族土司罕廷发得知后，第二年（明成化二十一年，1485年）派李三、岩信、岩庄、散琶、尼泊5人，再次到西双版纳引种，回来时用竹筒做扁担，打通竹节，将茶籽装入竹筒中，带回200多粒茶籽，回到冰岛培育试种成功150多株。母树长大后开花、结果，再继续繁殖发展，成为当今勐库大叶种茶之祖，并在本地陆续传播种植，之后，勐库大叶种茶开始被广泛引种。罕廷发是双江茶业的首位规划者、奠基人，从勐库现存的古茶园来看，应该说从罕廷发开始，管理勐勐的傣族土司官就一直在鼓励、领导、推动勐勐山区各村寨种茶。

清乾隆二十六年（1761年），双江傣族十一代土司罕木庄发的女儿嫁给顺宁（今云南省临沧市凤庆县）土司，送茶籽数百斤作为嫁妆，在顺宁繁殖变异后，形成了凤庆长叶茶群体种。再后来，勐库大叶种茶传入临沧县（今云南省临沧市临翔区）邦东乡后，最终形成邦东黑大叶茶群体种；清光绪二十二年（1896年），云县茶房绅士石峻至勐库购买茶籽30驮分给当地农民种植；清光绪三十四年（1908年），顺宁知府琦磷派人到勐库采购茶籽1500kg在凤山种植；宣统元年（1909年），缅宁通判房景东购买数百斤勐库大叶种茶籽进行推广种植；1910年，永德县到勐库引种茶种；1913年，镇康县引种勐库大叶种茶籽；民国六年（1917年）和民国九年（1920年），云县分别两次引种勐库大叶种茶100驮和2.5石；1921年，云县实业所购买勐库大叶种茶籽2.5石（约167kg）；1923年，保山人封维德到勐库购买茶籽数百驮，运至腾冲窜龙、蒲窝两乡种植；1940年，中茶公司调勐库大叶种茶籽46骡共计92箩驼至昆明宜良茶厂；1955年，大理引种勐库大叶种茶籽，同年广东、广西到勐库调购茶籽；1959年，沧源县引种勐库大叶种茶籽50t。

中华人民共和国成立后，勐库大叶种茶被广泛引种至云南省的昌宁、保山、腾冲以及省外的福建、广东、广西、四川、贵州等地。1950—1980年30年间，茶籽被外引种300多万kg，形成了广阔的勐库大叶种茶种植区域。1980年，双江县人民政府派员对尚存的茶母树进行考证，最大的一株树龄鉴定为500年。冰岛现有百年以上的古茶树24232棵，其品种纯度高达85%，当年罕廷发引种培育的茶树尚存三十余棵。1997年8月，勐库镇公弄办事处五家村村民张云正、唐于进等人先后在海拔2200～2750m地带的勐库大雪山原始森林中发现了面积1.27万亩、生长有80000多株原生茶树的古茶树群落，立即引起了双江县及临沧地区有关部门的高度重视，认为这些古茶树具有极其重要的研究与开发价值，一定要保护好、利用好，为此，当地有关部门加强了对古茶树及其周围生态环境的保护，并进行了初步考察和宣传报道，引起了外界的广泛关注。据考证，勐库大雪山野生古茶树群落距今2500多年历史，是世界上已发现的海拔最高、分布面积最广、种群密度最大、原生自然植被保存最为完整的野生古茶树群落。同时境内还存有百年以上栽培古茶园19822.7亩，它与周边地域一起，构成了茶树起源、演化，以及被人类发现利用、驯化栽培的完整链条。

二、近现代茶业发展

双江之水流了千亘万古，而双江作为县名其实只有80多年的历史，是个汉化名。在此之前，双江有一个很好听的名字——勐勐。1904年以前的傣族土司曾经统辖过双江（勐勐），双江的历史与傣族不可分割。傣族进入双江定居，是元朝末年1358年的事，傣族未进双江之前，双江称濮满地，境内居住着布朗族、佤族、拉祜族，傣族土司政权对双江历史产生过重大影响。如果说1904年以前对双江（勐勐）茶业最有贡献的推动者、倡导者、领导者是罕廷发，那么1904年至1950年双江茶业最大的推动者、倡导者、最有贡献的人应该是彭锟。彭锟摄政双江二十年后，双江就成为云南声名很高的产茶大县。勐库茶至少在1925年左右已开始在云南引领潮头，强势亮相。有史料可查，彭锟执掌双江时，从1908年至1923年，先后有顺宁（凤庆）、缅宁（临沧）、镇康、云县、保山、腾冲的官方和绅民到勐库引过茶种。勐库在民国初期成为云南最大的茶籽引种地，勐库茶在民国初年享誉省内外，彭锟功不可没。据双江县档案馆馆藏档案记载，到1936年，双江年产茶已超过1万担，1957年统计，双江有老茶园约22446亩，有初制所17个，年产红茶4313市担；1960年，双江老茶园可采面积有20409亩，种植新茶园12342亩，有初制所45个，年产红毛茶14798担；1965年，三季度双江调给外贸局茶叶334127担；1980年4—8月，双江县外贸局从双江县调出茶叶8792担；1982年，县外贸局收购双江茶叶16589担……从以上资料可以看到中华人民共和国成立初期双江县茶叶面积、茶叶产量及茶叶名气的大致状况，以及中华人民共和国成立以后30年间双江县茶叶被调配的史实和走向。

双江茶历经岁月洗礼，依然美质超群、不争不傲、奉献无语。由专家鉴定，让市场考验，任世人评说，喧嚣之后，榜名高昭，中国大叶种茶的王冠最终落归双江勐库，实至名归。1793年，勐库大叶种茶第一次作为

20世纪70年代双江社员交售茶叶（来源：双江县档案馆）

贡品，由清乾隆三次赠送给英国国王；1972年，中国和英国恢复建交关系后，在周恩来总理和英国伊丽莎白女王的一次会晤中，英国女王伊丽莎白钦点了5t纯正的勐库工夫红茶；计划经济时期，用勐库大叶种茶加工成的勐库红茶成为云南茶的核心，曾经的双江县茶厂也成为临沧市八个县级茶厂中的佼佼者；1962年4月，原临沧专员公署勐库茶叶科学研究所派员到勐库生产茶区的公弄、小户寨一带采集样品，第一次对勐库大叶群体茶种做了区分命名，即命名为：勐库大绿叶茶、勐库大黑叶茶、勐库大长叶茶、勐库大圆叶茶、勐库小黑叶茶共五种。1984年，勐库大叶种茶被全国茶树良种审定委员会认定为首批国家级良种。

三、当代茶业现状

茶叶产业基地方面。双江县茶园总面积达32.15万亩，可采摘面积24.37万亩，百年以上栽培型古茶树3.69万亩，茶园有机认证面积12.9万亩（其中：取得有机认证6.92万亩，取得有机转换认证面积5.98万亩）。2013年，云南双江勐库茶叶有限责任公司建成勐库大叶种茶种质资源圃1个（云南省省级大叶茶树双江种质资源圃）；2017年，双江县勐库华侨管理区茶园被云南省农业厅授予云南省高原特色现代农业"秀美茶园"，总面积3787亩；建成全国"一村一品"茶叶专业示范村1个（勐库镇冰岛村），省级"一村一品"茶叶专业示范村3个（沙河乡邦木村、沙河乡邦协村、沙河乡陈家村），市级"一村一品"茶叶专业示范村8个（勐库镇冰岛村、勐库镇丙山村、勐库镇大户赛村、勐库镇亥公村、沙河乡邦木村、沙河乡陈家村、忙糯乡忙糯村、忙糯乡邦界村）；2022年11月2日，双江县被中国绿色食品发展中心纳入第二十七批全国绿色食品原料标准化生产基地创建单位名单，目前已启动全国绿色食品原料（茶叶）标准化生产基地创建工作，申报茶园全域绿色认证面积27.31万亩。

茶叶企业方面。双江县现有SC认证茶企104户，其中：国家级龙头企业1户（云南双江勐库茶叶有限责任公司）；省级龙头企业4户（双江津乔茶业有限公司、双江县勐库镇俸字号古茶有限公司、双江勐傣茶业有限公司、云南双江存木香茶业有限公司）；市级龙头企业10户［双江荣康达投资有限公司、云南双江勐库原生大叶茶厂、云南双江勐库丰华茶厂、双江富昌勐库秘境茶叶有限公司、临沧聚云茶业有限责任公司、双江县勐库镇茂伦达茶叶有限公司、纳濮茶业（双江）有限公司、双江县勐库镇大富赛无公害古树茶厂、双江旧笼茶叶初制加工专业合作社、云南腊源茶业有限公司]；规上企业17户[云南双江勐库茶叶有限责任公司、临沧忠鑫缘茶叶有限公司、双江勐傣茶叶有限公司、云南双江存木香茶业有限公司、双江津乔茶业有限公司、双江富昌勐库秘境茶叶有限公司、云南双江布朗山茶叶商贸有限公司、双江七彩茶业有限公司、双江灵农茶叶商贸有限公司、云南双江勐库原生大叶茶厂、双江勐库瑞祥茶厂、双江县勐库镇冰岛山茶叶精制厂、云南双江勐库冰岛茶叶精制厂、双江勐库冰岛古树精制茶厂、云南凌顶茶业有限公司、云南勐库阿福茶叶有限公司、纳濮茶业（双江）有限公司]。

初制所和合作社方面。双江县现有茶叶初制所共计3855户，其中标准化初制所955户。有农民专业合作社107个，其中省级合作社15个（双江县勐库镇启航茶叶加工专业合作社、双江县勐库镇大户赛秀荣茶叶农民专业合作社、双江县忙糯乡滚岗村光甲茶叶初制加工专业合作社、双江旧笼茶叶初制加工专业合作社、双江县勐库镇邦读村控库茶叶专业合作社、双江勐库坝糯茶叶农民专业合作社、双江县白石岩林区种植农民专业合作社、双江忠兴农民专业合作社、双江存木香茶叶农民专业合作社、双江勐库公弄五朵茶花茶叶专业合作社、双江勐库小户赛拉祜茶叶农民专业合作社、双江岔箐腾龙茶叶农民专业合作社、双江县勐库镇丙山村洪洪茶叶专业合作社、双江县勐库镇回笼组清雅号大树茶农民专业合作社、双江鑫耀茶叶种植农民专业合作社）。

品牌打造方面。2015年，“勐库大叶种茶农产品地理标志”通过国家农业农村部认定；2020年，“勐库大叶种茶公共品牌标志”成功发布；累计获得中国驰名商标2个（“勐库”“勐库戎氏”）；云南省著名商标3个（“勐库”“勐库戎氏”“勐康”）；累计获得省级“10大名茶”3个（勐库戎氏本味大成、勐库戎氏博君熟茶、勐库牌普洱茶）；市级“10大名茶”8个（勐库戎氏博君熟茶、俸字号冰岛金条、荣康达高山乌龙茶、勐库戎氏博君生茶、“燕语”牌营盘古茶、勐库戎氏本味大成、津乔牌冰岛正寨、俸字号非遗冰岛普洱茶）；冰岛老寨茶（冰岛正山茶）小产地地理标志产品申报已经完成国家答辩。

茶叶科技支撑方面。2015年4月，在云南双江勐库茶叶有限责任公司挂牌成立江用文专家工作站；2020年9月，创建“双江茶产品质量安全追溯体系（勐库大叶种茶官方平台）”；2021年4月，由云南农业大学茶学院吕才有院长团队、湖南农业大学刘仲华院士团队、南京农业大学房婉萍教授、临沧市和双江县茶产业科技人员组成的“云南省双江县茶产业科技特派团”项目在双江县启动；2021年7月，由云南省农业科学院牵头建设的“双江县勐库大叶种茶科技服务小院”正式落地双江；2022年7月，联合云南省农业科学院等科研院校和知名企业共同组建“中国勐库大叶茶创新中心”和“中国勐库大叶种茶研究中心”；2023年4月，双江县“三茶统筹”研究院正式揭牌，成为云南省成立的首家“三茶统筹”研究院。这一系列的科技服务与举措，标志着双江县的茶产业在加快创新发展、加快科学研究转化方面迎来了新的契机。

茶叶产量、产值方面。2022年，双江县毛茶产量2.1万t，平均价格93.69元/kg，实现农业产值19.71亿元；精制茶产量1.66万t，平均价186.38元/kg，实现加工产值31亿元；三产产值24.29亿元，茶叶综合产值达75亿元，茶农人均纯收入8300元。2023年1—3月份，全县毛茶产量2591t，比上年同期增加482t；毛茶平均价格每千克103元，比上年同期增加0.83元；实现农业产值26687万元，比上年同期增加5139万元。精制茶累计产量525.05t，比上年同期增加57.56t；精制茶平均价格每千克162元，比上年同期增加21元；实现工业增加值8505.8万元，比上年同期增加1914.16万元；累计销售量300.15t，销售额5777.96万元，销售平均价192.5元。

古茶树保护方面。近年来，双江县通过制定地方条例、宣传、监督等形式抓好古茶树保护工作。针对勐库大雪山野生古茶树群落，双江县于1998年就采取一系列保护措施；2005年3月5日正式挂牌成立了“双江县勐库古生茶树群落保护管理所”，同时建立健全勐库野生古茶树群落保护管理制度，制定了《双江县人民政府办公室关于进入澜沧江省级自然保护区勐库古茶园有关规定》，明确了进出勐库古茶园的相关要求，从制度上保障了古茶树资源的保护，并对于沙河、勐勐、大文、邦丙等地的野生古茶树群落参照勐库大雪山野生古茶树群落管理办法实行保护。全县现有百年以上栽培型古茶树3.69万亩，目前划定市级古茶树资源保护区59片0.8万亩，对15309棵冰岛古茶树进行了“一树一码”挂牌保护，正在申报市级古茶树资源保护区47片2.89万亩。修订了《双江县古茶树保护管理条例》，制定了《双江县古茶树保护管理实施细则》。

第二章

勐库大叶种茶树种质资源

第一节

勐库大叶种茶特征特性

简介：勐库大叶种茶又名勐库大叶茶、勐库种、勐库茶，属于有性群体品种，原产于云南省双江县勐库镇冰岛自然村，以产地得名。按植物学分类属于山茶科山茶属茶组普洱茶种，在长期的自然选择和人工栽培过程中，由于自然杂交和变异，勐库大叶种茶演变为较为复杂的群体，根据叶片形态命名法，分为黑大叶、卵形大叶、筒状大叶、黑细长叶、长大叶5种类型。勐库大叶种茶为云南省主要栽培品种之一。四川、贵州、广东、广西、海南、湖南等省区有引种。1985年被全国农作物品种审定委员会认定为国家品种，编号GS 13012—1985。

特征特性：植株高大，树姿开展，主干显，分枝较稀，叶片水平或下垂状着生。叶片特大，长椭圆形或椭圆形，叶色深绿色，叶身背卷或稍内折，叶面隆起性强，叶缘微波状，叶尖骤尖或渐尖，叶齿钝、浅、稀，叶肉厚，叶质较软。芽叶肥壮，黄绿色，茸毛特多，一芽三叶百芽重121.40g。花冠直径2.90～4.20cm，花瓣6枚，子房茸毛多，花柱3裂。果径1.30～2.80cm，种皮黑褐色，种径1.00～1.50cm，种子百粒重183.60g。芽叶生育力强，持嫩性强。春茶一芽三叶盛期在3月中下旬。产量较高，每667m^{2}干茶产量可达180.00kg左右。春茶一芽二叶干样约含游离氨基酸1.70%，茶多酚33.80%，儿茶素总量18.20%，咖啡碱4.10%。适制红茶、绿茶和普洱茶。制红茶，香气高长，滋味浓强鲜，汤色红艳。制普洱生茶，清香浓郁，滋味醇厚回甘；制普洱熟茶，汤色红浓，陈香显，滋味浓醇。抗寒性强，结实性弱，扦插繁殖力较强。

适栽地区及栽培技术要点：适宜于年降雨量1000mm以上、最低气温不低于-5℃的西南、华南茶区。栽培应注意深挖种植沟，施足基肥，种苗移栽采用双行双株或双行单株种植，每667m^{2}植3000株左右，严格多次低位定型修剪。

资源科考与普查

1981年，在“云南省地方茶树品种征集”工作的推动下，中国农业科学院茶叶研究所、云南省农业科学院茶叶研究所、临沧市茶叶研究所、临沧市农业局等开展了临沧地区茶树品种资源收集工作，首次在勐库冰岛考察取得勐库大叶茶的原始资料。此后，中国农业科学院茶叶研究所虞富莲研究员在1985年《中国茶叶》第二期，撰文《“云大”正宗勐库大叶茶》，他把勐库大叶茶优良品性，从生理生化方面介绍给国人，使勐库大叶茶赢得了更高的声誉。1985年11月，在云南省农业科学院茶叶研究所召开的“云南省茶树品种资源征集”总结会上，应用考察结果建立了品种园，勐库大叶茶设专行种植，并显示了旺盛的生长势。勐库大叶种茶作为国家级良种，位居云南大叶茶榜首，是中国茶界专家公认的“大叶茶品种的英豪”“云南大叶种茶的正宗”，因其品质优良，在国内被广为传播。

1997年，双江县勐库镇当地村民在勐库大雪山中发现有野生大茶树。1998年，双江县成立了古茶树资源保护机构，在勐库大雪山修建了双江古茶树群落保护管理所。2002年9月，为查清勐库大雪山野生古茶树群落的地理位置、环境生态、资源数量和生化特征，双江县生物资源开发创新办向临沧行署生物资源开发创新办提交《关于对双江县勐库古茶树群落进行科考鉴定实施方案的请示》《双江县勐库古茶树的发现与保护利用开发建议》和《勐库古茶树的发现与保护利用开发的思考》等材料。

2002年，中共双江县委、县人民政府成立勐库古茶树群落科考鉴定领导小组，领导和组织实施勐库野生古茶树群落的科考鉴定工作，邀请中国农业科学院茶叶研究所、中国科学院昆明植物研究所、云南省农业科学院茶叶研究所、云南农业大学、昆明理工大学、云南省茶业协会、临沧地区茶业协会等单位专家组成野生古茶树考察组，对双江县勐库野生古茶树群落进行了现场考察。考察组认为该野生古茶树群落是原生的自然植被，保存完好，自然更新力强，生物多样性极为丰富，具有极为重要的科学和保存价值，是珍贵的自然遗产和生物多样性的活基因库。

2005年，中国科学院昆明植物研究所、临沧市茶办、永德县政协和永德县茶办等单位组成考察团，再次对临沧市永德县棠梨山自然保护区的野生茶树进行科学考察，基本明确了永德野生茶树资源以大雪山野生古茶树自然群落和棠梨山野生古茶树群落为核心，扩散到澜沧江水系的秧琅河和怒江水系的双河、淘金河、四十八道河、南汀河、永康河、德党河、赛米河流域，围绕大雪山主峰山脉东西两侧，海拔在1900～2600m范围内的南亚热带山地森林生态系统中。

2011年，云南省人民政府开展云南古茶树资源普查与建档工作，组织云南省档案局、云南省茶叶协会、云南省农业科学院茶叶研究所、云南农业大学、临沧市茶科所等单位，对临沧市内的临翔、云县、凤庆、镇康、永德、耿马、沧源、双江等8个县的古茶树资源进行了全面普查，共发现野生和栽培古茶树资源分布点22余个，纪录典型古茶树植株500余份。

2014年，中国农业科学院茶叶研究所、双江勐库茶叶有限责任公司对双江仙人山野生茶树资源进行了考察、种质收集、标本采集和生理生化检测分析，仙人山野生茶树在植物学形态分类上属大理种（*Camellia taliensis*），植物遗传性状稳定，超大体量分布特点及其分布区域的集中性，对研究大理茶种特性、分布规律、遗传进化和原产地等具有重要的科学价值，为进一步证明滇西南部是世界茶树原产地提供了有力的证据。

第二节

资源地理分布

一、双江县茶树资源

（一）地理位置

双江县位于云南省西南部，临沧市南部，东南与景谷县隔江相望，南与澜沧县、沧源县比邻，西与耿马县相依，北与临翔区接壤，全县土地面积2160.72km^2，山区面积2083.62km^2，占96.43%，耕地面积67.12万亩，是一个以拉祜族、佤族、布朗族、傣族四种少数民族组成的自治县。双江地处云贵高原西南部，横断山脉、怒山余脉南延部分的纵谷区。因山脉切割的影响，形成两江环半壁、两江夹一河、一溪分两岭、一河带两坝的地貌特征。境内属怒山山脉南延部分，横断山纵谷区的邦马山系，崇山峻岭，深沟河谷交错，地势起伏较大，地形西北高、东南渐低，县域地质、地貌情况比较复杂，北回归线横穿县境中部，被称为太阳转身的地方。

（二）茶树资源分布

双江县境内有野生茶树资源4万亩，以勐库大雪山野生古茶树群落为代表，是目前国内外已发现的海拔最高、面积最广、密度最大、原始植被保存最完整的世界第一野生古茶树群落。双江县茶树种质资源主要分布在忙糯、大文、帮丙、沙河南、坝歪、糯伍、梁子、忙蚌、坝糯、那焦、帮读、那赛、东来、忙那、城子、正气塘、冰岛老寨、南迫、地界、坝卡、懂过、邦烈、霸气山、大户赛、大中山、豆腐寨、三家村、公弄、帮改、丙山、护东、小户赛、大必地、黄草林、滚岗、南亢、岔箐、南桂、营盘等40个村寨。

勐库镇有悠久的种茶历史，是双江县茶树分布核心区。目前全镇茶叶面积4.3万亩，采摘面积达36052亩。其中，亥公村5085亩、那赛村1810亩、那蕉村1128亩、帮读村640亩、坝糯村1305亩、梁子村1102亩、冰岛村713亩、坝卡村2102亩、懂过村3282亩、大户赛村2502亩、公弄村3234亩、丙山村6262亩、帮改村1834亩、护东村4084亩、忙那村2482亩、城子村1463亩、华侨农场3760亩。

（三）代表性古茶树植株

勐库大雪山野生大茶树1号

大理茶种（*Camellia taliensis*），位于双江县勐库镇公弄村大雪山，海拔高度2683m。树高16.8m，树幅13.7m×10.6m，基部干围3.3m。乔木型，树姿直立。芽叶紫绿色、无茸毛。叶片长×宽13.7cm×6.3cm，叶片椭圆形，叶色深绿色、有光泽，叶脉10对，叶背无茸毛。萼片5枚、无茸毛，花冠直径4.0cm×4.5cm，花瓣11枚，柱头5裂，子房5室、茸毛多。

勐库大雪山野生大茶树2号

大理茶种（*Camellia taliensis*），位于双江县勐库镇公弄村大雪山，海拔高度2710m。树高18.4m，树幅16.2m×12.9m，基部干围2.9m。乔木型，树姿直立。芽叶绿色、无茸毛。叶片长×宽12.9cm×5.7cm，叶片椭圆形，叶色绿色，叶脉9对，叶背无茸毛。萼片5枚、无茸毛，花冠直径4.7cm×4.5cm，花瓣12枚，柱头5裂，子房茸毛多。

勐库大雪山野生大茶树3号

大理茶种（*Camellia taliensis*），位于双江县勐库镇公弄村大雪山，海拔高度2650m。树高15.6m，树幅13.0m×10.5m，基部干围2.7m。乔木型，树姿直立。芽叶绿色、无茸毛。叶片长×宽13.7cm×5.8cm，叶片椭圆形，叶色深绿色、有光泽，叶脉9对，叶背无茸毛。叶身平，叶面平，叶齿稀。

勐库大雪山野生大茶树4号

大理茶种（*Camellia taliensis*），位于双江县勐库镇公弄村大雪山，海拔高度2650m。树高24.6m，树幅12.0m×15.5m，基部干围2.6m。乔木型，树姿直立。芽叶绿色、无茸毛。叶片长×宽13.3cm×5.4cm，叶片椭圆形，叶色绿色，叶脉10对，叶背无茸毛。萼片5枚、无茸毛，花冠直径5.7cm×5.3cm，花瓣10枚，柱头5裂，子房茸毛多。

勐库大雪山野生大茶树5号

大理茶种（*Camellia taliensis*），位于双江县勐库镇公弄村大雪山，海拔高度2678m。树高19.2m，树幅11.0m×9.5m，基部干围2.5m。乔木型，树姿直立。芽叶绿色、无茸毛。叶片长×宽12.7cm×5.7cm，叶片椭圆形，叶色绿色、有光泽，叶脉11对，叶背无茸毛。叶身平，叶面平，叶齿稀。

勐库大雪山野生大茶树6号

大理茶种（*Camellia taliensis*），位于双江县勐库镇公弄村大雪山，海拔高度2652m。树高15.2m，树幅12.7m×9.2m，基部干围2.3m。乔木型，树姿直立。芽叶绿色、无茸毛。叶片长×宽13.1cm×6.4cm，叶片椭圆形，叶色绿色、有光泽，叶脉8～10对，叶柄、叶背、主脉均无茸毛。

勐库大雪山野生大茶树7号

大理茶种（*Camellia taliensis*），位于双江县勐库镇公弄村大雪山，海拔高度2674m。树高22m，树幅12.0m×9.5m，基部干围2.4m。乔木型，树姿直立。芽叶绿色、无茸毛。叶片长×宽13.6cm×6.0cm，叶片椭圆形，叶色绿色、有光泽，叶脉11对，叶背无茸毛。萼片5枚、无茸毛，花冠直径4.5cm×4.2cm，花瓣10枚，柱头5裂，子房茸毛多。果实扁球形。

勐库大雪山野生大茶树8号

大理茶种（*Camellia taliensis*），位于双江县勐库镇公弄村大雪山，海拔高度2684m。树高19m，树幅15.0m×15.5m，基部干围2.2m。乔木型，树姿直立。芽叶紫绿色、无茸毛。叶片长×宽14.0cm×6.0cm，叶片椭圆形，叶色绿色、有光泽，叶脉11对，叶柄、叶背、主脉均无茸毛。

勐库大雪山野生大茶树9号

大理茶种（*Camellia taliensis*），位于双江县勐库镇公弄村大雪山，海拔高度2691m。树高18.0m，树幅13.0m×12.0m，基部干围2.0m。乔木型，树姿直立。芽叶绿色、无茸毛。叶片长×宽12.7cm×5.7cm，叶片椭圆形，叶色深绿色、有光泽，叶脉10对，叶柄、叶背、主脉均无茸毛。萼片5枚、无茸毛，花冠直径5.2cm×5.7cm，花瓣11枚，柱头5裂，子房密披茸毛。果实扁球形。

勐库大雪山野生大茶树10号

大理茶种（*Camellia taliensis*），位于双江县勐库镇公弄村大雪山，海拔高度2652m。树高17.0m，树幅13.0m×9.0m，基部干围1.6m。乔木型，树姿直立。芽叶绿色、无茸毛。叶片长×宽13.1cm×5.7cm，叶片椭圆形，叶色深绿色、有光泽，叶脉10对，叶柄、叶背、主脉均无茸毛。

勐库大雪山野生大茶树11号

大理茶种（*Camellia taliensis*），位于双江县勐库镇公弄村大雪山，海拔高度2605m。树高25.0m，树幅14.8m×11.6m，基部干围1.9m。乔木型，树姿直立。芽叶绿色、无茸毛。叶片长×宽14.4cm×5.5cm，叶片长椭圆形，叶色深绿色、有光泽，叶脉9对，叶柄、叶背、主脉均无茸毛。

勐库大雪山野生大茶树12号

大理茶种（*Camellia taliensis*），位于双江县勐库镇公弄村大雪山，海拔高度2605m。树高18.5m，树幅12.6m×10.0m，基部干围1.6m。乔木型，树姿直立。芽叶绿色、无茸毛。叶片长×宽12.2cm×5.1cm，叶片长椭圆形，叶色深绿色、有光泽，叶脉8对，叶柄、叶背、主脉均无茸毛。萼片5枚、无茸毛，花冠直径4.4cm×4.7cm，花瓣9枚，柱头5裂，子房密披茸毛。果实扁球形。

勐库大雪山野生大茶树13号

大理茶种（*Camellia taliensis*），位于双江县勐库镇公弄村大雪山，海拔高度2600m。树高15.0m，树幅10.0m × 8.3m，基部干围1.7m。乔木型，树姿直立。芽叶绿色、无茸毛。叶片长 × 宽15.3cm × 6.0cm，叶片长椭圆形，叶色深绿色、有光泽，叶脉12对，叶柄、叶背、主脉均无茸毛。

勐库大雪山野生大茶树14号

大理茶种（*Camellia taliensis*），位于双江县勐库镇公弄村大雪山，海拔高度2640m。树高25.0m，树幅14.8m × 11.6m，基部干围1.9m。乔木型，树姿直立。芽叶绿色、无茸毛。叶片长 × 宽14.7cm × 6.3cm，叶长椭圆形，叶色深绿、有光泽，叶脉11对，叶柄、叶背、主脉均无茸毛。

勐库大雪山野生大茶树15号

大理茶种（*Camellia taliensis*），位于双江县勐库镇公弄村大雪山，海拔高度2575m。树高15.0m，树幅7.8m×5.6m，基部干围1.3m。乔木型，树姿直立。芽叶绿色、无茸毛。叶片长×宽14.2cm×5.8cm，叶片长椭圆形，叶色深绿色、有光泽，叶脉8对，叶柄、叶背、主脉均无茸毛。萼片5枚、无茸毛，花冠直径4.7cm×4.7cm，花瓣8枚，柱头5裂，子房密披茸毛。果实扁球形。

大梁子藤条茶树1号

普洱茶种（*Camellia sinensis* var. *assamica*），位于双江县勐库镇亥公村东来1组，海拔高度1804.5m。乔木型，树姿开张。特大叶，叶片长×宽15.9cm×5.7cm，叶片长椭圆形，叶脉13对，叶色深绿色，叶面微隆起，叶质中，叶齿锐度锐、密度密、深度深，叶尖急尖，叶缘微波状，叶背茸毛多。芽叶肥壮，黄绿色，茸毛多、密。花冠直径3.60cm×3.50cm，花瓣6枚，子房有茸毛，花柱3裂、裂位高。果径1.01～2.40cm，种皮棕褐色，种径1.07～1.45cm，种子百粒重103.0g。

大梁子藤条茶树2号

普洱茶种（*Camellia sinensis* var. *assamica*），位于双江县勐库镇亥公村东来1组，海拔高度1804.5m。乔木型，树姿开张。特大叶，叶片长×宽16.3cm×5.6cm，叶片长椭圆形，叶脉12对，叶色绿色，叶面微隆起，叶质中，叶齿锐度锐、密度中、深度深，叶尖急尖，叶缘波状，叶背茸毛多。芽叶肥壮，黄绿色，茸毛多、密。花冠直径3.60cm×3.20cm，花瓣7枚，子房有茸毛，花柱3裂、裂位高。果径1.20～2.10cm，种皮棕褐色，种径1.13～1.56cm，种子百粒重120.4g。

彭家营藤条茶树1号

普洱茶种（*Camellia sinensis* var. *assamica*），位于双江县勐库镇亥公村东来1组，海拔高度1833.3m。乔木型，树姿开张。特大叶，叶片长×宽15.2cm×6.0cm，叶片长椭圆形，叶脉13对，叶色绿色，叶面微隆起，叶质中，叶齿锐度锐、密度中、深度深，叶尖急尖，叶缘波状，叶背茸毛多。芽叶肥壮，黄绿色，茸毛多、密。花冠直径3.30cm×3.50cm，花瓣6枚，子房有茸毛，花柱3裂、裂位高。果径1.80～2.60cm，种皮棕褐色，种径1.23～1.60cm，种子百粒重96.5g。

彭家营藤条茶树2号

普洱茶种（*Camellia sinensis* var. *assamica*），位于双江县勐库镇亥公村东来1组，海拔高度1833.3m。乔木型，树姿开张。特大叶，叶片长×宽16.0cm×6.2cm，叶片长椭圆形，叶脉14对，叶色深绿色，叶面隆起，叶质中，叶齿锐度锐、密度中、深度中，叶尖渐尖，叶缘波状，叶背茸毛多。芽叶肥壮，黄绿色，茸毛多、密。花冠直径3.80cm×3.70cm，花瓣7枚，子房有茸毛，花柱3裂、裂位低。果径1.62~2.70cm，种皮棕褐色，种径1.10~1.91cm，种子百粒重100.2g。

彭家营藤条茶树3号

普洱茶种（*Camellia sinensis* var. *assamica*），位于双江县勐库镇亥公村东来1组，海拔高度1833.3m。乔木型，树姿开张。特大叶，叶片长×宽17.0cm×6.0cm，叶片长椭圆形，叶脉13对，叶色深绿色，叶面隆起，叶质中，叶齿锐度锐、密度中、深度中，叶尖渐尖，叶缘波状，叶背茸毛多。芽叶肥壮，黄绿色，茸毛多、密。花冠直径3.60cm×3.70cm，花瓣6枚，子房有茸毛，花柱3裂、裂位中。果径2.11~2.90cm，种皮棕褐色，种径1.20~1.75cm，种子百粒重110.3g。

彭家营藤条茶树4号

普洱茶种（*Camellia sinensis* var. *assamica*），位于双江县勐库镇亥公村东来1组，海拔高度1833.3m。乔木型，树姿开张。特大叶，叶片长×宽15.5cm×5.6cm，叶片长椭圆形，叶脉13对，叶色绿色，叶面微隆起，叶质硬，叶齿锐度锐、密度中、深度中，叶尖渐尖，叶缘波状，叶背茸毛多。芽叶肥壮，黄绿色，茸毛多、密。花冠直径3.20cm×3.30cm，花瓣7枚，子房有茸毛，花柱3裂、裂位高。果径2.01～2.75cm，种皮棕褐色，种径1.11～1.86cm，种子百粒重111.5g。

彭家营藤条茶树5号

普洱茶种（*Camellia sinensis* var. *assamica*），位于双江县勐库镇亥公村东来1组，海拔高度1853.9m。乔木型，树姿开张。特大叶，叶片长×宽16.3cm×6.5cm，叶片椭圆形，叶脉14对，叶色深绿色，叶面隆起，叶质中，叶齿锐度锐、密度中、深度中，叶尖渐尖，叶缘微波状，叶背茸毛多。芽叶肥壮，黄绿色，茸毛多、密。花冠直径3.90cm×3.70cm，花瓣7枚，子房有茸毛，花柱3～4裂、裂位低。果径1.85～2.76cm，种皮棕褐色，种径1.25～1.57cm，种子百粒重95.0g。

彭家营藤条茶树6号

普洱茶种（*Camellia sinensis* var. *assamica*），位于双江县勐库镇亥公村东来1组，海拔高度1853.9m。乔木型，树姿开张。特大叶，叶片长×宽16.2cm×6.3cm，叶片长椭圆形，叶脉13对，叶色深绿色，叶面隆起，叶质硬，叶齿锐度锐、密度密、深度深，叶尖急尖，叶缘波状，叶背茸毛多。芽叶肥壮，黄绿色，茸毛多、密。花冠直径4.00cm×3.60cm，花瓣6枚，子房有茸毛，花柱3裂、裂位中。果径2.01～3.50cm，种皮棕褐色，种径1.40～1.62cm，种子百粒重165.0g。

背阴寨大茶树1号

普洱茶种（*Camellia sinensis* var. *assamica*），位于双江县勐库镇那焦村背阴寨，海拔高度1975.7m。乔木型，树姿开张。大叶，叶片长×宽13.6cm×5.9cm，叶片椭圆形，叶脉12对，叶色绿色，叶面隆起，叶质中，叶齿锐度锐、密度密、深度中，叶尖急尖，叶缘微波状，叶背茸毛多。芽叶肥壮，黄绿色，茸毛多、密。花冠直径3.20cm×3.30cm，花瓣6枚，子房有茸毛，花柱3裂、裂位高。果径2.00～3.04cm，种皮棕褐色，种径1.23～1.64cm，种子百粒重97.5g。

背阴寨大茶树2号

普洱茶种（*Camellia sinensis* var. *assamica*），位于双江县勐库镇那焦村背阴寨，海拔高度1975.7m。乔木型，树姿开张。特大叶，叶片长×宽15.7cm×7.6cm，叶片椭圆形，叶脉12对，叶色绿色，叶面隆起，叶质中，叶齿锐度锐、密度密、深度深，叶尖急尖，叶缘微波状，叶背茸毛多。芽叶肥壮，黄绿色，茸毛多、密。花冠直径3.60cm×3.50cm，花瓣6枚，子房有茸毛，花柱3裂、裂位中。果径2.14～3.45cm，种皮棕褐色，种径1.10～1.90cm，种子百粒重145.0g。

背阴寨大茶树3号

普洱茶种（*Camellia sinensis* var. *assamica*），位于双江县勐库镇那焦村背阴寨，海拔高度1975.7m。乔木型，树姿开张。特大叶，叶片长×宽16.4cm×6.4cm，叶片长椭圆形，叶脉13对，叶色绿色，叶面隆起，叶质硬，叶齿锐度锐、密度中、深度中，叶尖急尖，叶缘微波状，叶背茸毛多。芽叶肥壮，黄绿色，茸毛多、密。花冠直径3.00cm×3.60cm，花瓣7枚，子房有茸毛，花柱3裂、裂位高。果径2.45～3.73cm，种皮棕褐色，种径1.04～2.12cm，种子百粒重326.3g。

冰岛老寨大茶树1号

普洱茶种（*Camellia sinensis* var. *assamica*），位于双江县勐库镇冰岛老寨，海拔高度1629.4m。乔木型，树姿开张。中叶，叶片长×宽7.5cm×4.5cm，叶形近圆形，叶脉9对，叶色深绿色，叶面微隆起，叶质硬，叶齿锐度钝、密度稀、深度浅，叶尖急尖，叶缘平，叶背茸毛多。芽叶肥壮，黄绿色，茸毛多、密。花冠直径3.60cm×2.90cm，花瓣7枚，子房有茸毛，花柱3裂、裂位高。果径2.20～3.32cm，种皮棕褐色，种径1.35～1.70cm，种子百粒重214.0g。

冰岛老寨大茶树2号

普洱茶种（*Camellia sinensis* var. *assamica*），位于双江县勐库镇冰岛老寨，海拔高度1629.4m。乔木型，树姿开张。中叶，叶片长×宽8.3cm×3.6cm，叶片椭圆形，叶脉9对，叶色深绿色，叶面微隆起，叶质硬，叶齿锐度锐、密度密、深度浅，叶尖急尖，叶缘微波状，叶背茸毛多。芽叶肥壮，黄绿色，茸毛多、密。花冠直径3.20cm×2.80cm，花瓣7枚，子房有茸毛，花柱3裂、裂位高。果径2.09～3.77cm，种皮棕褐色，种径1.68～1.85cm，种子百粒重343.0g。

冰岛老寨大茶树3号

普洱茶种（*Camellia sinensis* var. *assamica*），位于双江县勐库镇冰岛老寨，海拔高度1629.4m。乔木型，树姿开张。特大叶，叶片长×宽16.1cm×6.6cm，叶片椭圆形，叶脉12对，叶色深绿色，叶面隆起，叶质中，叶齿锐度钝、密度中、深度浅，叶尖急尖，叶缘波状，叶背茸毛多。芽叶肥壮，黄绿色，茸毛多、密。花冠直径4.30cm×4.00cm，花瓣7枚，子房有茸毛，花柱3裂、裂位高。果径2.30～3.22cm，种皮棕褐色，种径1.23～1.85cm，种子百粒重213.3g。

冰岛老寨大茶树4号

普洱茶种（*Camellia sinensis* var. *assamica*），位于双江县勐库镇冰岛老寨，海拔高度1629.4m。乔木型，树姿开张。大叶，叶片长×宽11.5cm×5.2cm，叶片椭圆形，叶脉11对，叶色绿色，叶面隆起，叶质中，叶齿锐度锐、密度密、深度浅，叶尖急尖，叶缘微波状，叶背茸毛多。芽叶肥壮，黄绿色，茸毛多、密。花冠直径3.20cm×3.20cm，花瓣6枚，子房有茸毛，花柱3裂、裂位中。果径2.22～3.83cm，种皮棕褐色，种径1.60～2.60cm，种子百粒重362.0g。

冰岛老寨大茶树5号

普洱茶种（*Camellia sinensis* var. *assamica*），位于双江县勐库镇冰岛老寨，海拔高度1629.4m。乔木型，树姿开张。中叶，叶片长×宽8.2cm×4.2cm，叶形近圆形，叶脉9对，叶色深绿色，叶面微隆起，叶质硬，叶齿锐度锐、密度密、深度浅，叶尖渐尖，叶缘微波状，叶背茸毛多。芽叶肥壮，黄绿色，茸毛多、密。花冠直径3.70cm×3.90cm，花瓣6枚，子房有茸毛，花柱3裂、裂位中。果径2.09～3.44cm，种皮棕褐色，种径1.48～1.64cm，种子百粒重242.0g。

冰岛老寨大茶树6号

普洱茶种（*Camellia sinensis* var. *assamica*），位于双江县勐库镇冰岛老寨，海拔高度1629.4m。乔木型，树姿开张。中叶，叶片长×宽8.7cm×4.4cm，叶片近圆形，叶脉9对，叶色绿色，叶面微隆起，叶质中，叶齿锐度中、密度中、深度浅，叶尖急尖，叶缘微波状，叶背茸毛多。芽叶肥壮，黄绿色，茸毛多、密。花冠直径4.20cm×3.50cm，花瓣6枚，子房有茸毛，花柱3裂、裂位中。果径1.87～3.64cm，种皮棕褐色，种径1.32～1.67cm，种子百粒重160.0g。

冰岛老寨大茶树7号

普洱茶种（*Camellia sinensis* var. *assamica*），位于双江县勐库镇冰岛老寨，海拔高度1629.4m。乔木型，树姿开张。大叶，叶片长×宽13.0cm×5.4cm，叶片椭圆形，叶脉10对，叶色深绿色，叶面隆起，叶质中，叶齿锐度中、密度中、深度浅，叶尖急尖，叶缘微波状，叶背茸毛多。芽叶肥壮，黄绿色，茸毛多、密。花冠直径3.60cm×3.70cm，花瓣6枚，子房有茸毛，花柱3裂、裂位中。果径1.92～3.47cm，种皮棕褐色，种径1.37～1.61cm，种子百粒重200.0g。

冰岛老寨大茶树8号

普洱茶种（*Camellia sinensis* var. *assamica*），位于双江县勐库镇冰岛老寨，海拔高度1629.4m。乔木型，树姿开张。大叶，叶片长×宽14.9cm×6.4cm，叶片椭圆形，叶脉12对，叶色绿色，叶面隆起，叶质硬，叶齿锐度锐、密度密、深度浅，叶尖急尖，叶缘微波状，叶背茸毛多。芽叶肥壮，黄绿色，茸毛多、密。花冠直径3.50cm×3.10cm，花瓣6枚，子房有茸毛，花柱3～4裂、裂位高。果径2.53～3.24cm，种皮棕褐色，种径1.36～1.68cm，种子百粒重200.0g。

冰岛老寨大茶树9号

普洱茶种（*Camellia sinensis* var. *assamica*），位于双江县勐库镇冰岛老寨，海拔高度1629.4m。乔木型，树姿开张。中叶，叶片长×宽10.4cm×4.7cm，叶片椭圆形，叶脉9对，叶色绿色，叶面隆起，叶质硬，叶齿锐度中、密度中、深度中，叶尖钝尖，叶缘微波状，叶背茸毛多。芽叶肥壮，黄绿色，茸毛多、密。花冠直径3.70cm×3.00cm，花瓣6枚，子房有茸毛，花柱3裂、裂位高。果径1.91～2.21cm，种皮棕褐色，种径1.36～1.65cm，种子百粒重210.0g。

冰岛老寨大茶树10号

普洱茶种（*Camellia sinensis* var. *assamica*），位于双江县勐库镇冰岛老寨，海拔高度1629.4m。乔木型，树姿开张。大叶，叶片长×宽12.0cm×5.7cm，叶片椭圆形，叶脉10对，叶色深绿色，叶面微隆起，叶质中，叶齿锐度中、密度中、深度浅，叶尖急尖，叶缘波状，叶背茸毛多。芽叶肥壮，黄绿色，茸毛多、密。花冠直径3.70cm×3.20cm，花瓣6枚，子房有茸毛，花柱3裂、裂位高。果径2.15～3.51cm，种皮棕褐色，种径1.72～1.94cm，种子百粒重380.0g。

冰岛老寨大茶树11号

普洱茶种（*Camellia sinensis* var. *assamica*），位于双江县勐库镇冰岛老寨，海拔高度1629.4m。乔木型，树姿开张。中叶，叶片长×宽9.7cm×4.7cm，叶片椭圆形，叶脉10对，叶色深绿色，叶面隆起，叶质中，叶齿锐度中、密度中、深度浅，叶尖急尖，叶缘微波状，叶背茸毛多。芽叶肥壮，黄绿色，茸毛多、密。花冠直径3.90cm×3.20cm，花瓣7枚，子房有茸毛，花柱3裂、裂位高。果径2.17～2.31cm，种皮棕褐色，种径1.78～1.83cm，种子百粒重340.0g。

冰岛老寨大茶树12号

普洱茶种（*Camellia sinensis* var. *assamica*），位于双江县勐库镇冰岛老寨，海拔高度1629.4m。乔木型，树姿开张。中叶，叶片长×宽9.5cm×4.3cm，叶片椭圆形，叶脉11对，叶色深绿色，叶面隆起，叶质硬，叶齿锐度锐、密度密、深度浅，叶尖急尖，叶缘微波状，叶背茸毛多。芽叶肥壮，黄绿色，茸毛多、密。花冠直径3.60cm×2.90cm，花瓣7枚，子房有茸毛，花柱3裂、裂位高。果径2.38～3.45cm，种皮棕褐色，种径1.05～2.12cm，种子百粒重268.0g。

冰岛老寨大茶树13号

普洱茶种（*Camellia sinensis* var. *assamica*），位于双江县勐库镇冰岛老寨，海拔高度1629.4m。乔木型，树姿开张。大叶，叶片长×宽15.0cm×5.1cm，叶片长椭圆形，叶脉12对，叶色黄绿色，叶面隆起，叶质柔软，叶齿锐度锐、密度密、深度浅，叶尖急尖，叶缘微波状，叶背茸毛多。芽叶肥壮，黄绿色，茸毛多、密。花冠直径4.00cm×3.20cm，花瓣7枚，子房有茸毛，花柱3裂、裂位高。果径2.07~3.72cm，种皮棕褐色，种径0.97~1.79cm，种子百粒重163.3g。

冰岛老寨大茶树14号

普洱茶种（*Camellia sinensis* var. *assamica*），位于双江县勐库镇冰岛老寨，海拔高度1629.4m。乔木型，树姿开张。大叶，叶片长×宽12.0cm×5.9cm，叶片长椭圆形，叶脉12对，叶色黄绿色，叶面隆起，叶质中，叶齿锐度锐、密度密、深度浅，叶尖急尖，叶缘微波状，叶背茸毛多。芽叶肥壮，黄绿色，茸毛多、密。花冠直径3.60cm×3.30cm，花瓣6枚，子房有茸毛，花柱3裂、裂位高。果径2.01~3.67cm，种皮棕褐色，种径1.80~2.03cm，种子百粒重150.5g。

冰岛老寨大茶树15号

普洱茶种（*Camellia sinensis* var. *assamica*），位于双江县勐库镇冰岛村冰岛老寨，海拔高度1688m。树高6.5m，树幅3.3m×5.5m，基部干围1.2m。小乔木型，树姿半开张。叶片长×宽16.2cm×6.5cm，叶片长椭圆形，叶色深绿色，叶脉11对，叶背有茸毛。芽叶黄绿色、茸毛多。萼片5枚、无茸毛，花冠直径2.80cm×3.10cm，花瓣5枚，花柱3裂，子房有茸毛。果实球形、三角形。

冰岛老寨大茶树16号

普洱茶种（*Camellia sinensis* var. *assamica*），位于双江县勐库镇冰岛村冰岛老寨，海拔高度1703m。树高8.5m，树幅5.4m×5.5m，基部干围1.5m。乔木型，树姿直立。叶片长×宽14.2cm×6.3cm，叶片长椭圆形，叶色深绿色，叶脉10对，叶背有茸毛。芽叶绿色、茸毛多。萼片5枚、无茸毛，花冠直径3.30cm×3.70cm，花瓣6枚，花柱3裂，子房有茸毛。果实球形、三角形。

冰岛老寨大茶树17号

普洱茶种（*Camellia sinensis* var. *assamica*），位于双江县勐库镇冰岛村冰岛老寨，海拔高度1663m。树高8.5m，树幅4.9m × 5.5m，基部干围1.0m。小乔木型，树姿半开张。叶片长 × 宽14.7cm × 5.0cm，叶片长椭圆形，叶色绿色，叶脉12对，叶背有茸毛。芽叶绿色、茸毛多。萼片5枚、无茸毛，花冠直径3.20cm × 3.60cm，花瓣6枚，花柱3裂，子房有茸毛。果实球形、三角形。

冰岛老寨大茶树18号

普洱茶种（*Camellia sinensis* var. *assamica*），位于双江县勐库镇冰岛村冰岛老寨，海拔高度1663m。树高7.5m，树幅5.3m × 5.5m，基部干围1.2m。小乔木型，树姿半开张。叶片长 × 宽15.4cm × 6.3cm，叶片长椭圆形，叶色绿色，叶脉12对，叶背有茸毛。芽叶绿色、茸毛多。萼片5枚、无茸毛，花冠直径3.40cm × 3.30cm，花瓣6枚，花柱3裂，子房有茸毛。果实球形、三角形。

冰岛老寨大茶树19号

普洱茶种（*Camellia sinensis* var. *assamica*），位于双江县勐库镇冰岛村冰岛老寨，海拔高度1696m。树高9.0m，树幅5.3m×4.8m，基部干围1.6m。乔木型，树姿直立。芽叶黄绿色、茸毛多。叶片长×宽16.8cm×6.4cm，叶片长椭圆形，叶色绿色，叶脉12对，叶背有茸毛。萼片5枚、无茸毛，花冠直径3.50cm×3.00cm，花瓣7枚，花柱3裂，子房有茸毛。果实球形、三角形。

冰岛老寨大茶树20号

普洱茶种（*Camellia sinensis* var. *assamica*），位于双江县勐库镇冰岛村冰岛老寨，海拔高度1675m。树高8.0m，树幅5.7m×4.4m，基部干围1.7m。小乔木型，树姿半开张。芽叶黄绿色、茸毛多。叶片长×宽19.1cm×8.4cm，叶片椭圆形，叶色绿色，叶脉12对，叶背有茸毛。萼片5枚、无茸毛，花冠直径3.20cm×3.80cm，花瓣6枚，花柱3裂，子房有茸毛。果实球形、三角形。

冰岛老寨大茶树21号

普洱茶种（*Camellia sinensis* var. *assamica*），位于双江县勐库镇冰岛村冰岛老寨，海拔高度1675m。树高7.2m，树幅5.1m×4.9m，基部干围1.6m。小乔木型，树姿半开张。芽叶黄绿色、茸毛多。叶片长×宽18.6cm×7.1cm，叶片椭圆形，叶色绿色，叶脉12对，叶背有茸毛。萼片5枚、无茸毛，花冠直径3.60cm×3.80cm，花瓣8枚，花柱3裂，子房有茸毛。果实球形、三角形。

冰岛老寨大茶树22号

普洱茶种（*Camellia sinensis* var. *assamica*），位于双江县勐库镇冰岛村冰岛老寨，海拔高度1675m。树高8.3m，树幅5.2m×4.5m，基部干围1.4m。小乔木型，树姿半开张。芽叶绿色、茸毛多。叶片长×宽19.1cm×8.4cm，叶片椭圆形，叶色深绿色，叶脉12对，叶背有茸毛。萼片5枚、无茸毛，花冠直径3.20cm×3.80cm，花瓣6枚，花柱3裂，子房有茸毛。果实球形、三角形。

冰岛老寨大茶树23号

普洱茶种（*Camellia sinensis* var. *assamica*），位于双江县勐库镇冰岛村冰岛老寨，海拔高度1675m。树高6.6m，树幅4.1m × 3.5m，基部干围1.1m。小乔木型，树姿半开张。芽叶黄绿色、茸毛多。叶片长 × 宽14.9cm × 7.3cm，叶片椭圆形，叶色绿色，叶脉13对，叶背有茸毛。萼片5枚、无茸毛，花冠直径2.60cm × 3.00cm，花瓣6枚，花柱3裂，子房有茸毛。果实球形、三角形。

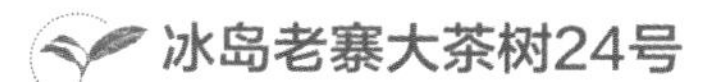

冰岛老寨大茶树24号

普洱茶种（*Camellia sinensis* var. *assamica*），位于双江县勐库镇冰岛村冰岛老寨，海拔高度1675m。树高4.6m，树幅2.9m × 2.7m，基部干围0.8m。小乔木型，树姿半开张。芽叶黄绿色、茸毛多。叶片长 × 宽15.3cm × 5.5cm，叶片椭圆形，叶色绿色，叶脉12对，叶背有茸毛。萼片5枚、无茸毛，花冠直径3.00cm × 2.80cm，花瓣7枚，花柱3裂，子房有茸毛。果实球形、三角形。

南迫老寨大茶树1号

大理茶种（*Camellia taliensis*），位于双江县勐库镇冰岛村南迫老寨，海拔高度1796.2m。乔木型，树姿开张。特大叶，叶片长×宽14.8cm×6.4cm，叶片椭圆形，叶脉10对，叶色绿色，叶面隆起，叶质硬，叶齿锐度钝、密度中、深度浅，叶尖渐尖，叶缘平，叶背茸毛多。芽叶肥壮，黄绿色，茸毛多、密。花冠直径7.20cm×6.60cm，花瓣12枚，子房有茸毛，花柱5裂、裂位高。果径2.13～4.12cm，种皮棕褐色，种径1.26～1.81cm，种子百粒重162.0g。

南迫老寨大茶树2号

大理茶种（*Camellia taliensis*），位于双江县勐库镇冰岛村南迫老寨，海拔高度1796.2m。乔木型，树姿开张。中叶，叶片长×宽11.0cm×4.7cm，叶片椭圆形，叶脉10对，叶色绿色，叶面微隆起，叶质中，叶齿锐度锐、密度密、深度浅，叶尖渐尖，叶缘波状，叶背茸毛多。芽叶肥壮，黄绿色，茸毛多、密。花冠直径4.50cm×5.00cm，花瓣7枚，子房有茸毛，花柱4裂、裂位高。果径2.31～3.53cm，种皮棕褐色，种径1.53～1.69cm，种子百粒重256.7g。

南迫老寨大茶树3号

大理茶种（*Camellia taliensis*），位于双江县勐库镇冰岛村南迫老寨，海拔高度1796.2m。乔木型，树姿开张。大叶，叶片长×宽11.7cm×5.2cm，叶片椭圆形，叶脉10对，叶色绿色，叶面隆起，叶质硬，叶齿锐度中、密度中、深度浅，叶尖急尖，叶缘微波状，叶背茸毛多。芽叶肥壮，黄绿色，茸毛多、密。花冠直径4.20cm×3.20cm，花瓣7枚，子房有茸毛，花柱4裂、裂位中。果径1.72～3.14cm，种皮棕褐色，种径1.23～1.61cm，种子百粒重183.3g。

南迫老寨大茶树4号

普洱茶种（*Camellia sinensis* var. *assamica*），位于双江县勐库镇冰岛村南迫老寨，海拔高度1699.5m。乔木型，树姿开张。中叶，叶片长×宽11.0cm×5.0cm，叶片椭圆形，叶脉11对，叶色绿色，叶面隆起，叶质中，叶齿锐度锐、密度中、深度浅，叶尖急尖，叶缘微波状，叶背茸毛多。芽叶肥壮，黄绿色，茸毛多、密。花冠直径3.50cm×3.50cm，花瓣7枚，子房有茸毛，花柱3裂、裂位高。果径2.03～4.16cm，种皮棕褐色，种径1.42～2.00cm，种子百粒重256.0g。

南迫老寨大茶树5号

普洱茶种（*Camellia sinensis* var. *assamica*），位于双江县勐库镇冰岛村南迫老寨，海拔高度1699.5m。乔木型，树姿开张。大叶，叶片长×宽11.9cm×6.2cm，叶形近圆形，叶脉11对，叶色黄绿色，叶面微隆起，叶质硬，叶齿锐度锐、密度中、深度浅，叶尖急尖，叶缘波状，叶背茸毛多。芽叶肥壮，黄绿色，茸毛多、密。花冠直径2.80cm×2.50cm，花瓣6枚，子房有茸毛，花柱3裂、裂位高。果径1.80～3.69cm，种皮棕褐色，种径0.98～1.65cm，种子百粒重164.3g。

南迫老寨大茶树6号

普洱茶种（*Camellia sinensis* var. *assamica*），位于双江县勐库镇冰岛村南迫老寨，海拔高度1699.5m。乔木型，树姿开张。大叶，叶片长×宽14.1cm×5.3cm，叶片长椭圆形，叶脉12对，叶色绿色，叶面隆起，叶质柔软，叶齿锐度中、密度中、深度浅，叶尖急尖，叶缘微波状，叶背茸毛多。芽叶肥壮，黄绿色，茸毛多、密。花冠直径3.50cm×2.90cm，花瓣6枚，子房有茸毛，花柱3裂、裂位高。果径2.09～3.37cm，种皮棕褐色，种径1.47～1.79cm，种子百粒重245.0g。

南迫老寨大茶树7号

普洱茶种（*Camellia sinensis* var. *assamica*），位于双江县勐库镇冰岛村南迫老寨，海拔高度1827m。树高10.5m，树幅4.3m×3.9m，基部干围2.4m。乔木型，树姿直立。芽叶绿色、茸毛多。叶片长×宽11.6cm×5.4cm，叶片椭圆形，叶色绿色，叶脉8对，叶背有茸毛。萼片5枚、无茸毛，花冠直径3.2cm×4.2cm，花瓣7枚，花柱5裂，子房有茸毛。果实扁球形。

南迫老寨大茶树8号

普洱茶种（*Camellia sinensis* var. *assamica*），位于双江县勐库镇冰岛村南迫老寨，海拔高度1827m。树高7.5m，树幅4.5m×3.5m，基部干围2.0m。小乔木型，树姿半开张。芽叶黄绿色、茸毛多。叶片长×宽14.7cm×5.9cm，叶片长椭圆形，叶色绿色，叶脉10对，叶背有茸毛。萼片5枚、无茸毛，花冠直径5.0cm×4.0cm，花瓣7枚，花柱3裂，子房有茸毛。果实球形、三角形。

南迫老寨大茶树9号

普洱茶种（*Camellia sinensis* var. *assamica*），位于双江县勐库镇冰岛村南迫老寨，海拔高度1825m。树高7.0m，树幅4.0m × 5.0m，基部干围1.5m。小乔木型，树姿半开张。芽叶黄绿色、茸毛多。叶片长 × 宽15.6cm × 6.3cm，叶片长椭圆形，叶色绿色，叶脉9对，叶背有茸毛。萼片5枚、无茸毛，花冠直径3.0cm × 4.2cm，花瓣6枚，花柱3裂，子房有茸毛。果实球形、三角形。

地界大茶树1号

普洱茶种（*Camellia sinensis* var. *assamica*），位于双江县勐库镇冰岛村地界，海拔高度1911.5m。乔木型，树姿开张。大叶，叶片长 × 宽12.0cm × 5.5cm，叶片椭圆形，叶脉10对，叶色绿色，叶面隆起，叶质中，叶齿锐度锐、密度密、深度浅，叶尖急尖，叶缘平，叶背茸毛多。芽叶肥壮，黄绿色，茸毛多、密。花冠直径4.00cm × 3.60cm，花瓣5枚，子房有茸毛，花柱3裂、裂位高。果径2.51 ~ 4.00cm，种皮棕褐色，种径1.21 ~ 2.20cm，种子百粒重397.5g。

地界大茶树2号

普洱茶种（*Camellia sinensis* var. *assamica*），位于双江县勐库镇冰岛村地界，海拔高度1911.5m。乔木型，树姿开张。大叶，叶片长×宽11.2cm×6.1cm，叶形近圆形，叶脉10对，叶色绿色，叶面隆起，叶质中，叶齿锐度中、密度密、深度浅，叶尖钝尖，叶缘平，叶背茸毛多。芽叶肥壮，黄绿色，茸毛多、密。花冠直径3.40cm×3.00cm，花瓣7枚，子房有茸毛，花柱3裂、裂位高。果径2.13～2.95cm，种皮棕褐色，种径1.28～1.74cm，种子百粒重276.7g。

地界大茶树3号

普洱茶种（*Camellia sinensis* var. *assamica*），位于双江县勐库镇冰岛村地界，海拔高度1911.5m。乔木型，树姿开张。大叶，叶片长×宽13.2cm×6.1cm，叶片椭圆形，叶脉13对，叶色绿色，叶面隆起，叶质中，叶齿锐度锐、密度密、深度中，叶尖急尖，叶缘波状，叶背茸毛多。芽叶肥壮，黄绿色，茸毛多、密。花冠直径5.00cm×3.90cm，花瓣6枚，子房有茸毛，花柱3裂、裂位高。果径3.22～3.41cm，种皮棕褐色，种径0.96～1.79cm，种子百粒重196.3g。

丙野山大茶树1号

普洱茶种（*Camellia sinensis* var. *assamica*），位于双江县勐库镇冰岛村坝歪丙野山，海拔高度1529.3m。乔木型，树姿开张。中叶，叶片长×宽9.8cm×3.6cm，叶片长椭圆形，叶脉10对，叶色绿色，叶面微隆起，叶质柔软，叶齿锐度锐、密度密、深度浅，叶尖急尖，叶缘微波状，叶背茸毛多。芽叶肥壮，黄绿色，茸毛多、密。花冠直径3.40cm×2.90cm，花瓣7枚，子房有茸毛，花柱3裂、裂位高。果径2.00～2.99cm，种皮棕褐色，种径1.37～1.69cm，种子百粒重176.7g。

丙野山大茶树2号

普洱茶种（*Camellia sinensis* var. *assamica*），位于双江县勐库镇冰岛村坝歪丙野山，海拔高度1529.3m。乔木型，树姿开张。中叶，叶片长×宽10.0cm×4.1cm，叶片椭圆形，叶脉10对，叶色绿色，叶面微隆起，叶质中，叶齿锐度锐、密度密、深度浅，叶尖急尖，叶缘微波状，叶背茸毛多。芽叶肥壮，黄绿色，茸毛多、密。花冠直径3.00cm×3.00cm，花瓣7枚，子房有茸毛，花柱3裂、裂位高。果径2.23～3.60cm，种皮棕褐色，种径1.11～1.92cm，种子百粒重222.0g。

丙野山大茶树3号

普洱茶种（*Camellia sinensis* var. *assamica*），位于双江县勐库镇冰岛村坝歪丙野山，海拔高度1529.3m。乔木型，树姿开张。中叶，叶片长×宽11.6cm×4.7cm，叶片椭圆形，叶脉11对，叶色绿色，叶面微隆起，叶质硬，叶齿锐度中、密度中、深度浅，叶尖急尖，叶缘微波状，叶背茸毛多。芽叶肥壮，黄绿色，茸毛多、密。花冠直径2.60cm×2.40cm，花瓣7枚，子房有茸毛，花柱3裂、裂位高。果径2.16～3.38cm，种皮棕褐色，种径1.38～1.98cm，种子百粒重302.5g。

糯伍老寨大茶树1号

普洱茶种（*Camellia sinensis* var. *assamica*），位于双江县勐库镇冰岛村糯伍老寨，海拔高度1650.8m。乔木型，树姿开张。大叶，叶片长×宽13.9cm×5.6cm，叶片椭圆形，叶脉11对，叶色黄绿色，叶面隆起，叶质硬，叶齿锐度锐、密度密、深度中，叶尖急尖，叶缘微波状，叶背茸毛多。芽叶肥壮，黄绿色，茸毛多、密。花冠直径2.70cm×3.30cm，花瓣6枚，子房有茸毛，花柱3裂、裂位高。果径3.05～3.56cm，种皮棕褐色，种径1.35～2.01cm，种子百粒重255.0g。

糯伍老寨大茶树2号

普洱茶种（*Camellia sinensis* var. *assamica*），位于双江县勐库镇冰岛村糯伍老寨，海拔高度1650.8m。乔木型，树姿开张。特大叶，叶片长×宽16.0cm×6.3cm，叶片长椭圆形，叶脉13对，叶色绿色，叶面隆起，叶质硬，叶齿锐度锐、密度密、深度浅，叶尖急尖，叶缘微波状，叶背茸毛多。芽叶肥壮，黄绿色，茸毛多、密。花冠直径4.50cm×3.50cm，花瓣7枚，子房有茸毛，花柱3裂、裂位高。果径2.23～3.15cm，种皮棕褐色，种径0.90～1.76cm，种子百粒重181.7g。

糯伍老寨大茶树3号

普洱茶种（*Camellia sinensis* var. *assamica*），位于双江县勐库镇冰岛村糯伍老寨，海拔高度1650.8m。乔木型，树姿开张。大叶，叶片长×宽13.2cm×6.0cm，叶片长椭圆形，叶脉10对，叶色绿色，叶面微隆起，叶质硬，叶齿锐度中、密度密、深度浅，叶尖急尖，叶缘微波状，叶背茸毛多。芽叶肥壮，黄绿色，茸毛多、密。花冠直径3.50cm×3.50cm，花瓣7枚，子房有茸毛，花柱3裂、裂位高。果径1.86～2.90cm，种皮棕褐色，种径1.29～1.68cm，种子百粒重200.0g。

糯伍老寨大茶树4号

普洱茶种（*Camellia sinensis* var. *assamica*），位于双江县勐库镇冰岛村糯伍老寨，海拔高度1650.8m。乔木型，树姿开张。大叶，叶片长×宽12.5cm×5.8cm，叶片椭圆形，叶脉11对，叶色绿色，叶面隆起，叶质硬，叶齿锐度中、密度中、深度浅，叶尖急尖，叶缘微波状，叶背茸毛多。芽叶肥壮，黄绿色，茸毛多、密。花冠直径3.50cm×2.80cm，花瓣6枚，子房有茸毛，花柱3裂、裂位高。果径1.82～3.96cm，种皮棕褐色，种径1.18～1.81cm，种子百粒重230.0g。

糯伍老寨大茶树5号

普洱茶种（*Camellia sinensis* var. *assamica*），位于双江县勐库镇冰岛村糯伍老寨，海拔高度1650.8m。乔木型，树姿开张。特大叶，叶片长×宽15.0cm×6.2cm，叶片椭圆形，叶脉10对，叶色绿色，叶面隆起，叶质硬，叶齿锐度锐、密度密、深度中，叶尖急尖，叶缘微波状，叶背茸毛多。芽叶肥壮，黄绿色，茸毛多、密。花冠直径3.30cm×3.40cm，花瓣6枚，子房有茸毛，花柱3裂、裂位高。果径2.08～3.99cm，种皮棕褐色，种径1.35～1.95cm，种子百粒重216.0g。

坝糯藤条王

普洱茶种（*Camellia sinensis* var. *assamica*），位于双江县勐库镇坝糯村8组，海拔高度1913.9m。乔木型，树姿开张。大叶，叶片长×宽14.4cm×5.5cm，叶片长椭圆形，叶脉12对，叶色绿色，叶面隆起，叶质硬，叶齿锐度中、密度中、深度浅，叶尖急尖，叶缘微波状，叶背茸毛多。芽叶肥壮，黄绿色，茸毛多、密。花冠直径3.70cm×3.20cm，花瓣7枚，子房有茸毛，花柱3裂、裂位中。果径1.61～1.79cm，种皮棕褐色，种径1.11～1.35cm，种子百粒重100.0g。

坝糯藤条茶1号

普洱茶种（*Camellia sinensis* var. *assamica*），位于双江县勐库镇坝糯村8组，海拔高度1913.9m。乔木型，树姿开张。大叶，叶片长×宽12.4cm×5.9cm，叶片椭圆形，叶脉12对，叶色深绿色，叶面微隆起，叶质硬，叶齿锐度锐、密度中、深度浅，叶尖急尖，叶缘微波状，叶背茸毛多。芽叶肥壮，黄绿色，茸毛多、密。花冠直径3.40cm×3.40cm，花瓣7枚，子房有茸毛，花柱3裂、裂位高。果径1.41～2.66cm，种皮棕褐色，种径1.01～1.25cm，种子百粒重95.5g。

坝糯藤条茶2号

普洱茶种（*Camellia sinensis* var. *assamica*），位于双江县勐库镇坝糯村8组，海拔高度1913.9m。乔木型，树姿开张。特大叶，叶片长×宽16.6cm×5.9cm，叶片长椭圆形，叶脉13对，叶色深绿色，叶面微隆起，叶质中，叶齿锐度锐、密度密、深度深、叶尖急尖，叶缘波状，叶背茸毛多。芽叶肥壮，黄绿色，茸毛多、密。花冠直径3.50cm×3.60cm，花瓣7枚，子房有茸毛，花柱3裂、裂位高。果径1.21～2.20cm，种皮棕褐色，种径1.11～1.35cm，种子百粒重102.5g。

坝糯藤条茶3号

普洱茶种（*Camellia sinensis* var. *assamica*），位于双江县勐库镇坝糯村，海拔高度1951m。树高8.5m，树幅7.8m×5.5m，基部干围1.3m。小乔木型，树姿半开张。叶片长×宽11.3cm×4.3cm，叶片长椭圆形，叶色绿色，叶脉8对，叶背有茸毛。芽叶绿色、茸毛多。萼片5枚、无茸毛，花冠直径2.4cm×2.4cm，花瓣6枚，花柱3裂，子房有茸毛。果实球形、三角形。

坝糯藤条茶4号

普洱茶种（*Camellia sinensis* var. *assamica*），位于双江县勐库镇坝糯村，海拔高度1930m。树高7.0m，树幅5.0m × 5.8m，基部干围1.3m。小乔木型，树姿半开张。叶片长 × 宽13.8cm × 5.6cm，叶片长椭圆形，叶色绿色，叶脉9对，叶背有茸毛。芽叶绿色、茸毛多。萼片5枚、无茸毛，花冠直径3.6cm × 3.2cm，花瓣6枚，花柱3裂，子房有茸毛。果实球形、三角形。

坝糯藤条茶5号

普洱茶种（*Camellia sinensis* var. *assamica*），位于双江县勐库镇坝糯村，海拔高度1900m。树高8.0m，树幅6.8m × 7.0m，基部干围1.0m。小乔木型，树姿半开张。叶片长 × 宽15.3cm × 6.1cm，叶片长椭圆形，叶色绿色，叶脉9对，叶背有茸毛。芽叶绿色、茸毛多。萼片5枚、无茸毛，花冠直径3.4cm × 2.8cm，花瓣6枚，花柱3裂，子房有茸毛。果实球形、三角形。

正气塘茶王树

普洱茶种（*Camellia sinensis* var. *assamica*），位于双江县勐库镇那赛村正气塘，海拔高度1942.9m。乔木型，树姿开张。特大叶，叶片长×宽15.3cm×6.8cm，叶片椭圆形，叶脉13对，叶色黄绿色，叶面隆起，叶质中，叶齿锐度锐、密度密、深度中，叶尖急尖，叶缘微波状，叶背茸毛多。芽叶肥壮，黄绿色，茸毛多、密。花冠直径3.70cm×3.70cm，花瓣6枚，子房有茸毛，花柱3裂、裂位高。果径2.12~3.75cm，种皮棕褐色，种径1.32~1.80cm，种子百粒重205.0g。

那赛大茶树1号

普洱茶种（*Camellia sinensis* var. *assamica*），位于双江县勐库镇那赛村，海拔高度1746m。树高4.8m，树幅5.6m×5.5m，基部干围1.2m。小乔木型，树姿开张。叶片长×宽14.3cm×4.5cm，叶片椭圆形，叶色绿色，叶脉11对，叶背茸毛多。芽叶黄绿色、茸毛特多。萼片5枚、无茸毛。花冠直径2.8cm×2.4cm，花瓣5枚，花柱3裂，子房有茸毛。果实三角形。

那赛大茶树2号

普洱茶种（*Camellia sinensis* var. *assamica*），位于双江县勐库镇那赛村，海拔高度1746m。树高4.5m，树幅3.6m×3.5m，基部干围1.2m。小乔木型，树姿开张。叶片长×宽14.8cm×4.9cm，叶片椭圆形，叶色绿色，叶脉10对，叶背茸毛多。芽叶黄绿色、茸毛特多。萼片5枚、无茸毛。花冠直径2.8cm×2.5cm，花瓣6枚，花柱3裂，子房有茸毛。果实三角形、球形。

那赛大茶树3号

普洱茶种（*Camellia sinensis* var. *assamica*），位于双江县勐库镇那赛村，海拔高度1743m。树高6.0m，树幅3.5m×4.5m，基部干围1.0m。小乔木型，树姿开张。叶片长×宽16.2cm×5.5cm，叶片椭圆形，叶色绿色，叶脉11对，叶背茸毛多。芽叶黄绿色、茸毛特多。萼片5枚、无茸毛。花冠直径3.8cm×3.4cm，花瓣5枚，花柱3裂，子房有茸毛。果实三角形、球形。

小户赛大茶树1号

普洱茶种（*Camellia sinensis* var. *assamica*），位于双江县勐库镇公弄村小户赛，海拔高度1701m。树高10.8m，树幅6.9m×5.5m，基部干围1.4m。小乔木型，树姿开张。叶片长×宽18.5cm×6.8cm，叶片椭圆形，叶色深绿色，叶脉12对，叶背茸毛多。芽叶黄绿色、茸毛多。萼片5枚，无茸毛，花冠直径3.7cm×4.0cm，花瓣6枚，花柱3裂，子房有茸毛。果实肾形、球形。

小户赛大茶树2号

普洱茶种（*Camellia sinensis* var. *assamica*），位于双江县勐库镇公弄村小户赛，海拔高度1682m。树高9.0m，树幅5.6m×5.4m，基部干围1.3m。乔木型，树姿半开张。叶片长×宽16.2cm×7.4cm，叶片长椭圆形，叶色深绿色，叶脉10对，芽叶黄绿色、茸毛多。萼片5枚、无茸毛。花冠直径3.1cm×4.2cm，花瓣5枚，花柱3裂，子房有茸毛。

小户赛大茶树3号

普洱茶种（*Camellia sinensis* var. *assamica*），位于双江县勐库镇公弄村小户赛，海拔高度1693m。树高6.0m，树幅4.1m×4.9m，基部干围1.2m。小乔木型，树姿半开张。叶片长×宽13.0cm×5.8cm，叶片长椭圆形，叶色绿色，叶脉11对，叶背有茸毛。芽叶绿色、茸毛多。萼片5枚、无茸毛，花冠直径3.0cm×2.7cm，花瓣6枚，花柱3裂，子房有茸毛。果实球形、三角形。

张家寨大茶树1号

普洱茶种（*Camellia sinensis* var. *assamica*），位于双江县勐库镇大户赛村张家寨，海拔高度1715.5m。乔木型，树姿开张。中叶，叶片长×宽9.3cm×3.6cm，叶片长椭圆形，叶脉9对，叶色深绿色，叶面微隆起，叶质硬，叶齿锐度中、密度密、深度浅，叶尖急尖，叶缘微波状，叶背茸毛多。芽叶肥壮，黄绿色，茸毛多、密。花冠直径4.40cm×4.10cm，花瓣7枚，子房有茸毛，花柱3裂、裂位高。果径2.18～3.27cm，种皮棕褐色，种径1.34～1.77cm，种子百粒重225.0g。

张家寨大茶树2号

普洱茶种（*Camellia sinensis* var. *assamica*），位于双江县勐库镇大户赛村张家寨，海拔高度1715.5m。乔木型，树姿开张。中叶，叶片长×宽10.2cm×4.8cm，叶片椭圆形，叶脉11对，叶色黄绿色，叶面微隆起，叶质中，叶齿锐度锐、密度密、深度浅，叶尖急尖，叶缘微波状，叶背茸毛多。芽叶肥壮，黄绿色，茸毛多、密。花冠直径3.60cm×3.60cm，花瓣7枚，子房有茸毛，花柱3裂、裂位高。果径2.31～3.63cm，种皮棕褐色，种径1.50～1.84cm，种子百粒重260.0g。

张家寨大茶树3号

普洱茶种（*Camellia sinensis* var. *assamica*），位于双江县勐库镇大户赛村张家寨，海拔高度1715.5m。乔木型，树姿开张。特大叶，叶片长×宽15.3cm×5.7cm，叶片长椭圆形，叶脉12对，叶色黄绿色，叶面隆起，叶质硬，叶齿锐度锐、密度密、深度中，叶尖急尖，叶缘波状，叶背茸毛多。芽叶肥壮，黄绿色，茸毛多、密。花冠直径3.90cm×3.00cm，花瓣6枚，子房有茸毛，花柱3裂、裂位高。果径2.01～3.67cm，种皮棕褐色，种径0.79～1.96cm，种子百粒重210.0g。

张家寨大茶树4号

普洱茶种（*Camellia sinensis* var. *assamica*），位于双江县勐库镇大户赛村张家寨，海拔高度1715.5m。乔木型，树姿开张。中叶，叶片长×宽9.7cm×3.8cm，叶片长椭圆形，叶脉9对，叶色深绿色，叶面微隆起，叶质硬，叶齿锐度锐、密度密、深度浅，叶尖急尖，叶缘微波状，叶背茸毛多。芽叶肥壮，黄绿色，茸毛多、密。花冠直径2.90cm×3.50cm，花瓣7枚，子房有茸毛，花柱3裂、裂位高。果径1.85～2.97cm，种皮棕褐色，种径1.24～1.67cm，种子百粒重174.0g。

张家寨大茶树5号

普洱茶种（*Camellia sinensis* var. *assamica*），位于双江县勐库镇大户赛村张家寨，海拔高度1715.5m。乔木型，树姿开张。大叶，叶片长×宽13.4cm×5.3cm，叶片长椭圆形，叶脉9对，叶色黄绿色，叶面微隆起，叶质中，叶齿锐度中、密度中、深度浅，叶尖渐尖，叶缘微波状，叶背茸毛多。芽叶肥壮，黄绿色，茸毛多、密。花冠直径3.50cm×2.50cm，花瓣6枚，子房有茸毛，花柱3裂、裂位高。果径2.19～3.03cm，种皮棕褐色，种径1.33～1.92cm，种子百粒重262.0g。

大户赛大茶树1号

普洱茶种（*Camellia sinensis* var. *assamica*），位于双江县勐库镇公弄村大户赛，海拔高度1810m。树高5.6m，树幅5.3m × 4.8m，基部干围1.2m。小乔木型，树姿半开张。叶片长 × 宽14.6cm × 6.8cm，叶片椭圆形，叶色绿色，叶脉10对，叶背有茸毛。芽叶绿色、茸毛多。萼片5枚、无茸毛，花冠直径3.3cm × 3.1cm，花瓣6枚，花柱3裂，子房有茸毛。果实球形、肾形、三角形。

大户赛大茶树2号

普洱茶种（*Camellia sinensis* var. *assamica*），位于双江县勐库镇公弄村大户赛，海拔高度1810m。树高6.5m，树幅5.0m × 5.0m，基部干围1.0m。小乔木型，树姿半开张。叶片长 × 宽16.4cm × 6.2cm，叶片长椭圆形，叶色绿色，叶脉10对，叶背有茸毛。芽叶黄绿色、茸毛多。萼片5枚、无茸毛，花冠直径3.7cm × 3.7cm，花瓣6枚，花柱3裂，子房有茸毛。果实球形、肾形、三角形。

大户赛大茶树3号

普洱茶种（*Camellia sinensis* var. *assamica*），位于双江县勐库镇公弄村大户赛，海拔高度1810m。树高5.0m，树幅3.8m × 4.0m，基部干围1.0m。小乔木型，树姿半开张。叶片长 × 宽15.7cm × 5.5cm，叶片椭圆形，叶色绿色，叶脉9对，叶背有茸毛。芽叶绿色、茸毛多。萼片5枚、无茸毛，花冠直径4.3cm × 3.9cm，花瓣6枚，花柱3裂，子房有茸毛。果实球形、三角形。

大寨大茶树1号

普洱茶种（*Camellia sinensis* var. *assamica*），位于双江县勐库镇公弄村大寨，海拔高度1394.0m。乔木型，树姿开张。大叶，叶片长 × 宽12.4cm × 5.1cm，叶片椭圆形，叶脉9对，叶色深绿色，叶面隆起，叶质硬，叶齿锐度锐、密度密、深度浅，叶尖渐尖，叶缘微波状，叶背茸毛多。芽叶肥壮，黄绿色，茸毛多、密。花冠直径4.40cm × 4.00cm，花瓣6枚，子房有茸毛，花柱3裂、裂位高。果径2.55 ~ 2.85cm，种皮棕褐色，种径1.29 ~ 1.58cm，种子百粒重113.3g。

大寨大茶树2号

普洱茶种（*Camellia sinensis* var. *assamica*），位于双江县勐库镇公弄村大寨，海拔高度1394.0m。乔木型，树姿开张。大叶，叶片长×宽11.7cm×5.3cm，叶片椭圆形，叶脉10对，叶色绿色，叶面微隆起，叶质硬，叶齿锐度中、密度密、深度浅，叶尖急尖，叶缘微波状，叶背茸毛多。芽叶肥壮，黄绿色，茸毛多、密。花冠直径3.40cm×2.90cm，花瓣6枚，子房有茸毛，花柱3裂、裂位高。果径1.83～1.96cm，种皮棕褐色，种径1.49～1.57cm，种子百粒重220.0g。

大寨大茶树3号

普洱茶种（*Camellia sinensis* var. *assamica*），位于双江县勐库镇公弄村大寨，海拔高度1394.0m。乔木型，树姿开张。中叶，叶片长×宽12.1cm×4.7cm，叶片长椭圆形，叶脉12对，叶色深绿色，叶面微隆起，叶质硬，叶齿锐度锐、密度密、深度浅，叶尖急尖，叶缘平，叶背茸毛多。芽叶肥壮，黄绿色，茸毛多、密。花冠直径3.70cm×3.80cm，花瓣6枚，子房有茸毛，花柱3裂、裂位高。果径2.24～3.80cm，种皮棕褐色，种径1.64～2.20cm，种子百粒重372.5g。

大寨大茶树4号

普洱茶种（*Camellia sinensis* var. *assamica*），位于双江县勐库镇公弄村大寨，海拔高度1394.0m。乔木型，树姿开张。大叶，叶片长×宽14.5cm×5.5cm，叶片长椭圆形，叶脉12对，叶色黄绿色，叶面隆起，叶质中，叶齿锐度锐、密度中、深度浅，叶尖急尖，叶缘微波状，叶背茸毛多。芽叶肥壮，黄绿色，茸毛多、密。花冠直径3.50cm×3.30cm，花瓣8枚，子房有茸毛，花柱3裂、裂位高。果径1.86～3.29cm，种皮棕褐色，种径0.95～1.66cm，种子百粒重177.1g。

大寨大茶树5号

普洱茶种（*Camellia sinensis* var. *assamica*），位于双江县勐库镇公弄村大寨，海拔高度1394.0m。乔木型，树姿开张。大叶，叶片长×宽11.0cm×5.4cm，叶片椭圆形，叶脉11对，叶色绿色，叶面隆起，叶质硬，叶齿锐度中、密度中、深度浅，叶尖急尖，叶缘微波状，叶背茸毛多。芽叶肥壮，黄绿色，茸毛多、密。花冠直径3.80cm×4.50cm，花瓣7枚，子房有茸毛，花柱5裂、裂位高。果径1.84～3.69cm，种皮棕褐色，种径1.41～1.61cm，种子百粒重192.0g。

公弄大茶树1号

普洱茶种（*Camellia sinensis* var. *assamica*），位于双江县勐库镇公弄村，海拔高度1430m。树高5.4m，树幅6.0m × 4.0m，基部干围0.9m。小乔木型，树姿半开张。叶片长 × 宽15.7cm × 6.7cm，叶片椭圆形，叶色绿色，叶脉13对，叶背有茸毛。芽叶绿色、茸毛多。萼片5枚、无茸毛，花冠直径4.5cm × 3.9cm，花瓣7枚，花柱3裂、4裂，子房有茸毛。果实球形、三角形。

公弄大茶树2号

普洱茶种（*Camellia sinensis* var. *assamica*），位于双江县勐库镇公弄村，海拔高度1430m。树高5.0m，树幅6.3m × 4.8m，基部干围0.8m。小乔木型，树姿半开张。叶片长 × 宽15.0cm × 6.1cm，叶片椭圆形，叶色绿色，叶脉11对，叶背有茸毛。芽叶绿色、茸毛多。萼片5枚、无茸毛，花冠直径3.5cm × 3.9cm，花瓣7枚，花柱3裂、4裂，子房有茸毛。果实球形、三角形。

公弄大茶树3号

普洱茶种（*Camellia sinensis* var. *assamica*），位于双江县勐库镇公弄村，海拔高度1437m。树高5.8m，树幅6.4m × 5.0m，基部干围0.9m。小乔木型，树姿半开张。叶片长 × 宽15.57cm × 5.7cm，叶片椭圆形，叶色绿色，叶脉11对，叶背有茸毛。芽叶绿色、茸毛多。萼片5枚、无茸毛，花冠直径4.5cm × 3.5cm，花瓣6枚，花柱3裂，子房有茸毛。果实球形、三角形。

以寨大茶树1号

大理茶种（*Camellia taliensis*），位于双江县勐库镇懂过村以寨，海拔高度1719.0m。乔木型，树姿开张。特大叶，叶片长 × 宽13.2cm × 6.5cm，叶片椭圆形，叶脉12对，叶色绿色，叶面隆起，叶质硬，叶齿锐度钝、密度中、深度浅，叶尖急尖，叶缘平，叶背茸毛多。芽叶肥壮，黄绿色，茸毛多、密。花冠直径4.00cm × 4.80cm，花瓣8枚，子房有茸毛，花柱5裂、裂位高。果径2.21 ~ 2.77cm，种皮棕褐色，种径1.27 ~ 2.15cm，种子百粒重260.0g。

以寨大茶树2号

大理茶种（*Camellia taliensis*），位于双江县勐库镇懂过村以寨，海拔高度1719.0m。乔木型，树姿开张。特大叶，叶片长×宽16.0cm×6.7cm，叶片椭圆形，叶脉12对，叶色绿色，叶面微隆起，叶质中，叶齿锐度锐、密度中、深度浅，叶尖急尖，叶缘平，叶背茸毛多。芽叶肥壮，黄绿色，茸毛多、密。花冠直径5.90cm×5.10cm，花瓣7枚，子房有茸毛，花柱5裂、裂位高。果径2.01～3.09cm，种皮棕褐色，种径1.41～1.78cm，种子百粒重273.3g。

以寨大茶树3号

大理茶种（*Camellia taliensis*），位于双江县勐库镇懂过村以寨，海拔高度1719.0m。乔木型，树姿开张。特大叶，叶片长×宽14.7cm×6.0cm，叶片椭圆形，叶脉11对，叶色黄绿色，叶面微隆起，叶质硬，叶齿锐度钝、密度中、深度浅，叶尖渐尖，叶缘微波状，叶背茸毛多。芽叶肥壮，黄绿色，茸毛多、密。花冠直径6.40cm×6.90cm，花瓣10枚，子房有茸毛，花柱4裂、裂位高。果径2.51～3.35cm，种皮棕褐色，种径1.12～1.65cm，种子百粒重240.0g。

以寨大茶树4号

大理茶种（*Camellia taliensis*），位于双江县勐库镇懂过村以寨，海拔高度1719.0m。乔木型，树姿开张。特大叶，叶片长×宽17.4cm×6.9cm，叶片椭圆形，叶脉12对，叶色绿色，叶面隆起，叶质硬，叶齿锐度钝、密度中、深度浅，叶尖急尖，叶缘平，叶背茸毛多。芽叶肥壮，黄绿色，茸毛多、密。花冠直径5.60cm×6.00cm，花瓣10枚，子房有茸毛，花柱4裂、裂位高。果径2.38～4.21cm，种皮棕褐色，种径1.67～1.79cm，种子百粒重290.0g。

以寨大茶树5号

大理茶种（*Camellia taliensis*），位于双江县勐库镇懂过村以寨，海拔高度1719.0m。乔木型，树姿开张。大叶，叶片长×宽12.4cm×5.9cm，叶片椭圆形，叶脉10对，叶色黄绿色，叶面微隆起，叶质硬，叶齿锐度中、密度中、深度浅，叶尖急尖，叶缘微波状，叶背茸毛多。芽叶肥壮，黄绿色，茸毛多、密。花冠直径5.40cm×5.10cm，花瓣10枚，子房有茸毛，花柱5裂、裂位高。果径2.13～4.63cm，种皮棕褐色，种径1.51～2.24cm，种子百粒重386.7g。

懂过大茶树1号

普洱茶种（*Camellia sinensis* var. *assamica*），位于双江县勐库镇懂过村，海拔高度1771m。树高8.4m，树幅5.0m × 5.5m，基部干围1.5m。小乔木型，树姿半开张。叶片长 × 宽17.0cm × 7.2cm，叶片椭圆形，叶色绿色，叶脉12对，叶背有茸毛。芽叶绿色、茸毛多。萼片5枚、无茸毛，花冠直径4.0cm × 3.4cm，花瓣6枚，花柱3裂，子房有茸毛。果实球形、三角形。

懂过大茶树2号

普洱茶种（*Camellia sinensis* var. *assamica*），位于双江县勐库镇懂过村，海拔高度1774m。树高6.4m，树幅4.0m × 5.8m，基部干围1.3m。小乔木型，树姿半开张。叶片长 × 宽15.0cm × 6.2cm，叶片长椭圆形，叶色绿色，叶脉12对，叶背有茸毛。芽叶绿色、茸毛多。萼片5枚、无茸毛，花冠直径4.0cm × 3.7cm，花瓣6枚，花柱3裂，子房有茸毛。果实球形、三角形。

懂过大茶树3号

普洱茶种（*Camellia sinensis* var. *assamica*），位于双江县勐库镇懂过村，海拔高度1774m。树高6.4m，树幅6.0m×5.0m，基部干围1.2m。小乔木型，树姿半开张。叶片长×宽16.0cm×5.8cm，叶片椭圆形，叶色绿色，叶脉10对，叶背有茸毛。芽叶绿色、茸毛多。萼片5枚、无茸毛，花冠直径3.7cm×3.9cm，花瓣7枚，花柱3裂，子房有茸毛。果实球形、三角形。

旧笼藤条茶1号

普洱茶种（*Camellia sinensis* var. *assamica*），位于双江县沙河乡邦协村旧笼小组，海拔高度1707.8m。乔木型，树姿开张。特大叶，叶片长×宽14.5cm×8.6cm，叶形近圆形，叶脉12对，叶色绿色，叶面隆起，叶质硬，叶齿锐度锐、密度中、深度浅，叶尖圆尖，叶缘微波状，叶背茸毛多。芽叶肥壮，黄绿色，茸毛多、密。花冠直径4.60cm×4.10cm，花瓣7枚，子房有茸毛，花柱3裂、裂位高。果径1.91~3.06cm，种皮棕褐色，种径0.96~1.46cm，种子百粒重123.8g。

旧笼藤条茶2号

普洱茶种（*Camellia sinensis* var. *assamica*），位于双江县沙河乡邦协村旧笼小组，海拔高度1707.8m。乔木型，树姿开张。特大叶，叶片长×宽14.7cm×6.5cm，叶片椭圆形，叶脉12对，叶色绿色，叶面微隆起，叶质硬，叶齿锐度锐、密度密、深度中，叶尖钝尖，叶缘微波状，叶背茸毛多。芽叶肥壮，黄绿色，茸毛多、密。花冠直径4.50cm×4.50cm，花瓣8枚，子房有茸毛，花柱3裂、裂位高。果径1.81～3.00cm，种皮棕褐色，种径1.02～1.60cm，种子百粒重125.0g。

旧笼藤条茶3号

普洱茶种（*Camellia sinensis* var. *assamica*），位于双江县沙河乡邦协村旧笼小组，海拔高度1707.8m。乔木型，树姿开张。特大叶，叶片长×宽16.5cm×6.1cm，叶片长椭圆形，叶脉11对，叶色黄绿色，叶面隆起，叶质硬，叶齿锐度中、密度密、深度中，叶尖急尖，叶缘波状，叶背茸毛多。芽叶肥壮，黄绿色，茸毛多、密。花冠直径4.80cm×4.30cm，花瓣8枚，子房有茸毛，花柱4裂、裂位高。果径2.02～3.65cm，种皮棕褐色，种径1.47～1.72cm，种子百粒重222.5g。

旧笼藤条茶4号

普洱茶种（*Camellia sinensis* var. *assamica*），位于双江县沙河乡邦协村旧笼小组，海拔高度1707.8m。乔木型，树姿开张。特大叶，叶片长×宽19.2cm×7.6cm，叶片长椭圆形，叶脉12对，叶色绿色，叶面隆起，叶质硬，叶齿锐度锐、密度密、深度中，叶尖急尖，叶缘微波状，叶背茸毛多。芽叶肥壮，黄绿色，茸毛多、密。花冠直径3.60cm×3.00cm，花瓣7枚，子房有茸毛，花柱3裂、裂位高。果径2.02～3.23cm，种皮棕褐色，种径1.21～1.68cm，种子百粒重172.0g。

彭家大茶园大茶树1号

普洱茶种（*Camellia sinensis* var. *assamica*），位于沙河乡营盘村彭家大茶园，海拔高度1751.8m。乔木型，树姿开张。特大叶，叶片长×宽17.0cm×7.5cm，叶片椭圆形，叶脉12对，叶色黄绿色，叶面隆起，叶质硬，叶齿锐度中、密度密、深度浅，叶尖急尖，叶缘微波状，叶背茸毛多。芽叶肥壮，黄绿色，茸毛多、密。花冠直径4.20cm×3.80cm，花瓣6枚，子房有茸毛，花柱3裂、裂位高。果径2.13～3.15cm，种皮棕褐色，种径1.34～1.82cm，种子百粒重177.5g。

彭家大茶园大茶树2号

普洱茶种（*Camellia sinensis* var. *assamica*），位于沙河乡营盘村彭家大茶园，海拔高度1751.8m。乔木型，树姿开张。特大叶，叶片长×宽15.1cm×7.8cm，叶形近圆形，叶脉10对，叶色黄绿色，叶面隆起，叶质硬，叶齿锐度锐、密度中、深度浅，叶尖钝尖，叶缘微波状，叶背茸毛多。芽叶肥壮，黄绿色，茸毛多、密。花冠直径4.40cm×3.90cm，花瓣6枚，子房有茸毛，花柱3裂、裂位高。果径1.86～3.69cm，种皮棕褐色，种径1.25～1.88cm，种子百粒重228.0g。

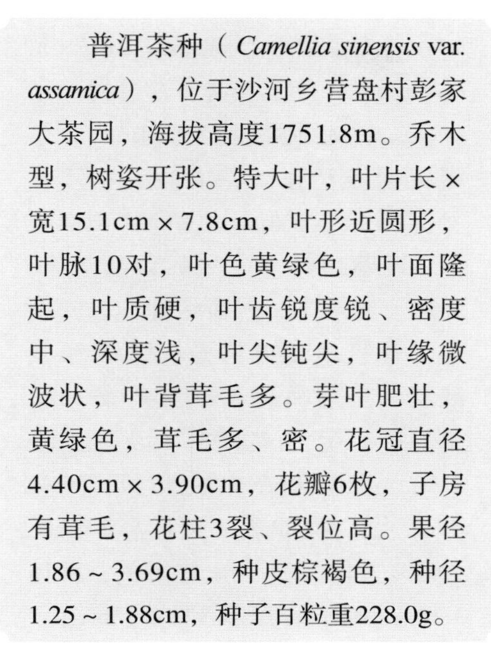

彭家大茶园大茶树3号

普洱茶种（*Camellia sinensis* var. *assamica*），位于沙河乡营盘村彭家大茶园，海拔高度1751.8m。乔木型，树姿开张。特大叶，叶片长×宽13.5cm×7.1cm，叶形近圆形，叶脉12对，叶色黄绿色，叶面隆起，叶质硬，叶齿锐度锐、密度密、深度浅，叶尖急尖，叶缘微波状，叶背茸毛多。芽叶肥壮，黄绿色，茸毛多、密。花冠直径3.90cm×3.30cm，花瓣7枚，子房有茸毛，花柱3裂、裂位高。果径3.58～4.12cm，种皮棕褐色，种径1.13～2.04cm，种子百粒重281.7g。

彭家大茶园大茶树4号

普洱茶种（*Camellia sinensis* var. *assamica*），位于沙河乡营盘村彭家大茶园，海拔高度1751.8m。乔木型，树姿开张。特大叶，叶片长×宽18.8cm×6.9cm，叶片长椭圆形，叶脉13对，叶色黄绿色，叶面隆起，叶质中，叶齿锐度钝、密度中、深度浅，叶尖急尖，叶缘微波状，叶背茸毛多。芽叶肥壮，黄绿色，茸毛多、密。花冠直径3.00cm×3.20cm，花瓣7枚，子房有茸毛，花柱3裂、裂位高。果径1.92~3.46cm，种皮棕褐色，种径1.35~1.84cm，种子百粒重256.7g。

彭家大茶园大茶树5号

普洱茶种（*Camellia sinensis* var. *assamica*），位于沙河乡营盘村彭家大茶园，海拔高度1751.8m。乔木型，树姿开张。中叶，叶片长×宽11.0cm×4.8cm，叶片椭圆形，叶脉9对，叶色黄绿色，叶面微隆起，叶质硬，叶齿锐度中、密度中、深度浅，叶尖急尖，叶缘微波状，叶背茸毛多。芽叶肥壮，黄绿色，茸毛多、密。花冠直径3.40cm×2.60cm，花瓣5枚，子房有茸毛，花柱3裂、裂位高。果径2.12~4.07cm，种皮棕褐色，种径1.75~2.02cm，种子百粒重393.3g。

仙人山野生大茶树1号

大理茶种（*Camellia taliensis*），位于双江县邦丙乡仙人山，海拔高度2392m。树高4.1m，树幅4.8m×4.1m，基部干围2.4m。乔木型，树姿直立。芽叶紫绿色、无茸毛。叶片长×宽12.5cm×5.7cm，叶片长椭圆形，叶色深绿色，叶脉9对，叶身稍内折，叶面平，叶缘平，叶质硬，叶柄、叶背均无茸毛。

仙人山野生大茶树2号

大理茶种（*Camellia taliensis*），双江县邦丙乡仙人山，海拔高度2483m。树高7.9m，树幅3.2m×3.5m，基部干围1.8m。乔木型，树姿直立。芽叶绿色、无茸毛。叶片长×宽15.5cm×6.7cm，叶片长椭圆形，叶色深绿色，叶脉8对，叶柄、叶背、主脉均无茸毛。萼片5枚、无茸毛，花冠直径4.4cm×4.6cm，花瓣9枚，柱头5裂，子房密披茸毛。果实扁球形。

仙人山野生大茶树3号

大理茶种（*Camellia taliensis*），位于双江县邦丙乡仙人山，海拔高度2484m。树高7.0m，树幅3.0m×2.0m，基部干围1.8m。乔木型，树姿直立。芽叶紫绿色、无茸毛。叶片长×宽15.9cm×7.6cm，叶片长椭圆形，叶色深绿色，叶脉9对，叶身平，叶面平，叶缘平，叶质软、薄，叶齿锐、稀，叶柄、叶背、主脉均无茸毛。

仙人山野生大茶树4号

大理茶种（*Camellia taliensis*），位于双江县邦丙乡仙人山，海拔高度2451m。树高8.0m，树幅3.0m×3.5m，基部干围1.7m。乔木型，树姿直立。芽叶黄绿色、无茸毛。叶片长×宽17.0cm×7.7cm，叶片长椭圆形，叶色深绿色，叶脉9对，叶身内折，叶面平，叶缘平，叶质硬，叶齿锐、稀，叶柄、叶背、主脉均无茸毛。

仙人山野生大茶树5号

大理茶种（*Camellia taliensis*），位于双江县邦丙乡仙人山，海拔高度2674m。树高12.0m，树幅3.0m×3.5m，基部干围1.7m。乔木型，树姿直立。芽叶绿色、无茸毛。叶片长×宽16.3cm×7.5cm，叶片长椭圆形，叶色深绿色，叶脉11对，叶身稍内折，叶面平，叶缘平，叶质硬，叶齿锐、稀，叶柄、叶背、主脉均无茸毛。

茶山河野生大茶树1号

大理茶种（*Camellia taliensis*），位于双江县邦丙乡茶山河，海拔高度2369m。树高3.6m，树幅1.5m×2.3m，基部干围1.7m。乔木型，树姿直立。芽叶绿色、无茸毛。叶片长×宽19.4cm×8.3cm，叶片椭圆形，叶色深绿色，叶脉12对，叶身稍内折，叶面平，叶缘平，叶质硬，叶齿锐、稀，叶柄、叶背、主脉均无茸毛。

茶山河野生大茶树2号

大理茶种（*Camellia taliensis*），位于双江县邦丙乡茶山河，海拔高度2377m。树高15.6m，树幅5.3m×4.9m，基部干围2.1m。乔木型，树姿直立。芽叶绿色、无茸毛。叶片长×宽16.5cm×8.8cm，叶片椭圆形，叶色深绿色，叶脉9对，叶身稍内折，叶面平，叶缘平，叶质硬，叶齿锐、稀，叶柄、叶背、主脉均无茸毛。

大宾山野生大茶树1号

大理茶种（*Camellia taliensis*），位于双江县勐勐镇大宾山，海拔高度2240m。树高8.0m，树幅1.5m×1.5m，基部干围2.4m。乔木型，树姿直立。芽叶绿色、无茸毛。叶片长×宽15.0cm×7.2cm，叶片椭圆形，叶色深绿色，叶脉10对，叶身稍内折，叶面平，叶缘平，叶质硬，叶齿锐、稀，叶柄、叶背、主脉均无茸毛。

大宾山野生大茶树2号

大理茶种（*Camellia taliensis*），位于双江县勐勐镇大宾山，海拔高度2522m。树高16.7m，树幅5.7m × 5.0m，基部干围1.6m。乔木型，树姿直立。芽叶绿色、无茸毛。叶片长 × 宽13.4cm × 6.3cm，叶片椭圆形，叶色深绿色，叶脉8对，叶身稍内折，叶面平，叶缘平，叶质硬，叶齿锐、稀，叶柄、叶背、主脉均无茸毛。

大宾山野生大茶树3号

大理茶种（*Camellia taliensis*），位于双江县勐勐镇大宾山，海拔高度2519m。树高16.7m，树幅5.7m × 5.0m，基部干围2.0m。乔木型，树姿直立。芽叶绿色、无茸毛。叶片长 × 宽14.3cm × 6.8cm，叶片椭圆形，叶色深绿色，叶脉9对，叶身稍内折，叶尖渐尖，叶面平，叶缘平，叶质硬，叶齿锐、稀，叶柄、叶背、主脉均无茸毛。

大宾山野生大茶树4号

大理茶种（*Camellia taliensis*），位于双江县勐勐镇大宾山，海拔高度2498m。树高15.0m，树幅4.5m × 4.5m，基部干围2.1m。乔木型，树姿直立。芽叶绿色、无茸毛。叶片长 × 宽12.5cm × 5.7cm，叶片椭圆形，叶色深绿色，叶脉11对，叶身稍内折，叶尖渐尖，叶面平，叶缘平，叶质硬，叶齿锐、稀，叶柄、叶背、主脉均无茸毛。

老虎寨野生大茶树1号

大理茶种（*Camellia taliensis*），位于双江县邦丙乡岔箐村老虎寨，海拔高度2340m。树高4.4m，树幅2.5m × 2.5m，基部干围1.8m。乔木型，树姿直立。芽叶绿色、无茸毛。叶片长 × 宽16.0cm × 7.3cm，叶片椭圆形，叶色深绿色，叶脉10对，叶身平，叶尖渐尖，叶面平，叶缘平，叶质硬，叶齿锐、稀，叶柄、叶背、主脉均无茸毛。

老虎寨野生大茶树2号

大理茶种（*Camellia taliensis*），位于双江县邦丙乡岔箐村老虎寨，海拔高度2340m。树高4.8m，树幅2.7m × 2.5m，基部干围1.2m。乔木型，树姿直立。芽叶绿色、无茸毛。叶片长 × 宽16.0cm × 6.3cm，叶片椭圆形，叶色深绿色，叶脉8对，叶身平，叶尖渐尖，叶面平，叶缘平，叶质硬，叶齿锐、稀，叶柄、叶背、主脉均无茸毛。

老虎寨野生大茶树3号

大理茶种（*Camellia taliensis*），位于双江县邦丙乡岔箐村老虎寨，海拔高度2332m。树高6.0m，树幅3.5m × 3.0m，基部干围1.5m。小乔木型，树姿直立。芽叶绿色、无茸毛。叶片长 × 宽16.4cm × 5.3cm，叶片椭圆形，叶色深绿色，叶脉10对，叶身平，叶尖渐尖，叶面平，叶缘平，叶质硬，叶齿锐、稀，叶柄、叶背、主脉均无茸毛。

老虎寨野生大茶树4号

大理茶种（*Camellia taliensis*），位于双江县邦丙乡岔箐村老虎寨，海拔高度2338m。树高5.7m，树幅3.8m × 3.0m，基部干围1.5m。小乔木型，树姿直立。芽叶绿色、无茸毛。叶片长 × 宽16.4cm × 5.5cm，叶片椭圆形，叶色深绿色，叶脉9对，叶身平，叶尖渐尖，叶面平，叶缘平，叶质硬，叶齿锐、稀，叶柄、叶背、主脉均无茸毛。

老虎寨野生大茶树5号

大理茶种（*Camellia taliensis*），位于双江县邦丙乡岔箐村老虎寨，海拔高度2344m。树高6.5m，树幅3.5m × 3.5m，基部干围1.4m。小乔木型，树姿直立。芽叶绿色、无茸毛。叶片长 × 宽16.4cm × 5.5cm，叶片椭圆形，叶色深绿色，叶脉9对，叶身平，叶尖渐尖，叶面平，叶缘平，叶质硬，叶齿锐、稀，叶柄、叶背、主脉均无茸毛。

龙塘河野生大茶树1号

大理茶种（*Camellia taliensis*），位于双江县邦丙乡岔箐村龙塘河，海拔高度2430m。树高7.0m，树幅1.5m × 1.5m，基部干围1.2m。乔木型，树姿直立。芽叶紫绿色、无茸毛。叶片长 × 宽16.8cm × 7.2cm，叶片椭圆形，叶色深绿色，叶脉12对，叶身平，叶尖渐尖，叶面平，叶缘平，叶质硬，叶齿锐、稀，叶柄、叶背、主脉均无茸毛。

南宋野生大茶树1号

大理茶种（*Camellia taliensis*），位于双江县邦丙乡岔箐村南宋后山，海拔高度2407m。树高8.4m，树幅3.5m × 3.1m，基部干围0.8m。乔木型，树姿直立。芽叶紫绿色、无茸毛。叶片长 × 宽11.1cm × 6.6cm，叶片近圆形，叶色绿色，叶脉7对，叶身背卷，叶尖渐尖，叶面平，叶缘平，叶质硬，叶齿锐、稀，叶柄、叶背、主脉均无茸毛。

老黑地野生大茶树1号

大理茶种（*Camellia taliensis*），位于双江县邦丙乡岔箐村老黑地，海拔高度2369m。树高12.0m，树幅5.0m × 6.0m，基部干围1.7m。乔木型，树姿直立。芽叶绿色、无茸毛。叶片长 × 宽14.2cm × 6.6cm，叶片椭圆形，叶色深绿色，叶脉8对，叶身平，叶尖渐尖，叶面平，叶缘平，叶质硬，叶齿锐、稀，叶柄、叶背、主脉均无茸毛。

崖水箐野生大茶树1号

大理茶种（*Camellia taliensis*），位于双江县邦丙乡岔箐村崖水箐，海拔高度2494m。树高7.7m，树幅3.4m × 3.1m，基部干围1.2m。乔木型，树姿直立。芽叶绿色、无茸毛。叶片长 × 宽13.7cm × 8.8cm，叶片近圆形，叶色深绿色，叶脉8对，叶身平，叶尖渐尖，叶面平，叶缘平，叶质硬，叶齿锐、稀，叶柄、叶背、主脉均无茸毛。

豹子山野生大茶树

大理茶种（*Camellia taliensis*），位于双江县邦丙乡岔箐村豹子山，海拔高度2439m。树高9.5m，树幅3.5m×3.5m，基部干围1.7m。乔木型，树姿直立。芽叶绿色、无茸毛。叶片长×宽16.2cm×8.8cm，叶片近圆形，叶色绿色，叶脉8对，叶身平，叶尖渐尖，叶面平，叶缘平，叶质硬，叶齿锐、稀，叶柄、叶背、主脉均无茸毛。

冒水大茶树1号

大理茶种（*Camellia taliensis*），位于双江县邦丙乡邦丙村冒水地，海拔高度2481m。树高8.0m，树幅3.5m×3.5m，基部干围0.9m。乔木型，树姿直立。叶片长×宽19.2cm×7.7cm，叶片长椭圆形，叶色绿色，叶脉11对，叶背无茸毛。芽叶绿色、无茸毛。萼片5枚、无茸毛，花冠直径5.0cm×4.7cm，花瓣9枚，花柱5裂、4裂，子房茸毛多。

冒水大茶树2号

大理茶种（*Camellia taliensis*），位于双江县邦丙乡邦丙村冒水地，海拔高度2473m。树高4.0m，树幅2.5m×2.5m，基部干围0.6m。乔木型，树姿直立。叶片长×宽14.8cm×5.7cm，叶片长椭圆形，叶色绿色，叶脉9对，叶背无茸毛。芽叶绿色、无茸毛。萼片5枚、无茸毛，花冠直径5.5cm×4.8cm，花瓣9枚，花柱5裂、4裂，子房茸毛多。

冒水大茶树3号

大理茶种（*Camellia taliensis*），位于双江县邦丙乡邦丙村冒水地，海拔高度2480m。树高4.0m，树幅1.5m×1.5m，基部干围0.5m。乔木型，树姿直立。叶片长×宽15.0cm×4.7cm，叶片长椭圆形，叶色绿色，叶脉11对，叶背无茸毛。芽叶绿色、无茸毛。萼片5枚、无茸毛，花冠直径5.5cm×5.8cm，花瓣8枚，花柱4~5裂，子房茸毛多。

羊圈房大茶树1号

大理茶种（*Camellia taliensis*），位于双江县邦丙乡邦丙村羊圈房，海拔高度2483m。树高8.0m，树幅3.5m×3.2m，基部干围1.7m。乔木型，树姿直立。叶片长×宽15.5cm×6.7cm，叶片长椭圆形，叶色绿色，叶脉8对，叶背无茸毛。芽叶绿色、无茸毛。萼片5枚、无茸毛，花冠直径5.4cm×4.6cm，花瓣10枚，花柱5裂，子房茸毛多。

羊圈房大茶树2号

大理茶种（*Camellia taliensis*），位于双江县邦丙乡邦丙村羊圈房，海拔高度2480m。树高5.0m，树幅3.0m×3.0m，基部干围1.5m。乔木型，树姿直立。叶片长×宽15. 0cm×6. 4cm，叶片长椭圆形，叶色绿色，叶脉11对，叶背无茸毛。芽叶绿色、无茸毛。萼片5枚、无茸毛，花冠直径5.3cm×5.6cm，花瓣8枚，花柱5裂，子房茸毛多。

羊圈房大茶树3号

大理茶种（*Camellia taliensis*），位于双江县邦丙乡邦丙村羊圈房，海拔高度2477m。树高4.0m，树幅1.5m×2.8m，基部干围1.2m。乔木型，树姿直立。叶片长×宽15.5cm×6.0cm，叶片长椭圆形，叶色绿色，叶脉10对，叶背无茸毛。芽叶绿色、无茸毛。萼片5枚、无茸毛，花冠直径5.8cm×4.5cm，花瓣8枚，花柱5裂，子房茸毛多。

二、临翔区茶树资源

（一）地理位置

临翔区位于云南西南部，地处东经99°45′~100°30′，北纬23°30′~24°20′之间，东北和普洱市的镇沅县隔澜沧江相望，东南与普洱市的景谷县相邻，南和西南与双江县毗邻，西与耿马县、北与云县接壤，东西宽55km，南北长83km，全区土地总面积2555km^2，山区半山区占98.4%。全区辖7乡1镇2个街道办事处，93个村民委员会，9个社区居民委员会，居住着彝族、白族、傣族、壮族、苗族、回族、傈僳族等民族，总人口30.36万人。临翔区地处怒山山脉向南延伸部分，是怒江和澜沧江两大水系的分水岭，地势北高南低，境内最高海拔3429m，最低海拔730m，相对高差2669m。各地气候差异较大，全区年平均气温18.0℃，年平均降水量1323mm，相对湿度达74%。

（二）茶树资源分布

临翔区地处北回归线，拥有优越的宜茶自然条件，是世界上适宜茶树生长的地区之一，茶叶是临翔区重要的传统经济支柱产业，栽培加工历史十分悠久。全区既有独特的云南大叶茶种，又有制茶及贸易往来的社会基础和得天独厚的自然条件。中华人民共和国成立后，特别是改革开放以来，临翔区历届党委、政府始终坚持把发展茶叶生产作为富民强区的重要支柱，加大扶持、精心培育，使茶叶产业成为全区发展区域特色经济的优势产业。目前已形成普洱茶、滇红茶、CTC红碎茶等品牌，实现了传统工艺与现代工艺的有机结合，积累了丰富的茶叶生产加工经验，探索出了云南独有的大叶茶种加工技术，改变了云南大叶种茶不适宜制作绿茶产品的历史。

全区各乡镇均分布有人工栽培型古茶树，面积为0.9万亩，以邦东忙麓山古茶园为典型群落，其中邦东乡曼岗大箐古茶树最具代表性，树高为9.94m，树幅为8.3m × 6.4m，基部干围1.45m，树龄约250年。野生型古茶树群落代表为南美乡野生茶树群落，古茶树群落布局在境内的坡脚村仙人箐、铁厂箐、南华山、茶山坡等地，约4.5万亩。生长在海拔2310 ~ 2509m的原始森林中，自然植被丰富，多为阔叶林和实心竹林及其他树木，土壤为亚高山草甸土，腐质层深厚，有机质含量高，通透性能好。古茶树密度疏密不一，密度最大的为500株/亩，树龄长短不一，参照当地居民世代推测树龄最长的达千年以上。茶组植物及近缘植物主要有红花油茶、红山茶、小红花茶、小白花油茶、大树茶、香果叶茶、小叶种茶、牛皮茶、小山茶、老苦茶等十余种。

临翔区的茶树种质资源主要分布在邦东乡和南美乡。邦东乡有野生、驯化、引进等茶树种质资源，古茶树主要分布在璋珍李家村一带，香果叶茶、小叶种茶分布在邦东后山，红毛茶分布在邦东大箐，大叶茶分布在邦东曼岗村。邦东乡境内的忙麓山分布有基部干围在80～90cm左右的古茶树，茶园属传统采摘自然生长，树枝盘曲向上，经百年的人工无意造作，造型嶙峋古怪。忙麓茶在旧时代就享有盛名，用邦东大叶茶制作的功夫茶色泽乌润、金毫显露，滋味醇和鲜美，汤色红艳带金圈，用于制作青茶，外形显白毫，茶叶清香回甜，邦东大叶茶被列为全国大叶良种茶之一。

南美乡栽培型古茶树主要分布于坡脚村，约300亩，其坡脚1号古茶树、坡脚2号古茶树为典型植株，植株较大，长势强盛，属普洱茶种。1989年在南美乡发现了大量的野生古茶树群落，分布于坡脚村仙人山、铁厂箐和南华山等一带的原始森林中，海拔在2310～2509m，集中分布面积约20000亩，调查统计野生茶树的平均株高21m，平均基围1.68m，离地1m高处的平均树围1.5m，直径最大0.6m，最小的0.36m，根茎最粗的1号大茶树基围2.3m，树幅15m×13m，树高20m，根据南美乡原始森林及野生茶树特征和当地居民推测，该野生古茶树群落树龄在千年以上。

（三）代表性古茶树植株

昔归大茶树1号

普洱茶种（*Camellia sinensis* var. *assamica*），大叶类，位于临翔区邦东乡昔归村，东经100°24′24″，北纬23°55′24″，海拔978m，树龄200余年，树型乔木，树姿半开张，分枝密度中，树高5.3m，树幅6.1m×3.8m，基部干围0.74m，叶片长×宽12.3cm×5.0cm，叶片椭圆形，叶色深绿色，叶基近圆形，叶脉10对，叶身内折，叶尖渐尖，叶面隆起，叶缘微波，叶质中，叶柄、主脉、叶背有茸毛，芽叶黄绿色、芽叶茸毛多，萼片5枚、绿色、有茸毛，花柄、花瓣无茸毛，花冠直径3.4cm×2.2cm，花瓣5枚、白色、质地中，花柱3裂，花柱裂位中，子房有茸毛。长势强盛，可采摘利用。

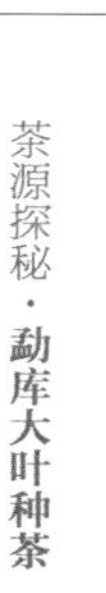

昔归大茶树2号

普洱茶种（*Camellia sinensis* var. *assamica*），大叶类，位于临翔区邦东乡昔归村，东经100°24′19″，北纬23°55′23″，海拔986m，树龄200余年，树型乔木，树姿半开张，分枝密，树高3.9m，树幅5.2m×3.8m，基部干围1.01m，叶片长×宽10.3cm×4.2cm，叶片椭圆形，叶色深绿色，叶基近圆形，叶脉12对，叶身平，叶尖渐尖，叶面平，叶缘平，叶质中，叶柄、主脉、叶背有茸毛，芽叶黄绿色、茸毛多，萼片5枚、绿色、有茸毛，花柄、花瓣无茸毛，花冠直径3.4cm×2.2cm，花瓣5枚、微绿、质地中，花柱3裂，花柱裂位中，子房有茸毛。长势强盛，可采摘利用。

多依大茶树1号

大理茶种（*Camellia taliensis*），大叶类，位于临翔区南美乡多依村，东经99°54′03″，北纬23°55′21″，海拔2417m，树型小乔木，树姿直立，分枝密度稀，树高4.2m，树幅7.5m×2.5m，基部干围1.46m，叶片长×宽16.7cm×9.5cm，叶片椭圆形，叶色深绿色，叶基楔形，叶脉12对，叶身内折，叶尖渐尖，叶面平，叶缘平，叶质中，叶柄、主脉、叶背无茸毛，芽叶绿色、无茸毛，萼片5枚、绿色、无茸毛，花柄、花瓣无茸毛，花冠直径5.4cm×4.2cm，花瓣11枚、微绿、质地中，花柱5裂，花柱裂位中，子房有茸毛。长势强盛，可采摘利用。

多依大茶树2号

大理茶种（*Camellia taliensis*），大叶类，位于临翔区南美乡多依村，东经99°54′04″，北纬23°55′22″，海拔2409m，树型小乔木，树姿直立，分枝密度稀，嫩枝无茸毛，树高9.5m，树幅2.8m×3.0m，基部干围1.51m，叶片长×宽14.5cm×6.2cm，叶片椭圆形，叶色深绿色，叶基楔形，叶脉9对，叶身平，叶尖急尖，叶面平，叶缘波状，叶质硬，叶柄、主脉、叶背无茸毛，芽叶绿色、无茸毛，萼片5枚、绿色、无茸毛，花柄、花瓣无茸毛，花冠直径5.6cm×4.7cm，花瓣10枚、微绿、质地中，花柱5裂，花柱裂位中，子房有茸毛。长势强盛，可采摘利用。

多依大茶树3号

大理茶种（*Camellia taliensis*），大叶类，位于临翔区南美乡多依村，东经99°53′60″，北纬23°55′05″，海拔2442m，树型小乔木，树姿直立，分枝密度稀，嫩枝无茸毛，树高5m，树幅2.1m×3.5m，基部干围1.03m，最低分枝高度0.35m，叶片长×宽12.5cm×6.8cm，叶片长椭圆形，叶色深绿色，叶基楔形，叶脉9对，叶身平，叶尖急尖，叶面平，叶缘波，叶质硬，叶柄、主脉、叶背无茸毛，芽叶绿色、无茸毛，萼片5枚、绿色、无茸毛，花柄、花瓣无茸毛，花冠直径5.4cm×4.8cm，花瓣11枚、微绿、质地中，花柱5裂，花柱裂位中，子房有茸毛。长势强盛，可采摘利用。

坡脚大茶树1号

普洱茶种（*Camellia sinensis* var. *assamica*），大叶类，位于临翔区南美乡坡脚村，东经99°55′08″，北纬23°48′18″，海拔1639m，树型小乔木，树姿直立，分枝密度稀，嫩枝有茸毛，树高5m，树幅4.7m×3.5m，基部干围0.75m，最低分枝高度0.35m，叶片长×宽18.5cm×7.8cm，叶片长椭圆形，叶色深绿色，叶基楔形，叶脉11对，叶身稍背卷，叶尖渐尖，叶面隆起，叶缘波状，叶质硬，叶柄、主脉、叶背有茸毛，芽叶绿色、茸毛特多，萼片5枚、绿色、有茸毛，花柄、花瓣无茸毛，花冠直径2.8cm×3.1cm，花瓣5枚、微绿、质地中，花柱3裂，花柱裂位中，子房有茸毛。长势强盛，可采摘利用。

坡脚大茶树2号

普洱茶种（*Camelliasinensis* var. *assamica*），大叶类，位于临翔区南美乡坡脚村，东经99°55′12″，北纬23°48′18″，海拔1643m，树型乔木，树姿直立，分枝密度稀，嫩枝有茸毛，树高6.5m，树幅7.9m×7.3m，基部干围0.90m，最低分枝高度0.2m，树龄约500年。叶片长×宽10.2cm×4.3cm，叶片长椭圆形，叶色深绿色，叶基楔形，叶脉10对，叶身平，叶尖渐尖，叶面隆起，叶缘微波，叶质硬，叶柄、主脉、叶背有茸毛，叶齿锐、深，芽叶绿色、茸毛特多，萼片5枚、绿色、有茸毛，花柄、花瓣无茸毛，花冠直径2.4cm×3.1cm，花瓣5枚、微绿、质地中，花柱3裂，花柱裂位中，子房有茸毛。长势强盛，可采摘利用。

李家村大茶树1号

普洱茶种（*Camellia sinensis* var. *assamica*），大叶类，位于临翔区邦东乡李家村，东经100°21′15″，北纬23°56′25″，海拔1673m，树龄400余年，树型乔木，树姿半开张，分枝密，树高9.6m，树幅9.1m×10m，基部干围1.84m，叶片长×宽11.6cm×4.8cm，叶片长椭圆形，叶色黄绿色，叶基楔形，叶脉11对，叶身内折，叶尖圆尖，叶面微隆起，叶缘微波、叶质软，叶柄、主脉、叶背茸毛较少，芽叶黄绿色、茸毛中，萼片5枚、绿色、无茸毛，花柄、花瓣无茸毛，花冠直径2.4cm×3.2cm，花瓣5枚、白色、质地厚，花柱3裂，花柱裂位中，子房有茸毛。长势强盛，无病虫害，可采摘利用。

李家村大茶树2号

普洱茶种（*Camellia sinensis* var. *assamica*），大叶类，位于临翔区邦东乡李家村，东经100°21′15″，北纬23°56′24″，海拔1684m，树龄200余年，树型乔木，树姿半开张，分枝密，树高5.5m，树幅4.1m×4.3m，基部干围0.7m，叶片长×宽14.6cm×5.9cm，叶片椭圆形，叶色绿色，叶基近圆形，叶脉12对，叶身内折，叶尖渐尖，叶面微隆起，叶缘微波，叶质中，叶柄、主脉、叶背茸毛较少，芽叶绿色、茸毛多，萼片5枚、绿色、有茸毛，花柄、花瓣无茸毛，花冠直径2.2cm×2.2cm，花瓣5枚、白色、质地中，花柱3裂，花柱裂位中，子房有茸毛。长势强盛，可采摘利用。

李家村大茶树3号

普洱茶种（*Camellia sinensis* var. *assamica*），大叶类，位于临翔区邦东乡李家村，东经100°21′20″，北纬23°56′24″，海拔1666m，树龄200余年，树型乔木，树姿半开张，分枝密度稀，树高5.2m，树幅5.4m×4.3m，基部干围0.8m，叶片长×宽17.1cm×5.8cm，叶片长椭圆形，叶色绿色，叶基楔形，叶脉8对，叶身内折，叶尖渐尖，叶面隆起，叶缘微波，叶质硬，叶柄、主脉、叶背茸毛较少，芽叶绿色、茸毛多，萼片5枚、绿色、有茸毛，花柄、花瓣无茸毛，花冠直径2.4cm×2.2cm，花瓣5枚、白色、质地中，花柱3裂，花柱裂位中，子房有茸毛。长势强盛，可采摘利用。

李家村大茶树4号

普洱茶种（*Camellia sinensis* var. *assamica*），位于临翔区邦东乡邦东村委会李家村民小组，东经100°21′21″，北纬23°56′24″，海拔1659m，树龄约200年，树型乔木，树姿半开张，分枝密度中，嫩枝有茸毛，最低分枝高度29cm，树高4.1m，树幅5m×4.7m，基部干围75cm，叶长17.8cm×6.3cm，叶片长椭圆形，叶色绿色，叶基近圆形，叶脉11对，叶身内折，叶尖渐尖，叶面微隆起，叶缘微波，叶质硬，叶柄茸毛中，主脉茸毛中，叶背茸毛中，叶齿稀、浅，芽叶黄绿色、茸毛多，萼片5枚，萼片无茸毛、绿色，花瓣质地中，花冠直径3.1cm×2.6cm，花瓣5枚，花瓣色泽微绿，花柱3裂，裂位中，子房有茸毛，可采制晒青毛茶。

昔归大茶树3号

普洱茶种（*Camellia sinensis* var. *assamica*），大叶类，位于临翔区邦东乡昔归村，东经100°24′19″，北纬23°55′23″，海拔873m，树龄200余年，树型乔木，树姿半开张，分枝密，树高8.0m，树幅5.7m×4.6m，基部干围1.2m，芽叶绿色、茸毛多。叶片长×宽14.7cm×5.4cm，叶片长椭圆形，叶色深绿色，叶脉10对。萼片5枚、无茸毛，花冠直径3.5cm×2.8cm，花瓣7枚，柱头3裂，子房有茸毛。果实三角形。

昔归大茶树4号

普洱茶种（*Camellia sinensis* var. *assamica*），大叶类，位于临翔区邦东乡昔归村，东经100°24′19″，北纬23°55′23″，海拔870m，树龄200余年，树型乔木，树姿半开张，分枝密，树高8.0m，树幅5.0m×4.8m，基部干围1.4m。芽叶黄绿色、茸毛多。叶片长×宽14.3cm×5.3cm，叶片长椭圆形，叶色绿色，叶脉8对。萼片5枚、无茸毛，花冠直径3.6cm×3.4cm，花瓣6枚，柱头3裂，子房有茸毛。果实三角形。

昔归大茶树5号

普洱茶种（*Camellia sinensis* var. *assamica*），大叶类，位于临翔区邦东乡昔归村，东经100°24′19″，北纬23°55′23″，海拔873m，树龄200余年，树型乔木，树姿半开张，分枝密，树高7.0m，树幅5.7m×4.0m，基部干围0.8m。芽叶黄绿色、茸毛中。叶片长×宽13.8cm×5.6cm，叶片长椭圆形，叶色深绿色，叶脉11对。萼片5枚、无茸毛，花冠直径3.2cm×3.4cm，花瓣7枚，柱头3裂，子房有茸毛。果实三角形。

坡脚大茶树3号

普洱茶种（*Camellia sinensis* var. *assamica*），大叶类，位于临翔区南美乡坡脚村，东经99°54′44″，北纬23°50′42″，海拔1643m，树型乔木，树姿直立，分枝密度稀，嫩枝有茸毛，树高5.0m，树幅4.7m×3.5m，基部干围1.8m，树龄约500年。叶片长×宽14.8cm×6.7cm，叶片长椭圆形，叶色深绿色，叶基楔形，叶脉10对，叶身平，叶尖渐尖，叶面隆起，叶缘微波，叶质硬，叶柄、主脉、叶背有茸毛，芽叶绿色、茸毛特多，萼片5枚、绿色、有茸毛，花柄、花瓣无茸毛，花冠直径3.4cm×3.6cm，花瓣7枚、微绿、质地中，花柱3裂，花柱裂位中，子房有茸毛。长势强盛，可采摘利用。

三、永德县茶树资源

（一）地理位置

永德县地处云南省西南部，临沧市西北部，地跨东经99°05′～99°51′，北纬23°45′～24°27′之间，东北与云县、凤庆县及昌宁县毗邻，东南与耿马县隔南汀河相望，西同镇康县山水相依，西北与龙陵、施甸县交界。全县土地总面积约3224.5km^2。境内最低海拔540m、最高海拔3504.2m、相对高差2964.2m，县城驻地德党镇海拔1580m，以县城为例，年日照时数2196小时，无霜期，热源丰富，极端最高气温32.1℃，极端最低气温2.1℃，年平均气温17.4℃，气候温和，大于等于10℃的有效积温6220℃，年平均降水量1283mm。因地表破碎，高差悬殊，气候垂直分布较为典型，自然形成了立体气候突出的南亚热带气候类型。

（二）茶树资源分布

永德是一个农业大县，主要经济支柱产业有甘蔗、茶叶、烤烟、核桃等，茶叶产业在全县农民收入中占有很大比重。永德县茶叶种植历史悠久，从事茶叶生产的人口众多，宜茶区域广阔。全县有10个乡（镇）101个村民委员会1128个村组51402户农户206854人从事茶叶种植活动，茶区分布在全县各乡（镇）海拔780～2450m的坝区、半山区、山区和高山区。根据茶叶分布区域特点可划分为乌木龙茶区和德党茶区两个茶区，乌木龙茶区包括亚练、乌木龙和大雪山等三个乡镇，共有茶园38467亩，占茶园总面积的31.3%；德党茶区包括勐板、德党、永康、小勐统、崇岗、大山和班卡等七个乡镇，共有茶园面积84394亩，占茶园总面积的68.7%。

永德县古茶树资源面积约65000亩，其中野生古茶树面积约55000亩，栽培型古茶树面积约10000亩，零星分布的古茶树植株约1300株。主要分布在班卡乡放牛场古茶园、忙肺古茶园、团山古茶园、玉华古茶园、平掌古茶园、小帮贵古茶园、鸣凤山古茶园、梅子箐古茶园、木瓜寨古茶园、底卡古茶园和武家寨古茶园等。其中大雪山自然保护区内野生茶树树围40cm以上株数有25万～30万株，树围在80～200cm以上的株数达5万～10万株。班卡乡放牛场古茶园主要生长着云南大叶种乔木型古茶树，面积大约有800多亩，在国家自然保护区大雪山保护区旁边，距今大约有100多年的历史。忙肺古茶园面积为960亩。团山古茶园面积为1486亩。玉华古茶园面积约为2213亩。平掌古茶园面积有800多亩。小帮贵古茶园为大叶种乔木型古茶树，面积为800多亩。鸣凤山古茶园约800亩。梅子箐古茶园约1600亩。木瓜寨（班海）古茶园约800亩。底卡古茶园约800亩。武家寨古茶园约800多亩。

（三）代表性古茶树植株

永德大雪山大茶树1号

大理茶种（*Camellia taliensis*），大叶类，位于永德县大雪山保护区，东经99°13′56″，北纬23°50′40″，海拔2387m，树龄1000余年，树型乔木，树姿直立，分枝密度稀，树高23m，树幅7.2m×7.3m，基部干围2.15m，叶片长×宽14.6cm×5.8cm，叶片长椭圆形，叶色黄绿色，叶基楔形，叶脉9对，叶身平，叶尖渐尖，叶面平，叶缘平，叶质软，叶柄、主脉、叶背无茸毛，芽叶黄绿色，无茸毛，萼片5枚、绿色、无茸毛，花柄、花瓣无茸毛，花冠直径6.10cm×5.30cm，花瓣12枚、白色、质地厚，花柱5裂，花柱裂位浅，子房有茸毛。长势强盛，无病虫害，可采摘利用。

牛火塘大茶树1号

大理茶种（*Camellia taliensis*），大叶类，位于永德县德党镇牛火塘村，东经99°13′56″，北纬23°50′40″，海拔2187m，树龄1000余年，树型乔木，树姿直立，分枝密度稀，树高13m，树幅6.0m×5.3m，基部干围1.85m，叶片长×宽12.6cm×5.8cm，叶片长椭圆形，叶色黄绿色，叶基楔形，叶脉13对，叶身内折，叶尖渐尖，叶面平，叶缘平，叶质软，叶柄、主脉、叶背茸毛较少，芽叶黄绿色，茸毛少，萼片5枚、绿色、无茸毛，花柄、花瓣无茸毛，花冠直径6.10cm×5.30cm，花瓣13枚、白色、质地厚，花柱5裂，花柱裂位浅，子房有茸毛。长势强盛，无病虫害，可采摘利用。

牛火塘大茶树2号

大理茶种（*Camellia taliensis*），大叶类，位于永德县德党镇牛火塘村，东经99°13′56″，北纬23°50′40″，海拔2187m，树龄1000余年，树型乔木，树姿直立，分枝密度稀，树高12m，树幅4.8m×5.3m，基部干围2.25m，叶片长×宽12.6cm×4.8cm，叶片椭圆形，叶色黄绿色，叶基楔形，叶脉11对，叶身内折，叶尖渐尖，叶面平，叶缘平，叶质软，叶柄、主脉、叶背无茸毛，芽叶黄绿色，无茸毛，萼片5枚、绿色、无茸毛，花柄、花瓣无茸毛，花冠直径5.70cm×5.30cm，花瓣11枚、白色、质地厚，花柱5裂，花柱裂位浅，子房有茸毛。长势强盛，无病虫害，可采摘利用。

牛火塘大茶树3号

大理茶种（*Camellia taliensis*），大叶类，位于永德县德党镇牛火塘村，海拔2169m，树型乔木，树姿直立，分枝密度稀，树高3.5m，树幅2.5m×3.0m，基部干围1.5m，芽叶绿色、无茸毛。叶片长×宽15.0cm×6.2cm，叶片椭圆形，叶色深绿色，叶脉11对，叶身平，叶缘平，叶面平，叶质硬，叶背无茸毛。芽叶绿色、无茸毛，萼片5枚、绿色、无茸毛，花柄、花瓣无茸毛，花冠直径6.40cm×6.30cm，花瓣9枚、白色、质地厚，花柱5裂，花柱裂位浅，子房有茸毛。果实扁球形，四方形。长势强盛，无病虫害，可采摘利用。

牛火塘大茶树4号

大理茶种（*Camellia taliensis*），位于永德县德党镇牛火塘村，海拔2169m，树高7.0m，树幅3.5m×4.2m，基部干围1.7m，小乔木型，树姿半开张。芽叶绿色、无茸毛。叶片长×宽13.2cm×5.2cm，叶片椭圆形，叶色深绿色，叶脉9对，叶身平，叶缘平，叶面平，叶质硬，叶背无茸毛。芽叶绿色、无茸毛，萼片5枚、绿色、无茸毛，花柄、花瓣无茸毛，花冠直径6.50cm×6.00cm，花瓣9枚、白色、质地厚，花柱4~5裂，花柱裂位浅，子房有茸毛。果实扁球形、四方形。长势强盛，无病虫害，可采摘利用。

岩岸山大茶树1号

普洱茶种（*Camellia sinensis* var. *assamica*），大叶类，位于永德县德党镇鸣凤山村，东经99°11′27″，北纬23°55′44″，海拔2011m，树龄500余年，树型乔木，树姿半开张，分枝密度稀，树高5.3m，树幅6.3m×5.3m，基部干围1.09m，叶片长×宽16.6cm×6.9cm，叶片椭圆形，叶色黄绿色，叶基楔形，叶脉8对，叶身内折，叶尖渐尖，叶面平，叶缘平，叶质软，叶柄、主脉、叶背茸毛较少，芽叶黄绿色、茸毛少，萼片5枚、绿色、无茸毛，花柄、花瓣无茸毛，花冠直径4.40cm×5.30cm，花瓣7枚、白色、质地厚，花柱3裂，花柱裂位浅，子房有茸毛。长势强盛，无病虫害，可采摘利用。

岩岸山大茶树2号

普洱茶种（*Camellia sinensis* var. *assamica*），大叶类，位于永德县德党镇鸣凤山村，东经99°11′27″，北纬23°55′44″，海拔2011m，树龄500余年，树型乔木，树姿半开张，分枝密度稀，树高6.4m，树幅6.1m×4.3m，基部干围0.99m，叶片长×宽17.2cm×7.1cm，叶片长椭圆形，叶色绿色，叶基楔形，叶脉8对，叶身内折，叶尖渐尖，叶面平，叶缘平，叶质软，叶柄、主脉、叶背茸毛较少，芽叶黄绿色、茸毛少，萼片5枚、绿色、无茸毛，花柄、花瓣无茸毛，花冠直径4.50cm×4.30cm，花瓣7枚、白色、质地厚，花柱3裂，花柱裂位浅，子房有茸毛。长势强盛，无病虫害，可采摘利用。

岩岸山大茶树3号

普洱茶种（*Camellia sinensis* var. *assamica*），大叶类，位于永德县德党镇鸣凤山村，东经99°11′27″，北纬23°55′44″，海拔2010m，树龄500余年，树型乔木，树姿半开张，分枝密度稀，树高5.7m，树幅4.0m × 3.0m，基部干围0.7m，叶片长 × 宽17.0cm × 6.5cm，叶片长椭圆形，叶色绿色，叶基楔形，叶脉12对，叶身内折，叶尖渐尖，叶面平，叶缘平，叶质软，叶柄、主脉、叶背茸毛较少，芽叶黄绿色、茸毛少，萼片5枚、绿色、无茸毛，花柄、花瓣无茸毛，花冠直径4.00cm × 3.00cm，花瓣6 ~ 7枚、白色、质地厚，花柱3裂，花柱裂位浅，子房有茸毛。长势强盛，无病虫害，可采摘利用。

芒肺大茶树1号

普洱茶种（*Camellia sinensis* var. *assamica*），大叶类，位于永德县勐板乡芒肺村，海拔1678m，树龄300余年，树型小乔木，树姿半开张，分枝密度稀，树高5.4m，树幅3.1m × 4.3m，基部干围0.87m，叶片长 × 宽15.2cm × 4.1cm，叶片长椭圆形，叶色绿色，叶基楔形，叶脉9对，叶身内折，叶尖渐尖，叶面隆起，叶缘微波，叶质软，叶柄、主脉、叶背茸毛较少，芽叶黄绿色、茸毛多，萼片5枚、绿色、无茸毛，花柄、花瓣无茸毛，花冠直径3.50cm × 4.30cm，花瓣7枚、白色、质地厚，花柱3裂，花柱裂位浅，子房有茸毛。长势强盛，无病虫害，可采摘利用。

四、镇康县茶树资源

（一）地理位置

镇康县隶属临沧市，位于云南省西南边陲，临沧市西部，南汀河下游和怒江下游南北水之间，南接耿马县，东邻永德县，西与友好邻邦缅甸果敢县接壤，北与保山市龙陵县隔江相望，地处东经98°40′119″ ~ 99°22′42″，北纬23°47′14″ ~ 24°15′32″的低纬度地区，南北宽70.6km，东西长71.9km，全县总土地面积2642km²。全县辖3个镇、4个乡（其中1个民族乡）：凤尾镇、勐捧镇、南伞镇、忙丙乡、勐堆乡、木厂乡、军赛佤族拉祜族傈僳族德昂族乡。共有2个居委会、71个行政村。县政府驻南伞镇。镇康是一个多民族杂居的边疆县，县内聚居着彝、佤、傣、傈僳、苗、德昂、白、拉祜、布朗等22种少数民族，总人口17.31万人，少数民族人口为39378人，占全县总人口的24.8%。镇康地处滇西南低纬度地区，年平均气温18.9℃，最高气温36.3℃，最低气温为-2.1℃，正常年无霜期333天，月平均最高气温26.6℃，月平均最低气温13.6℃。太阳辐射强，年日照时数1936.8小时，年降水量1700mm，雨季集中在5—10月，蒸发量1500mm，年平均相对湿度81%。在西北干冷气流和西南暖湿气流的影响下，镇康县域内形成了春秋温暖、夏秋季长、雨热同季、雨量充沛、日照充足、热源丰富、干湿明显的亚热带气候。

（二）茶树资源分布

茶叶是镇康县的特色产品，是绿色经济的重要组成部分。镇康县茶叶涉及面广、影响力大、茶叶遍及全县7个乡镇，全县15.6万农业人口中，有13.5万人涉及茶叶，2.65万户农户都有茶地和茶叶收入。全县现有茶叶面积72946亩，面积、产量近年来逐步增加。其中有高优生态茶园19089亩；规模连片茶园3000亩，规模经营面积1000亩以上的有2户。经营带动上万亩的有1户。毛茶产量达2097t，农产值达2097万元，茶农实现人均收入155元。目前，镇康县有茶叶初精制加工企业16个，茶叶精制生产线6条，初精制生产能力2690t，初具茶叶产业化经营企业3个。一批龙头企业实力逐渐增强，有机茶无性系良种无公害茶生产基地步伐加快，全县已建成19089亩无性系良种茶叶基地，72946亩无公害茶叶生产基地，11个无公害茶叶品种，3户企业获得QS认证。普洱茶及以生产普洱茶为原料的晒青绿茶数量不断增加。

镇康这块热土千百年来属边远国土疆域，人口稀少，过去当地居民祖先活动范围仅限河谷坝子或古道隘口附近，大面积森林仍处在原始生态环境中，保存下了大量古稀植物原始祖先，野生茶树就是其中幸存之一。镇康县分布有野生茶群落6个，近12万余亩。

勐捧镇古茶树资源以三台山茶叶箐古茶树群落为代表，面积达3.4万亩，主要分布于根基、蒿子坝、大窝铺、转角箐、南梳坝、实竹林山、酸格林、岔沟蒿子坝、白虎山、新寨坝、包包寨等村。木场乡古茶树资源以绿荫塘野生茶群落为代表，主要分布在绿荫塘、野马塘、芭焦箐、甘塘后山、大山头、茶山、新寨、龙塘、树根寨、蕨坝、黑河、大伙房、雪竹林大山等范围内，面积近4.1万亩。忙丙乡古茶树资源以野生茶树为主，多是连片分布，其中忙丙岔路寨、淘金河、树王山、忙丙后箐、大火塘、签坑丫口、蔡何后山、小落水、薄刀山等野生茶树群落面积近2.3万亩。大坝背阴山有1.3万亩，竹瓦蚌孔有1.6万亩，彭木山包包寨有2000亩。

（三）代表性古茶树植株

包包寨大茶树1号

普洱茶种（*Camellia sinensis* var. *assamica*），大叶类，位于镇康县勐捧镇包包寨村，东经98°52′45″，北纬24°04′31″，海拔1627m，树型小乔木、树姿直立，分枝密度稀，树高5m，树幅3m×4m，基部干围1.3m，最低分枝高度30cm，叶片长×宽13.8cm×7.2cm，叶片长椭圆形，叶色绿色，叶基楔形，叶脉8对，叶身内折，叶尖渐尖，叶面平，叶缘平，叶质软，叶柄、主脉、叶背茸毛较少，芽叶黄绿色、茸毛少，萼片5枚、绿色、无茸毛，花柄、花瓣无茸毛，花冠直径3.50cm×4.30cm，花瓣7枚、白色、质地厚，花柱3裂，花柱裂位浅，子房有茸毛。长势强盛，无病虫害，可采摘利用。

包包寨大茶树2号

大理茶种（*Camellia taliensis*），大叶类，位于镇康县勐捧镇包包寨村，东经98°52′45″，北纬24°04′31″，海拔1637m，树型乔木、树姿直立，分枝密度稀，树高6.5m，树幅5.4m×4.0m，基围0.95m，最低分枝高度30cm，叶片长×宽16.8cm×6.2cm，叶片长椭圆形，叶色绿色，叶基楔形，叶脉基部对生11对，新梢紫红色，叶身平，叶尖渐尖，叶面平，叶缘平，叶质软，叶柄、主脉、叶背无茸毛，芽叶无茸毛。萼片5枚、绿色、无茸毛，花柄、花瓣无茸毛，花冠直径7.80cm×5.70cm，花瓣11枚、白色、质地厚，花柱5裂，花柱裂位浅，子房有茸毛，果径3cm，果室数3，长势强盛，无病虫害，可采摘茶籽利用。

绿荫塘大茶树1号

大理茶种（*Camellia taliensis*），大叶类，位于镇康县木场乡绿荫塘村，东经99°05′21″，北纬23°43′08″，海拔2180m，树型乔木、树姿直立，分枝密度稀，树高6m，树幅2.4m×2.1m，基部干围0.86m，最低分枝高度20cm，叶片长×宽18.1cm×6.2cm，叶片长椭圆形，叶色绿色，叶基楔形，叶脉10对，新梢黄绿色、叶身内折，叶尖渐尖，叶面平，叶缘平，叶质硬，叶柄、主脉、叶背无茸毛，芽叶无茸毛。萼片5枚、绿色、无茸毛，花柄、花瓣无茸毛，花冠直径8.10cm×5.70cm，花瓣11枚、白色、质地厚，花柱5裂，花柱裂位浅，子房有茸毛，长势强盛，无病虫害。

绿荫塘大茶树2号

大理茶种（*Camellia taliensis*），大叶类，位于镇康县木场乡绿荫塘村，东经99°05′23″，北纬23°51′38″，海拔2100m，树型乔木、树姿直立，分枝密度稀，树高5.5m，树幅5.4m×6.4m，基围4.9m，最低分枝高度20cm，叶片长×宽14.8cm×6.2cm，叶片长椭圆形，叶色绿色，叶基楔形，叶脉12对，叶身平，叶尖渐尖，叶面平，叶缘平，叶质软，叶柄长1.5cm，叶柄、主脉、叶背无茸毛，新梢紫绿色、无茸毛，萼片5枚、绿色、无茸毛，花柄、花瓣无茸毛，花冠直径8.80cm×5.70cm，花瓣11枚、白色、质地厚，花柱5裂，花柱裂位浅，子房有茸毛，长势强盛，无病虫害，可采摘利用。

绿荫塘大茶树3号

大理茶种（*Camellia taliensis*），大叶类，位于镇康县木场乡绿荫塘村，东经99°05′23″，北纬23°51′38″，海拔2100m，树型乔木、树姿直立，分枝密度稀，树高5.5m，树幅5.4m×6.4m，基围4.9m，最低分枝高度20cm，叶片长×宽14.8cm×6.2cm，叶片长椭圆形，叶色绿色，叶基楔形，叶脉12对，叶身平，叶尖渐尖，叶面平，叶缘平，叶质软，叶柄长1.5cm，叶柄、主脉、叶背无茸毛，新梢紫红色、无茸毛。萼片5枚、绿色、无茸毛，花柄、花瓣无茸毛，花冠直径8.10cm×5.70cm，花瓣11枚、白色、质地厚，花柱5裂，花柱裂位浅，子房有茸毛，长势强盛，无病虫害，可采摘利用。

岔路寨大茶树1号

大理茶种（*Camellia taliensis*），大叶类，位于镇康县忙丙乡岔路寨，海拔1622m，树型乔木、树姿直立，分枝密度稀，树高21m，树幅10.2m×11.5m，基部干围3.16m，最低分枝高度0.2m，叶片长×宽13.8cm×6.2cm，叶片椭圆形，叶色绿色，叶基楔形，叶脉7对，叶身内折，叶尖渐尖，叶面隆起，叶缘波状，叶质硬，叶柄、主脉、叶背无茸毛，新梢紫红色、无茸毛。萼片5枚、绿色、无茸毛，花柄、花瓣无茸毛，花冠直径6.70cm×5.80cm，花瓣11枚、白色、质地厚，花柱5裂，花柱裂位浅，子房有茸毛，长势强盛，无病虫害。

岔路寨大茶树2号

普洱茶种（*Camellia sinensis* var. *assamica*），大叶类，位于镇康县忙丙乡岔路寨，海拔1422m，树型乔木、树姿直立，分枝密度稀，树高12m，树幅7.4m×5.6m，基部干围1.2m，最低分枝高度0.2m，叶片长×宽14.8cm×4.2cm，叶片长椭圆形，叶色绿色，叶基楔形，叶脉8对，叶身内折，叶尖渐尖，叶面平，叶缘平，叶质软，叶柄、主脉、叶背茸毛较少，芽叶黄绿色、茸毛少，萼片5枚、绿色、无茸毛，花柄、花瓣无茸毛，花冠直径6.50cm×4.30cm，花瓣7枚、白色、质地厚，花柱3裂，花柱裂位浅，子房有茸毛。长势强盛，无病虫害，可采摘利用。

岔路寨大茶树3号

普洱茶种（*Camellia sinensis* var. *assamica*），大叶类，位于镇康县忙丙乡岔路寨，海拔1445m，树型乔木、树姿直立，分枝密度稀，树高16m，树幅8.4m×5.4m，基部干围2.12m，最低分枝高度0.8m，叶片长×宽15.8cm×6.2cm，叶片长椭圆形，叶色绿色，叶基楔形，叶脉9对，叶身内折，叶尖渐尖，叶面隆起，叶缘微波，叶质中，叶柄、主脉、叶背有茸毛，芽叶黄绿色、茸毛多，萼片5枚、绿色、无茸毛，花柄、花瓣无茸毛，花冠直径4.50cm×4.30cm，花瓣7枚、白色、质地厚，花柱3裂，花柱裂位浅，子房有茸毛。长势强盛，无病虫害，可采摘利用。

岔路寨大茶树4号

普洱茶种（*Camellia sinensis* var. *assamica*），大叶类，位于镇康县忙丙乡岔路寨，海拔1448m，树型乔木、树姿直立，分枝密度稀，树高14m，树幅6.4m×5.4m，基部干围3.2m，最低分枝高度0.8m，叶片长×宽14.8cm×4.2cm，叶片长椭圆形，叶色绿色，叶基楔形，叶脉8～9对，叶身内折，叶尖渐尖，叶面隆起，叶缘微波，叶质中，叶柄、主脉、叶背有茸毛，芽叶黄绿色、茸毛多，萼片5枚、绿色、无茸毛，花柄、花瓣无茸毛，花冠直径3.50cm×4.30cm，花瓣7枚、白色、质地厚，花柱3裂，花柱裂位浅，子房有茸毛。长势强盛，无病虫害，可采摘利用。

岔路寨大茶树5号

大理茶种（*Camellia taliensis*），大叶类，位于镇康县芒丙乡岔路寨村，东经99°08′01″，北纬23°55′45″，海拔1970m，树型乔木、树姿直立，分枝密度稀，树高18m，树幅6.3m×5.8m，基部干围1.81m，最低分枝高度1.05m，叶片长×宽14.1cm×6.2cm，叶片长椭圆形，叶色绿色，叶基楔形，叶脉12对，叶身内折，叶尖渐尖，叶面平，叶缘平，叶质硬，叶柄、主脉、叶背无茸毛，新梢紫红色、无茸毛。萼片5枚、绿色、无茸毛，花柄、花瓣无茸毛，花冠直径7.10cm×6.70cm，花瓣12枚、白色、质地厚，花柱5裂，花柱裂位浅，子房有茸毛，长势强盛，无病虫害。

背荫山大茶树1号

大理茶种（*Camellia taliensis*），大叶类，位于镇康县凤尾镇大坝村，东经99°01′65″，北纬23°56′13″，海拔1508m，树型乔木、树姿直立，分枝密度稀，树高17m，树幅2.8m×3.8m，基部干围0.9m，最低分枝高度0.4m，叶片长×宽13.8cm×4.2cm，叶片长椭圆形，叶色绿色，叶基楔形，叶脉8对，叶身内折，叶尖渐尖，叶面隆起，叶缘波状，叶质硬，叶柄、主脉、叶背无茸毛，新梢紫红色、无茸毛。萼片5枚、绿色、无茸毛，花柄、花瓣无茸毛，花冠直径5.10cm×6.20cm，花瓣11枚、白色、质地厚，花柱5裂，花柱裂位浅，子房有茸毛，长势强盛，无病虫害。

大坝大茶树1号

大理茶种（*Camellia taliensis*），大叶类，位于镇康县凤尾乡大坝村，东经99°01′30″，北纬23°56′33″，海拔1422m，树型小乔木、树姿直立，分枝密度稀，树高5m，树幅2.8m×2.5m，基部干围0.85m，最低分枝高度0.4m，叶片长×宽13.8cm×7.2cm，叶片椭圆形，叶色绿色，叶基楔形，叶脉7对，叶身内折，叶尖渐尖，叶面隆起，叶缘波状，叶质硬，叶柄、主脉、叶背无茸毛，新梢紫红色、无茸毛。萼片5枚、绿色、无茸毛，花柄、花瓣无茸毛，花冠直径6.10cm×5.20cm，花瓣10枚、白色、质地厚，花柱5裂，花柱裂位浅，子房有茸毛，长势强盛，无病虫害。

五、耿马县茶树资源

（一）地理位置

耿马傣族佤族自治县（以下简称耿马县）位于临沧市西南部，介于东经98°48′～99°54′和北纬23°20′～24°01′之间，地域面积3837.00km^2；东与临沧市的双江县交界，南与临沧市的沧源县接壤，北与临沧市的永德县、镇康县、云县毗邻，西与缅甸山水相连。耿马傣族佤族自治县内地势东北高，西南低。全境自东北向西南渐呈梯级递降。东北山峰高耸陡峭，中部宽阔起伏，西部略显狭窄，坝子多为丘陵坝。最高点位于东部与双江县交界的大雪山，海拔3323m；最低处是南汀河与清水河汇合地，海拔450m。耿马县属亚热带半湿润类型和北热带半湿润气候，北回归线横穿县境，年平均气温19.2℃，年均日照2212小时，年均降雨量1377.6mm，年均相对湿度78%，全境无霜期318天。

（二）茶树资源分布

考古发现，耿马县在3000多年前就有人类活动，驯化栽培茶树历史悠久，世居民族中佤族、布朗族的共同祖先濮人是最早的茶农。耿马县古茶树资源比较丰富，普查显示结果，耿马县的野生茶树资源分布面积约5.7万亩。主要分布在大青山自然保护区、大兴乡邦马大雪山自然保护区和芒洪乡大浪坝水库周边的原始森林及次生林中，从海拔1200m（福荣马台坡）至海拔2600m（大兴大雪山）均有分布，相对集中在海拔2200～2400m之间。其中大兴乡大雪山区域野生古茶树群落面积约24000亩，分布在海拔2000～2500m之间，分布区属澜沧江水系；大青山区域野生古茶树群落面积约30000亩，海拔1200～2400m。其中最大茶树基围1.64m，高30m，树幅15m，分布区属怒江水系；芒洪乡大浪坝区域野生古茶树群落面积约3000亩，分布在海拔2100～2500m，最大茶树基围2.56m，高约20m，树幅20m，分布区属澜沧江水系。栽培种古茶树资源规模较小，分布零散，主要分布于海拔较高的山区，如勐撒镇芒碑村、芒见村；贺派乡的贺岭村、班卖村；芒洪乡的安林寨、户南村，主要生长在村寨周围，农户房前屋后，田间地头，总分布面积约2000亩，其中，勐撒500亩、芒洪300亩、勐简500亩、福荣300亩、大兴300亩、勐永100亩。代表性古茶园有芒洪乡户南山古茶园、勐撒镇芒见古茶树园、翁达古茶园和勐简乡大寨古茶园等。

（三）代表性古茶树植株

户南村大茶树1号

普洱茶种（*Camellia sinensis* var. *assamica*），位于耿马县芒洪村委会的户南村民小组，东经99°22′08″，北纬23°27′56″，海拔1685m。树型乔木，树姿半开张，树高6.5m，树幅7.3m×6.7m，基部干围1.8m，分枝密度稀，嫩枝有茸毛，最低分枝高度0.22m。叶片长×宽15.1cm×4.6cm，叶片长椭圆形，叶色黄绿色，叶基楔形，叶脉9～11对，叶身内折，叶面平，叶缘微波，叶质硬，叶尖渐尖，叶柄、主脉、叶背有茸毛，芽叶黄绿色、茸毛多，萼片5枚、绿色、无茸毛。花柄、花瓣无茸毛，花冠直径4.20cm×3.40cm，花瓣5～6枚、白色、质地厚，花柱3裂，花柱裂位浅，子房有茸毛。长势强。

大浪坝大茶树1号

大理茶种（*Camellia taliensis*），位于耿马县芒洪乡芒洪村委会的大浪坝村民小组，海拔2051m。树型乔木，树姿直立，树高20m，树幅8.6m×9.1m，基部干围2.56m，分枝密度稀，嫩枝无茸毛。叶片长×宽15.6cm×5.1cm，叶片椭圆形，叶色深绿色，叶基楔形，叶脉9对，叶身平，叶尖渐尖，叶面隆起，叶缘微波，叶质柔软，叶柄、主脉、叶背无茸毛，芽叶黄绿色、无茸毛。萼片5枚、绿色、无茸毛，花柄、花瓣无茸毛，花冠直径4.80cm×6.20cm，花瓣11枚、白色、质地厚，花柱5裂，花柱裂位深，子房有茸毛。长势强。

翁梦大茶树1号

普洱茶种（*Camellia sinensis* var. *assamica*），大叶类，位于耿马县贺派乡班卖村委会的翁梦村民小组，东经99°17′24″，北纬23°27′36″，海拔1679m。树型小乔木，树姿开张，树高10.5m，树幅4.6m × 3.8m，基部干围0.7m，分枝密度稀，最低分枝高度0.22m，嫩枝有茸毛，叶片长 × 宽15.1cm × 4.6cm，叶片长椭圆形，叶色绿色，叶基楔形，叶脉9 ~ 10对，叶身内折，叶面平，叶缘微波，叶质柔软，叶尖渐尖，叶柄、主脉、叶背有茸毛，芽叶黄绿色、茸毛多。萼片5枚、绿色、无茸毛，花柄、花瓣无茸毛，花冠直径4.50cm × 3.60cm，花瓣5 ~ 6枚，白色，质地厚，花柱3裂，花柱裂位浅，子房有茸毛。长势强。

翁梦大茶树2号

普洱茶种（*Camellia sinensis* var. *assamica*），大叶类，位于耿马县贺派乡班卖村委会的翁梦村民小组，东经99°11′08″，北纬23°26′56″，海拔1644m。树型小乔木，树姿半开张，树高7.5m，树幅4.3m × 4.7m，基部干围1.4m，分枝密度稀，嫩枝有茸毛，最低分枝高度0.22m，叶片长 × 宽14.1cm × 5.6cm，叶片长椭圆形，叶色黄绿色，叶基楔形，叶脉11对，叶身内折，叶面平，叶缘微波，叶质硬，叶尖渐尖，叶柄、主脉、叶背有茸毛，芽叶黄绿色、茸毛多，萼片5枚、绿色、无茸毛。花柄、花瓣无茸毛，花冠直径4.50cm × 3.60cm，花瓣5 ~ 6枚、白色、质地厚，花柱3裂，花柱裂位浅，子房有茸毛。长势较强。

班卖大茶树1号

普洱茶种（*Camellia sinensis* var. *assamica*），大叶类，位于耿马县班卖村委会班卖村民小组，东经99°11′18″，北纬23°26′38″，海拔1744m。树型小乔木，树姿半开张，树高8.5m，树幅5.3m×4.7m，基部干围1.2m，分枝密度稀，嫩枝有茸毛，最低分枝高度1.42m。叶片长×宽13.1cm×4.6cm，叶片长椭圆形，叶色黄绿色，叶基楔形，叶脉13对，叶身内折，叶面平，叶缘微波，叶质硬，叶尖渐尖，叶柄、主脉、叶背有茸毛，芽叶黄绿色、茸毛多。萼片5枚、绿色、无茸毛，花柄、花瓣无茸毛，花冠直径4.70cm×3.40cm，花瓣6枚、白色、质地厚，花柱3裂，花柱裂位浅，子房有茸毛。长势强。

大青山大茶树1号

大理茶种（*Camellia taliensis*），位于耿马县芒洪村委会的大青山村民小组，海拔2251m。树型乔木，树姿直立，树高30m，树幅7.5m×4.2m，基部干围1.64m，分枝密度稀，嫩枝无茸毛，最低分枝高度2.0m。叶片长×宽14.6cm×5.1cm，叶片椭圆形，叶色深绿色，叶基楔形，叶脉6～7对，叶身平，叶尖渐尖，叶面隆起，叶缘微波，叶质柔软，叶柄、主脉、叶背无茸毛，芽叶黄绿色、无茸毛。萼片5枚、绿色、无茸毛，花柄、花瓣无茸毛，花冠直径5.80cm×6.20cm，花瓣11枚、白色、质地厚，花柱5裂，花柱裂位深，子房有茸毛。长势强。

六、沧源县茶树资源

（一）地理位置

沧源佤族自治县地处临沧市西南部，中缅边界中段，介于东经98°52′～99°43′和北纬23°5′～23°30′之间，南北宽47km，东西长86km，地域面积2539.00km²；东北接双江县，东部和东南部与普洱市的澜沧拉祜族自治县相连，北邻耿马傣族佤族自治县，西部和南部与缅甸接壤。沧源地处低纬地区，在北回归线以南，常受印度洋暖湿西南季风影响，境内山高林密，立体气候突出，具有北热带、南亚热、中亚热带、北亚热带、南温带等五种不同气侯类型。

（二）茶树资源分布

茶叶是当地的重要传统产业。沧源县的野生古茶树资源较多，已发现的野生种古茶树居群面积约83443亩，主要分布在单甲、糯良、勐角和勐董4乡镇相连的范俄山山脉、芒告大山山脉、窝坎大山山脉，具代表性的是单甲、糯良乡交界处的大黑山野生种古茶树居群；现存的栽培古茶树（园）已经不多，总分布面积约300亩。代表性古茶树园有单甲大黑山野生茶树，总分布面积约3万亩，糯良帕拍古茶园面积约230亩。

（三）代表性古茶树植株

大黑山大茶树1号

大理茶种（*Camellia taliensis*），位于沧源县单甲乡的大黑山，海拔2295m。树型乔木，树姿直立，树高18m，树幅3.1m×5.8m，基部干围1.45m，分枝密度稀，最低分枝高度0.75m，嫩枝无茸毛。叶片长×宽16.1cm×4.8cm，叶片椭圆形，叶色深绿色，叶基楔形，叶脉9～10对，叶身平，叶面平，叶缘微波，叶质硬，叶尖渐尖，叶柄、主脉、叶背无茸毛，芽叶黄绿色、无茸毛，萼片5枚、绿色、无茸毛。花柄、花瓣无茸毛，花冠直径6.80cm×5.70cm，花瓣10枚、白色、质地厚，花柱5裂，花柱裂位浅，子房有茸毛。长势弱。

贺岭大茶树1号

大理茶种（*Camellia taliensis*），位于沧源县单甲乡单甲村委会贺岭村民小组的山林中，东经99°21′37″，北纬23°10′19″，海拔2201m。树型乔木，树姿直立，树高15m，树幅3.5m×4.2m，基部干围1.8m，分枝密度稀，最低分枝高度0.20m，嫩枝无茸毛。叶片长×宽14.6cm×5.1cm，叶片椭圆形，叶色深绿色，叶基楔形，叶脉9对，叶身平，叶尖渐尖，叶面隆起，叶缘微波，叶质柔软，叶柄、主脉、叶背无茸毛，芽叶黄绿色、无茸毛。萼片5枚、绿色、无茸毛，花柄、花瓣无茸毛，花冠直径5.80cm×6.20cm，花瓣11枚、白色、质地厚，花柱5裂，花柱裂位深，子房有茸毛。长势强。

贺岭大茶树2号

大理茶种（*Camellia taliensis*），位于沧源县单甲乡单甲村委会贺岭村民小组的山林中，东经99°19′38″，北纬23°12′21″，海拔1662m。树型乔木，树姿直立，树高8m，树幅3.4m×2.8m，基部干围1.35m，分枝密度稀，最低分枝高度0.75m，嫩枝无茸毛。叶片长×宽13.1cm×5.6cm，叶片椭圆形，叶色黄绿色，叶基楔形，叶脉6～7对，叶身平，叶面隆起，叶缘微波，叶质柔软，叶尖渐尖，叶柄、主脉、叶背无茸毛，芽叶黄绿色、无茸毛，萼片5枚、绿色、无茸毛。花柄、花瓣无茸毛，花冠直径5.80cm×6.20cm，花瓣12枚、白色、质地厚，花柱5裂，花柱裂位浅，子房有茸毛。长势强。

贺岭大茶树3号

大理茶种（*Camellia taliensis*），位于沧源县单甲乡单甲村委会贺岭村民小组，东经99°19′40″，北纬23°12′21″，海拔1662m。树型乔木，树姿直立，树高8.5m，树幅4.1m×3.8m，基部干围1.52m，分枝密度稀，最低分枝高度0.15m，嫩枝无茸毛。叶片长×宽11.1cm×4.9cm，叶片椭圆形，叶色绿色，叶基楔形，叶脉8对，叶身平，叶面隆起，叶缘微波，叶质柔软，叶尖渐尖，叶柄、主脉、叶背无茸毛，芽叶黄绿色、无茸毛，萼片5枚、绿色、无茸毛。花柄、花瓣无茸毛，花冠直径4.50cm×6.20cm，花瓣8枚、白色、质地厚，花柱5裂，花柱裂位浅，子房有茸毛。长势强。

嘎多大茶树1号

大理茶种（*Camellia taliensis*），位于沧源县单甲乡嘎多村委会的山林中，东经99°20′07″，北纬23°09′27″，海拔2195m。树型乔木，树姿直立，树高28m，树幅4.1m×5.8m，基部干围1.85m，分枝密度稀，嫩枝无茸毛。叶片长×宽16.1cm×5.3cm，叶片椭圆形，叶色深绿色，叶基楔形，叶脉8对，叶身平，叶面平，叶缘微波，叶质硬，叶尖渐尖，叶柄、主脉、叶背无茸毛，芽叶黄绿色、无茸毛，萼片5枚、绿色、无茸毛。花柄、花瓣无茸毛，花冠直径4.50cm×6.20cm，花瓣8枚、白色、质地厚，花柱5裂，子房有茸毛。长势强。

嘎多大茶树2号

大理茶种（*Camellia taliensis*），位于沧源县单甲乡嘎多村委会的山林中，东经99°20′07″，北纬23°09′27″，海拔2195m。乔木，树姿直立，树高28m，树幅4.1m×5.8m，基部干围1.85m，分枝密度稀，嫩枝无茸毛。叶片长×宽16.1cm×5.3cm，叶片椭圆形，叶色深绿色，叶基楔形，叶脉10对，叶身平，叶面平，叶缘微波，叶质硬，叶尖渐尖，叶柄、主脉、叶背无茸毛，芽叶黄绿色、无茸毛，萼片5枚、绿色、无茸毛。花柄、花瓣无茸毛，花冠直径6.80cm×5.70cm，花瓣10枚、白色、质地厚，花柱5裂，花柱裂位浅，子房有茸毛。长势强。

班列大茶树1号

老黑茶种（*Camellia atrothea*），位于沧源县勐来乡班列村宋来水库旁，东经99°12′07″，北纬23°23′27″，海拔2195m。树型小乔木，树姿开张，树高15m，树幅5.3m×5.8m，基部干围1.85m，分枝密，最低分枝高度0.25m，嫩枝无茸毛。叶片长×宽16.1cm×6.3cm，叶片椭圆形，叶色深绿色，叶基楔形，叶脉7对，叶身平，叶面平，叶缘微波，叶质硬，叶尖渐尖，叶柄、主脉、叶背无茸毛，芽叶黄绿色、无茸毛。萼片5枚、绿色、无茸毛，花柄、花瓣无茸毛，花冠直径5.80cm×5.70cm，花瓣11枚、白色、质地厚，花柱5裂，花柱裂位浅，子房有茸毛，长势强，可采摘利用。

帕拍大茶树1号

杂交种古茶树，位于沧源县糯良乡帕拍村委会帕拍村民小组，东经99°37′28″，北纬23°12′38″，海拔2013m。树型小乔木，树姿开张，树高9.7m，树幅8.6m×9.6m，基部干围1.1m，分枝密，最低分枝高度0.55m。叶片长×宽15.8cm×6.9cm，叶片长椭圆形，叶色绿色，叶脉11对，叶身稍背卷，叶尖渐尖，叶面平，叶缘微波，叶质硬，叶柄、主脉、叶背茸毛较少，芽叶黄绿色、茸毛少，萼片5枚、绿色、无茸毛。花柄、花瓣无茸毛，花冠直径6.20cm×5.80cm，花瓣10枚、白色、质地厚，花柱5裂，花柱裂位深，子房有茸毛。长势强。

帕拍大茶树2号

杂交种古茶树，位于沧源县糯良乡帕拍村委会帕拍村民小组，东经99°37′16″，北纬23°31′26″，海拔1999m。树型小乔木，树姿半开张，树高11.4m，树幅8.3m×9.1m，基部干围1.64m，分枝密度中等，最低分枝高度0.3m。叶片长×宽12.8cm×6.1cm，叶片长椭圆形，叶色绿色，叶脉9对，叶身稍背卷，叶尖渐尖，叶面平，叶缘微波，叶质硬，叶柄、主脉、叶背茸毛较少，芽叶黄绿色、茸毛少，萼片5枚、绿色、无茸毛。花柄、花瓣无茸毛，花冠直径4.20cm×5.10cm，花瓣10枚、白色、质地厚，花柱5裂，花柱裂位深，子房有茸毛。长势较强。

帕拍大茶树3号

大理茶种（*Camellia taliensis*），位于沧源县糯良乡帕拍村委会帕拍村民小组，北纬23°18′36″，东经99°22′16″，海拔1952m。树型小乔木，树姿半开张，树高7m，树幅3.1m×4.2m，基部干围0.75m，分枝密度稀，最低分枝高度0.34m。叶片长×宽11.5cm×5.3cm，叶片长椭圆形，叶色绿色，叶基楔形，叶脉7~8对，叶身内折，叶尖渐尖，叶面微隆，叶缘微波，叶质软，叶柄、主脉、叶背无茸毛，芽叶紫绿色、无茸毛。萼片5枚、绿色、无茸毛，花柄、花瓣无茸毛，花冠直径5.10cm×4.30cm，花瓣6枚、白色、质地厚，花柱5裂，花柱裂位浅，子房有茸毛。长势强。

帕拍大茶树4号

大理茶种（*Camellia taliensis*），位于沧源县糯良乡帕拍村委会帕拍村民小组，东经99°22′16″，北纬23°18′36″，海拔1962m。树型小乔木，树姿半开张，树高5.5m，树幅3.8m × 4.2m，基部干围0.85m，分枝密度稀，最低分枝高度0.20m，嫩枝无茸毛。叶片长 × 宽12.6cm × 1.6cm，叶片长椭圆形，叶色绿色，叶基楔形，叶脉6 ~ 7对，叶身内折，叶尖渐尖，叶面平，叶缘微波，叶质硬，叶柄、主脉、叶背无茸毛，芽叶紫绿色、无茸毛。萼片5枚、绿色、无茸毛，花柄、花瓣无茸毛，花冠直径5.10cm × 4.30cm，花瓣12枚、白色、质地厚，花柱5裂，花柱裂位浅，子房有茸毛。长势强。

帕拍大茶树5号

普洱茶种（*Camellia sinensis* var. *assamica*），位于沧源县糯良乡帕拍村委会帕拍村民小组，东经99°22′23″，北纬23°18′58″，海拔1941m。树型小乔木，树姿开张，树高15m，树幅7.9m × 5.2m，基部干围1.33m，分枝密，最低分枝高度0.20m，嫩枝有茸毛。叶片长 × 宽17.6cm × 5.6cm，叶片长椭圆形，叶色绿色，叶基楔形，叶脉9对，叶身稍背卷，叶尖急尖，叶面隆起，叶缘微波，叶质柔软，叶柄、主脉、叶背茸毛少，芽叶黄绿色、茸毛多，萼片5枚、绿色、无茸毛。花柄、花瓣无茸毛，花冠直径5.40cm × 4.80cm，花瓣7枚、白色、质地薄，花柱3裂，花柱裂位深，子房有茸毛，长势强。

帕拍大茶树6号

普洱茶种（*Camellia sinensis* var. *assamica*），位于沧源县糯良乡帕拍村委会帕拍村民小组东经99°22′20″，北纬23°16′18″，海拔1940m。树型小乔木，树姿开张，分枝密，树高15m，树幅6.9m × 4.2m，基部干围1.03m，最低分枝高度0.20m，嫩枝有茸毛。叶片长 × 宽14.6cm × 5.6cm，叶片长椭圆形，叶色绿色，叶基楔形，叶脉9 ~ 10对，叶身稍背卷，叶尖急尖，叶面隆起，叶缘微波，叶质柔软，叶柄、主脉、叶背茸毛少，芽叶黄绿色、茸毛多。萼片5枚、绿色、无茸毛，花柄、花瓣无茸毛，花冠直径4.40cm × 3.80cm，花瓣7枚、白色、质地薄，花柱3裂，花柱裂位深，子房有茸毛，长势强。

七、云县茶树资源

（一）地理位置

云县位于临沧市北部，介于东经99°43′～100°33′和北纬23°56′～24°46′之间，地域面积3760.00km^2；东北隔澜沧江与普洱市的景东县、大理州的南涧县相望，西南与永德县、耿马县、临翔区接壤，西北与凤庆县毗邻。云县属低纬高原亚热带季风气候和暖温带季风气候，全年平均气温19.1℃，最高气温26.9℃，最低气温13.8℃。境内山高林密，植物资源丰富。云县地处滇西横断山系纵谷区南部，属深度切割中山宽谷、峡谷区。是第四纪更新世初期喜马拉雅运动大面积强烈的差别抬升所形成。山脉大多为西北—东南走向，地势东西高，中部稍低，相对高差2350m。最高点为云县与临沧县交界的大雪山，海拔3429m；最低点为幸福镇邦洪村委会所驻地的南汀河边，海拔748m。由于在地层上升运动中，伴随着断裂和翘升，以及长期的冲刷切割，形成山高谷深、地形破碎的地貌。

（二）茶树资源分布

云县是茶树种植的最适宜区之一，种茶历史悠久，现存的古茶树资源丰富，主要分布地为自然保护区内的大朝山西镇，爱华镇的黄竹林箐，幸福镇的大宗山、万明山，漫湾镇的白莺山、大丙山等地；其中野生古茶树居群的分布面积约4.3万亩，栽培种古茶树（园）的分布面积约2.3万亩。爱华镇现存的古茶树主要分布于爱华镇安河村委会、河中村、独木村委会、黑马塘村委会等地，总分布面积约700多亩。大朝山西镇的古茶树主要分布于菖蒲塘村委会、昔元村委会、帮旭村委会、背阴寨村委会等地，总分布面积约500亩。漫湾镇的古茶居群主要分布在大丙山自然保护区和白莺山古茶园，总面积约1.2万亩。忙怀乡现存的古茶树已经不多，主要为栽培种古茶树，分布地为忙贵村委会、麦地村委会、温速村委会，分布面积约100多亩。

（三）代表性古茶树植株

独木大茶树1号

普洱茶种（*Camellia sinensis* var. *assamica*），位于云县爱华镇独木村委会，东经100°16′21″，北纬23°39′38″，海拔2013m；树型乔木，树姿半开张，分枝密度中。树高6.45m，树幅4.6m×4.7m，基部干围0.93m，最低分枝高度2.1m。叶片长×宽12.8cm×6.8cm，叶片长椭圆形，叶色绿色，叶基近圆形，叶脉7～8对，叶身稍背卷，叶尖渐尖，叶面隆起，叶缘平，叶质柔软，叶柄、主脉、叶背茸毛多，芽叶黄绿色、茸毛多。萼片5枚、绿色、无茸毛。花柄、花瓣无茸毛，花冠直径4.20cm×2.90cm，花瓣7枚、白色、质地中，花柱3裂，花柱裂位浅，子房有茸毛。长势较强。

白莺山大茶树1号

大苞茶种（*Camellia grandibracteata*），当地称为二嘎子茶（杂交种），位于云县白莺山村古茶树（园）。树型为高大乔木，树姿半开张，分枝密度中，嫩枝无茸毛，基部干围3.9m，树高11m，树幅8.5m×8.6m。叶片长×宽15.1cm×6.9cm，叶片椭圆形，叶色绿色，叶基楔形，叶脉8～9对，叶身内折，叶尖渐尖，叶面微隆，叶缘平，叶质硬，叶背主脉有茸毛，芽叶绿色、有少量茸毛。花冠直径5.50cm×5.60cm，柱头4～5裂，花瓣8～9枚，子房有茸毛，果室数4。长势强。

白莺山大茶树2号

大理茶种（*Camellia taliensis*），当地称为本山茶，位于云县白莺山村古茶树（园）。树型为乔木，树姿半开张，分枝密度中，嫩枝无茸毛，最低分枝高度1.2m，基部干围2.1m，树高10m，树幅6.2m × 5.3m。叶片长 × 宽为11.3cm × 5.2cm，叶片大，叶片长椭圆形，叶色绿色，叶基楔形，叶脉9～12对，叶身平，叶尖渐尖，叶面平，叶缘平，叶质硬，叶背主脉无茸毛，芽叶黄绿、无茸毛。花冠直径7.40cm × 6.50cm，柱头4～5裂，花瓣11～13枚，子房茸毛多，果室数5。长势强。

白莺山大茶树3号

茶种（*Camellia sinensis*），当地称为红芽子茶，位于云县白莺山村古茶树（园）。树型为灌木，树姿开张，分枝密。基部干围0.6m，树高3.4m，树幅3.5m × 3.8m。叶片长 × 宽为7.9cm × 3.4cm，叶片椭圆形，叶色绿色，叶基楔形，叶脉7～9对，叶身平，叶尖渐尖，叶背、主脉、叶柄、芽叶均有茸毛。花冠直径4.20cm × 4.00cm，柱头3裂，花瓣4枚。长势强。

白莺山大茶树4号

普洱茶种（*Camellia sinensis* var. *assamica*），当地称为柳叶茶，位于云县白莺山村古茶树园。树型小乔木，树姿开张，分枝密。树高3.2m，树幅3.1m×3.6m，基部干围0.4m。叶片长×宽为15.2cm×3.6cm，叶脉11对，叶片披针形，叶背、主脉、芽叶均有茸毛，叶柄无茸毛。花冠直径3.80cm×4.20cm，柱头3裂，花瓣7枚。长势强。

糯伍大茶树1号

普洱茶种（*Camellia sinensis* var. *assamica*），位于云县大朝山西镇菖蒲塘村委会糯伍村民小组，东经100°36′11″，北纬23°12′38″，海拔1653m。树型小乔木，树姿半开张，树高11.8m，树幅6.9m×5.7m，基部干围2.3m，分枝密，嫩枝有茸毛，最低分枝高度0.3m。叶片长×宽12.6cm×5.0cm，叶片长椭圆形，叶色绿色，叶基近圆形，叶脉11～13对，叶身稍背卷，叶尖渐尖，叶面隆起，叶缘平，叶质柔软，叶柄、主脉、叶背茸毛多，芽叶黄绿色、茸毛多。萼片5枚、绿色、有茸毛，花柄、花瓣无茸毛，花冠直径3.20cm×2.60cm，花瓣6枚、白色、质地薄，花柱3裂，花柱裂位浅，子房有茸毛。长势强。

纸山箐大茶树1号

普洱茶种（*Camellia sinensis* var. *assamica*），位于云县大朝山西镇纸山箐村委会，东经100°18′24″，北纬23°02′18″，海拔1919m。树型小乔木，树姿开展，树高7m，树幅4.6m×3.7m，基部干围0.5m，分枝密，嫩枝有茸毛，最低分枝高度0.1m。叶片长×宽13.6cm×5.8cm，叶片长椭圆形，叶色绿色，叶基近圆形，叶脉11～13对，叶身平，叶尖渐尖，叶面平，叶缘平，叶质柔软，叶柄、主脉、叶背茸毛多，芽叶黄绿色、茸毛多，萼片5枚、绿色、有茸毛。花柄、花瓣无茸毛，花冠直径3.30cm×3.50cm，花瓣6枚、白色、质地薄，花柱3裂，花柱裂位浅，子房有茸毛。长势强。

昔元大茶树1号

普洱茶种（*Camellia sinensis* var. *assamica*），位于云县大朝山西镇昔元村委会，东经100°19′22″，北纬23°04′11″，海拔1808m。树型乔木，树姿开张，树高6.1m，树幅6.1m×5.7m，基部干围0.95m。分枝密，嫩枝有茸毛，最低分枝高度0.7m，叶片长×宽10.6cm×5.8cm，叶片长椭圆形，叶色绿色，叶基近圆形，叶脉9对，叶身平，叶尖渐尖，叶面平，叶缘平，叶质柔软，叶柄、主脉、叶背茸毛多，芽叶黄绿色、茸毛多。萼片5枚、绿色、有茸毛，花柄、花瓣无茸毛，花冠直径4.40cm×4.50cm，花瓣7枚、白色、质地薄，花柱3裂，花柱裂位浅，子房有茸毛。长势强。

温速大茶树1号

普洱茶种（*Camellia sinensis* var. *assamica*），位于云县忙怀乡温速村委会，东经100°24′30″，北纬24°30′31″，海拔2138m。树型乔木，树姿开张，分枝密，嫩枝有茸毛，树高6.9m，树幅7.6m×5.8m，基部干围2.1m，最低分枝高度0.3m。叶片长×宽10.5cm×4.2cm，叶片长椭圆形，叶色绿色，叶基楔形，叶脉8对，叶身平，叶尖渐尖，叶面平，叶缘平，叶质中，叶柄、主脉、叶背茸毛多，芽叶黄绿色、茸毛多。萼片5枚、绿色、有茸毛。花柄、花瓣无茸毛，花冠直径4.10cm×3.80cm，花瓣6～7枚、白色、质地薄，花柱3裂，花柱裂位深，子房有茸毛。长势强。

第四节

名山名茶

一、双江勐库大雪山野生茶树居群

勐库大雪山位于临沧市双江县勐库镇公弄村邦马山自然保护区。分布于东径99°46′～99°49′，北纬23°40′～23°42′，海拔2200～2750m，年均温度低于11℃，年降雨量2000mm，土壤黄棕壤。属于南亚热带山地季雨林，自然植被原始，保存完好，生物多样性丰富。

勐库古茶树群落分布区生态环境良好，植被丰富，类型多样，其分布的植被类型有半湿润常绿阔叶林和中山湿性常绿阔叶林。半湿润常绿阔叶林上层乔木树种主要是壳斗科青岗属、栲属、石栎属中的树种，如高山栲（*Castanopsis delawayi*）、元江栲（*Castanopsis orthacantha*）、木果石栎（*Lithocarpus xylocarpus*）、硬斗石栎（*Lithocarpushancei*）、薄片青岗（*Cyclobalanopsis lamellosa*）等，灌木主要有厚轴茶（*Camellia crassicolumna*）、地檀香（*Gaultheriaforrestii*）、白瑞香（*Daphne papyracea*）、多花野牡丹（*Melastoma affine*）、乌饭（*Vaccinium bracteatum*）、大白花杜鹃（*Rhododendron decorum*）等，草本主要有香薷（*Elsholtzia ciliata*）、沿阶草（*Ophiopogon bodinieri*）、西南野古草（*Arundinella hookeri*）、菜蕨（*Callipteris esculenta*）等，分布在海拔1800～2500m，该类型所处地区人为活动频繁，破坏较严重。中山湿性常绿阔叶林主要建群树种为木兰科、樟科、壳斗科，并构成了一级乔木层；二级乔木层以勐库野生古茶树为主，此外有五加科、茜草科、桑科、山茶科、杜鹃花科等树种；林下大面积箭竹全部枯死，草本层主要有荨麻科等，分布在海拔2400～3000m。该植被类型是野生古茶树群落分布的主要类型，所处地区人为活动较少，破坏较小。野生古茶树整个群落是原生的自然植被，且保存较完好，人类破坏较小，自然更新力强，生物多样性极为丰富，其原始植被具有极为重要的科学和保存价值，是珍贵的自然遗产和生物多样性的活基因库。

曾经的大雪山植被茂密，野生古茶树与世隔绝，未被发现。直到1997年，自然干旱导致大雪山上竹林逐渐干枯死亡，大雪山原本密集的植被慢慢出现了空隙，藏在深处的野生大茶树才被人类发现。2002年，双江县人民政府组织了省内专家对大雪山野生大茶树进行综合考察。野生大茶树分布于大雪山中上部，占地面积约12000亩，野生茶树密度为62m^{2}样方内达到19株，其中树干直径大于25cm的有8株，基本上达到了野生茶树群落的密度要求。专家们对大雪山中上部的大平掌约2km^{2}的地块内有代表性的25株古茶树进行了形态特征的测量、观察和标本采集，其高度为4.3 ~ 30.8m，树幅2.0 ~ 18.6m，胸围0.4 ~ 3.1m（胸径0.1 ~ 1.0m），最低分枝高度1.0 ~ 5.7m，均是典型的乔木茶树。其中1号大茶树位于海拔2683m处，株高16.8m，基围3.3m（基部直径1.0m），胸围3.1m（胸径1.0m），树幅13.7m × 10.6m，分枝中等，树姿直立。根据对1号大茶树的树龄、树体高幅、树干粗度，与云南已知同种野生大茶树比较，参照当地居民世代推测，树龄在千年以上。在大雪山海拔2600m处，考察队还发现了一株大理茶与蒙自山茶连体植株。根据植物学特征，勐库野生大茶树在分类上属于山茶科、山茶属、大理茶种。

勐库野生古茶树群落是目前国内外所发现的生长海拔最高、面积最广、密度最大的野生古茶树群落，创世界古茶树新记录，进一步证明了云南南部、西南部（即澜沧江下游流域）是世界茶树的原产地之一。勐库野生古茶树是一个野生型茶树物种，在进化上比栽培种如普洱茶种（*Camellia*

sinensis var. *assamica*）等较原始，它对进一步论证茶树原产于我国云南以及研究茶树的起源、演变、分类和种质创新都具有重要价值，是抗性育种和分子生物学研究的宝贵资源。

二、双江勐库冰岛古茶山

冰岛古茶山位于临沧市双江县勐库镇冰岛村，距离勐库镇镇政府25km，距离县城44km。冰岛古茶山海拔1400～2500m，年平均气温18～20℃，全村面积2.5km^2。冰岛（又名丙岛）在傣语中意为长满青苔的地方，冰岛古茶山下辖包括了冰岛老寨、坝歪老寨、糯伍老寨、南迫寨、地界寨五个自然村寨，居住着汉族、傣族、拉祜族和佤族等民族。关于冰岛茶的来源有着许多传说，据有关史料记载：在明代成化二十一年（1485年），双江的勐勐土司派人从西双版纳古茶区引种茶籽200余粒，在冰岛培育成功了150余株，现今尚有二十余棵存世，距今大约500年左右。冰岛古茶园是云南大叶种茶的发源地之一，从明成化年引种至今五百多年，在勐库繁殖形成勐库大叶茶群体种，在顺宁繁殖变异形成凤庆大叶茶群体种。

冰岛是双江县著名的古老的产茶村。1980年，云南茶树品种资源普查时，在冰岛古茶山首次记录到古茶树资源30余株。2003年，调查记录到冰岛村共有200～500年的古茶树1000余株。2015年，临沧市古茶树资源普查果显示，冰岛古茶山共有茶叶面积6500亩，百年以上古茶树约57022株，五百年以上古茶树约16664株，百年以下大茶树面积约3800亩。其中，地界古茶山面积50余亩，树龄100年以上的古树茶有3000多株，因古茶园地处阴坡，受到土壤肥沃等因素影响，使茶树的身姿较高大、粗壮。南迫古茶山的古茶树比较零散，约500亩，古茶树多生长于田间地头，与古核桃树交混生长。坝歪老寨有古茶园近400亩，古茶树主要分布于寨子周围。糯伍古茶山近60亩。冰岛老寨古茶树面积有200余亩，古茶树多分布于寨子周边和房前屋后，树龄200～500年不等。

三、双江勐库懂过古茶山

懂过古茶山位于临沧邦马大雪山斜伸出来的一支余脉上，在勐库西半山的深处，距离勐库镇约18km。懂过古茶山由外寨、以寨、坝起山、磨烈4个村寨组成，古茶山面积近6000亩，海拔1700～1900m，年平均气温20℃，年降水量1750mm。森林覆盖率高，自然条件优越。

懂过最早是一个纯拉祜族的寨子，拉祜族来双江的时间，甚至要早于冰岛傣族人，懂过150年以上的茶树，都是拉祜族种的。而1904年双江县改土归流后，不断迁入的汉人在1904年至1940年间，陆陆续续种下了面积不少于2000亩的茶树，现在这些70～110年间大茶树，占到山上茶园面积的一半左右。整个懂过村委会的纯古树春茶年产量，这几年达到15t左右。不少茶树树龄达300多年，有部分被矮化。

四、双江勐库坝糯古茶山

坝糯古茶山位于双江县勐库镇坝糯村，地处勐库镇东边，东邻临沧，南邻那蕉村委会，西邻忙那村委会，北邻梁子村委会，距勐库镇政府18km，到镇道路为土路，交通不方便。坝糯古茶山属于勐库东半山茶区，地形复杂，山高谷深，气候湿润，雨量充沛，海拔1850m，年平均气温19℃，年降水量1750mm，土地肥沃，茶叶品质优良。

坝糯古茶山历史悠久，茶叶种植年代长，茶树种植历史与冰岛等古茶山接近。坝糯古茶山在汉人没有迁来之前，已有拉祜族人在此居住，拉祜族人早已在坝糯种茶。当地汉族都认为坝糯古茶山是汉人还没迁来时拉祜族种植留下的，距今大约有500年历史。1950年，坝糯还有30多户拉祜族，坝糯的拉祜族人自成一寨与汉族寨相距约500m。1949年以前，坝糯古茶山有2000多亩藤条茶园，如今留下来的还有1500亩左右。

“坝糯藤子茶”曾经是头人、土司与贵族的专供茶，历代是进贡茶的佳选，普通百姓很难品尝得到。坝糯古茶树在生长形态上与勐库其他茶区的古茶树有所差别，坝糯古茶树的采摘和留养方式比较特别，几乎全是按藤条状培育，因其枝条遒劲盘结像藤子一样，树龄超过百年的藤条茶树，一棵树上有几十根上百根藤，较长的藤可达三四米长，树生藤、藤缠藤，所以当地人还将其称为“藤子茶”“藤条茶”。

五、临翔昔归古茶山

昔归古茶山位于临沧市临翔区邦东乡邦东村忙麓山一带，海拔750～900m，年平均气温21℃，年平均降水量1200mm。昔归古茶树与红椿、香樟、大叶榕、牛肋巴、橄榄、野生芒果等植物混生，古茶山面积约5000亩，古茶树树龄约200年，较大的茶树基围60～110cm，属邦东大叶种。

清末民初《缅宁县志》记载："种茶人户全县约六七千户，邦东乡则蛮鹿、锡规尤特著，蛮鹿茶色味之佳，超过其他产茶区。"这里说的蛮鹿，现称为忙麓，锡规现称为昔归。1970年实行集村运动，忙麓山上的村民陆续搬到了昔归村居住。从那时起，昔归村每年精制100kg昔归茶上交县上。当时茶农们称之为"县委茶"，县里之所以选中昔归茶作为接待礼仪用茶，其原因莫不由此。得天时地利之美，昔归茶叶品质历来优秀，因地理纬度、海拔、土壤、气候、水源、生态环境、树龄、培植方式、加工工艺等特殊因素，使其内含生物碱、茶多酚、维生素、氨基酸、芳香类物质等含量丰富，此茶年产量极低，多作政府用茶或由行家自藏，市面上极少有售，弥足珍贵。

六、永德忙肺古茶山

忙肺古茶山位于临沧市永德县勐板乡忙肺村，是永德县著名的古树茶成片生长的村落，以盛产忙肺大叶种茶闻名。地处永德县三大山系下，赛米河旁边，海拔1500~1600m，年均气温18.7℃，年均降雨量1200mm，日照足、湿度大，原生态植被保存完好，自然条件优越，森林茂密，土壤肥沃深厚。

1910年，忙肺村开始大量种植茶叶。1958年，茶园面积达1400余亩。1975年，公社、大队在忙肺村建立茶叶初制所，年加工茶叶1200~1500担。1980年经省级茶树种质资源普查组专家命名并经认定，忙肺大叶茶属优良茶树群体品种。1985年，忙肺村茶园面积达2000余亩。目前忙肺村有茶叶初制所78户，家庭作坊200多户，茶园面积3900亩。

七、云县白莺山古茶园

白莺山古茶园位于澜沧江中游，东经100°19′~100°21′，北纬24°17′~24°39′，海拔1800~2300m，属临沧市云县漫湾镇白莺山村和核桃林村。白莺山，原叫白鹰山，相传白莺山有成群结队的大鹰栖息，大鹰飞起时铺天盖地，与空中白云交织一起，像棉花散飘在空中，白茫茫一片，被人们喻为“白鹰飞成山”，因此而得名。后来白鹰逐渐减少，随之替代的是白莺，当地人就把“白鹰山”有意写成“白莺山”，一直沿用至今。

白莺山最先定居的民族是布朗族，是他们最早发现了茶，后随着社会的不断发展和变革，各民族之间的生产、生活及民族习惯发生了互相交融和更改变迁，使白莺山的茶树品种得到了推广利用，逐渐成为当地民族与外界连接、交往、互惠互利的桥梁。白莺山古茶园中镶嵌着36个村寨，形成了村中有古茶，村边种古茶，田边地脚皆是古茶，满山遍野都是古茶的特殊农业景象。科学普查结果显示，目前白莺山古茶园分布面积达12400亩，仍保留有野生、半野生和栽培古茶树180万株，其中白莺山村127万株，核桃林村57万株。白莺山古茶树资源十分丰富，有较原始的野生种大理茶、过渡型的大苞茶，又有栽培型的大叶茶和小叶茶。根据当地民族的命名，包含有野茶、本山茶、二嘎子茶、白芽口茶、红芽口茶、黑条子茶、藤子茶、豆蔑茶、柳叶茶、贺庆茶、勐库茶等12个茶树材料。

白莺山古茶树种类多、规模大、栽培历史悠久，显示了茶树从野生型到栽培型的进化过程，是茶叶栽培史的缩影，是茶树起源的历史见证。白莺山古茶园经过了长期的自然演化和人为选择，至今保留了丰富多样的茶树种质资源，被许多学者喻为银生茶自然历史博物馆和世界茶树的种质资源库。白莺山古茶树散生于山地中，或单株独立，或丛生成片，形成古茶树与玉米、豆类、麦类、荞类等农作物混合生长的复合型农林生态类型。白莺山当地民族对古茶树品种有着丰富的认知、管理经验，他们以芽识茶、以叶识茶的传统知识至今仍然实用。他们的祖先以“赶茶会”活动的形式进行品茶、评茶，并以物资和精神给以鼓励，推动了当地茶树良种繁育和茶叶产业的发展。白莺山当地民族世代居住于特定自然环境中，通过传统文化习俗进行着自己特殊的农业生产，一定程度上保护了当地的古茶树资源，高度丰富的古茶树品种多样性依然存在，是人与自然和谐发展的典范。

八、云县茶房古茶山

茶房古茶山位于临沧市云县茶房乡马街村，地处云县南部，东与涌宝镇相邻，南与大寨镇接壤，西与临翔区蚂蚁堆乡毗邻，北与晓街乡、爱华镇相连。茶房古茶山，年平均气温17℃，年日照2124小时，雨量充足，年平均降水量1650mm，年平均相对湿度83%。

茶房，古称勐麻，有吉祥如意之含义，春秋战国时期，境内出土的铜鼓彰显文明渊源，自古以来人杰地灵，创造了璀璨的农耕文明。茶房古茶山拥有天然的山区红壤资源，气候温凉，适宜茶树生长，是西南地区传统的茶叶生产基地。据史料记载，茶房种植茶叶已有300多年的历史，清光绪二十二年（1896年），云县茶房绅士石峻引进优良茶种，在茶房大规模种植，从此茶树分布于全乡大小山箐，成为民生之本。当时的茶房因地处交通要道，是大寨、大石到县城，后箐、涌宝到临沧的必经之地。大猛麻土司官员在街子桥头（古称万寿桥）开设茶坊，专门接待过往官员及客商。久而久之茶叶贸易日益繁荣，茶房成为茶马古道的起始地，茶的摇篮、茶的故乡。

茶房古茶山分布于海拔1941～1980m，包括马街、村头、文茂、黄沙河、响水和文乃等村，其中集中分布在马街村的古茶山面积约500多亩，古茶树树高在8m左右，根部基围1.2m，树龄在180年以上。

第三章

勐库大叶种茶树品种

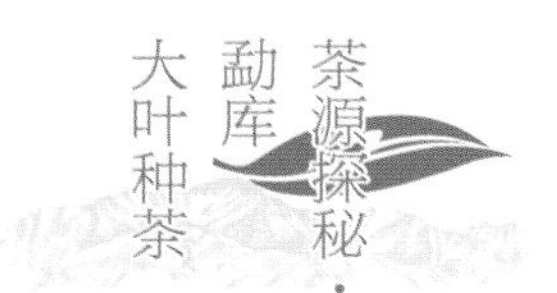

第一节

群体品种

一、国家审（认）定品种

勐库大叶茶

Camellia sinensis var. *assamica* cv. ‘Mengku-dayecha’

有性系。乔木型，特大叶类，早生种。

来源及分布：原产于云南省双江县勐库镇。在云南西部、南部各产茶县广泛栽培，为云南省主要栽培品种之一。四川、贵州、广东、广西、海南、湖南等省区有引种。1985年全国农作物品种审定委员会认定为国家品种，编号GS 13012—1985。

特征特性：植株高大，主干显，树姿开张，分枝较稀，叶片水平或下垂状着生。叶片长椭圆形或椭圆形，叶色深绿色，叶身背卷或稍内折，叶面隆起，叶缘微波状，叶尖骤尖或渐尖，叶齿锐度锐、深度浅、密度密，叶肉厚，叶质较软。芽叶肥壮、黄绿色、茸毛特多，一芽三叶百芽重121.40g。花冠直径2.90cm×4.20cm，花瓣6～8枚，花柱先端3裂，子房茸毛多。结实性强，果实直径1.30cm×2.80cm，种皮黑褐色，种径1.00cm×1.50cm，种子百粒重183.60g。芽叶生育力强，持嫩性强。春茶一芽三叶盛期在3月中下旬。产量高，每667m^{2}可产干茶180.00kg左右。春茶一芽二叶干样约含水浸出物44.50%、游离氨基酸1.70%、茶多酚22.65%、儿茶素总量15.19%、咖啡碱4.10%。适制红茶、绿茶和普洱茶。制红茶，香气高长，滋味浓强鲜，汤色红艳；制绿茶，香气清高，滋味醇厚；制普洱生茶，香气清香浓郁，滋味醇厚回甘；制普洱熟茶，汤色红浓，香气陈香显，滋味浓醇。抗寒性强，结实性弱，扦插繁殖力较强。

适栽地区及栽培技术要点：适宜于年降雨量1000mm以上、最低气温不低于-5℃的西南、华南茶区。深挖种植沟，施足基肥，茶苗移栽采用双行双株或双行单株种植，每667m^{2}植3000株左右，严格多次低位定型修剪。

二、地方群体品种

1. 邦东大叶茶

Camellia sinensis var. *assamica* cv. ‘Bangdong-dayecha’

有性系。乔木型，特大叶类，早生种。

来源及分布：原产于云南省临沧市临翔区邦东乡曼岗村，现有面积近千亩。

特征特性：植株高大，树姿半开张，分枝较密，叶片水平或稍上斜状着生。叶片长19.4cm，宽8.7cm，叶片椭圆形，叶身平，叶面隆起，叶质柔软，叶尖渐尖，叶齿锐度中、深度浅、密度中，叶脉12～14对，叶色深绿色。芽叶绿色、肥壮、茸毛多。花冠直径4.1cm×3.8cm，花瓣6～7枚，花柱先端3裂，子房茸毛多。结实性强。果实直径1.74cm×2.20cm，种皮黑褐色，种径1.10cm×1.36cm，种子百粒重160.00g。春茶萌发期在2月底3月初。产量较高，每667m^{2}可产干茶150.00kg左右。春茶一芽二叶干样含水浸出物40.94%、游离氨基酸3.36%、茶多酚22.05%、儿茶素总量

12.30%、咖啡碱3.61%。适制红茶、绿茶和普洱茶。制工夫红茶，外形色泽乌润，金毫显露，香气高、持久，滋味醇和鲜爽，汤色明亮；制红碎茶，香气浓郁，滋味浓强鲜爽，汤色红艳带金圈；制绿茶，外形白毫显，香气清香，滋味回甘；制普洱生茶，香气高锐，滋味浓强甘甜。抗寒性较强。扦插繁殖力较强。

适栽地区及栽培技术要点：适宜于云南茶区雨季种植。深挖种植沟，施足基肥，1年生茶苗移栽，宜采用双行单株或单行单株种植，每667m^2植1500～2000株左右，严格多次低位定型修剪。

2. 临沧大叶茶

Camellia sinensis var. *assamica* cv. 'Lincang-dayecha'

有性系。乔木型，大叶类，早生种。

来源及分布：原产于云南省临沧市双江县勐库镇。主要分布在临沧市各产茶县，滇南、滇西茶区也有引种栽培。

特征特性：植株高大，主干明显，树姿半开张，分枝较密，叶片水平状或下垂状着生。叶片阔椭圆形或椭圆形，叶面隆起，叶缘微波，叶尖骤尖或急尖，叶齿锐度锐、深度中、密度中，叶身平，叶肉较厚，叶质软，叶色深绿色。芽叶黄绿色、茸毛多，一芽三叶百芽重154.5g。花冠直径4.3cm×3.8cm，花瓣6～7枚，花柱先端3～4裂，子房茸毛多。结实性弱。果实直径1.84cm×2.47cm，种皮黑褐色，种径1.51cm×1.23cm，种子百粒重123.50g。芽叶生育快，育芽力强，年生长5轮。春茶开采期在3月中旬。产量高，每667m²可产干茶170.00kg左右。春茶一芽二叶干样含水浸出物49.40%、茶多酚23.27%、游离氨基酸2.54%、儿茶素总量15.49%、咖啡碱4.76%。适制红茶、绿茶和普洱茶。制红茶，香气高、有蜜香，滋味浓强鲜爽；制绿茶，香气清香，滋味浓爽；制普洱生茶，香气高扬、持久，滋味醇厚回甘。抗寒能力弱，抗病虫能力较强。

适栽地区及栽培技术要点：适宜于云南茶区雨季种植。深挖种植沟，施足基肥，1年生茶苗移栽，宜采用双行单株或单行单株种植，每667m²植1500～2000株左右，严格多次低位定型修剪。

3. 忙肺大叶茶

Camellia sinensis var. *assamica* cv. 'Mangfei-dayecha'

有性系。乔木型，大叶类，早生种。

来源及分布：原产于云南省临沧市永德县勐板乡忙肺村委会忙肺自然村。主要分布在该地。

特征特性：植株高大，主干显，树姿半开张，分枝较密，叶片上斜状着生。叶片长13.5cm，宽6.3cm，叶片长椭圆形，叶色绿色，叶面隆起，叶身内折，叶肉厚，叶缘微波，叶尖钝尖，叶脉11～13对，叶齿锐度锐、深度中、密度密。芽叶肥壮、黄绿色、茸毛多，一芽三叶百芽重129.6g。花冠直径4.30cm×3.70cm，花瓣6～7枚，花柱先端3裂，子房茸毛多。结实性强，果实直径2.54cm×1.61cm，种皮黑褐色，种径1.52cm×1.37cm，种子百粒重145.50g。春茶开采期在3月中旬。产量高，每667m^{2}可产干茶165.00kg左右。春茶一芽二叶干样含水浸出物45.36%、茶多酚22.83%、游离氨基酸3.09%、儿茶素总量14.50%、咖啡碱4.13%。适制红茶、绿茶和普洱茶。制红茶，香气高锐，滋味浓、鲜爽；制绿茶，香气清高，滋味醇厚；制普洱生茶，香气馥郁高扬、持久，滋味甘醇、饱满协调。

适栽地区及栽培技术要点：适宜于云南茶区雨季种植。深挖种植沟，施足基肥，1年生茶苗移栽，宜采用双行单株或单行单株种植，每667m^{2}植1500～2000株左右，严格多次低位定型修剪。

4. 鸣凤山大叶茶

Camellia sinensis var. *assamica* cv. 'Mingfengshan-dayecha'

有性系。乔木型，大叶类，早生种。

来源及分布： 原产于云南省临沧市永德县明朗乡岩岸山村。主要分布在该地。

特征特性： 植株高大，树姿开张，分枝较密，叶片稍上斜状着生。叶长15.8cm，宽6.1cm，叶片长椭圆形，叶面隆起，叶色绿色，叶身背卷，叶质柔软，叶缘微波，叶尖急尖，叶脉12～14对，叶齿锐度中、深度中、密度密。芽叶黄绿色，茸毛多，一芽三叶百芽重151.0g。花冠直径4.50cm×4.10cm，花瓣6～8枚，花瓣白色，花柱先端3裂，子房茸毛多。结实性强。茶果直径3.3cm×3.1cm，种子近球形，种皮黑褐色，种径1.18cm×1.45cm，种子百粒重150.30g。产量高，每667m^{2}可产干茶150.00kg左右。春茶一芽二叶干样含水浸出物46.30%、茶多酚23.32%、游离氨基酸3.30%、儿茶素总量15.60%、咖啡碱4.80%。适制绿茶、普洱茶。制绿茶，条索肥硕显毫，汤色明亮、香气鲜醇，滋味醇和；制普洱生茶，香气馥郁、持久，滋味醇厚、回甘。抗寒性中等。

适栽地区及栽培技术要点： 适宜于云南茶区雨季种植。1年生茶苗移栽，宜采用双行单株或单行单株种植，每667m^{2}植1500～2000株左右，严格多次低位定型修剪。

5. 南京大叶茶

Camellia sinensis var. *assamica* cv. ‘Nanjing-dayecha’

有性系。乔木型或小乔木型，大叶类，早生种。

来源及分布：原产于云南省临沧市双江县勐勐镇南宋村委会南京自然村。主要分布在该乡。

特征特性：植株高大，树姿开张，分枝较密，叶片稍上斜状着生。叶片长16.2cm，宽7.2cm，叶片椭圆形或披针形，叶身稍内折，叶面隆起，叶色深绿色，叶缘微波，叶肉厚，叶质软，叶脉11～14对，叶齿锐度锐、深度浅、密度中，叶尖渐尖。芽叶肥壮、茸毛多，一芽三叶长7.3cm，一芽三叶百芽重170.0g。花冠直径为3.90cm×4.40cm，花瓣6～7枚，花瓣色泽白带绿，花柱先端3裂，子房茸毛多。结实性强。茶果直径2.70cm×1.82cm，种子直径1.30cm×1.54cm，种子百粒重195.00g。发芽早，生长势强。春茶开采期在2月底3月初。产量高，每667m^2可产干茶160.00kg左右。春茶一芽二叶干样含水浸出物45.48%、茶多酚24.13%、游离氨基酸2.32%、儿茶素总量13.68%、咖啡碱4.71%。适制红茶、绿茶和普洱茶。制工夫红茶，条索肥硕、金毫特显、色泽乌润，汤色红艳，香气高鲜，滋味醇和爽口；制红碎茶，外形颗粒紧结、身骨重实，汤色红亮、金圈突出，香气鲜爽，滋味浓强；制绿茶，外形色泽绿润、白毫显露、条索紧直，香气清香，滋味鲜纯；制普洱生茶，香气高扬、持久，滋味醇厚。抗寒性弱。

适栽地区及栽培技术要点：适宜于云南茶区雨季种植。1年生茶苗移栽，宜采用双行单株或单行单株种植，每667m^{2}种植1500 ~ 2000株左右，严格多次低位定型修剪。

第二节

无性系品种

一、授权（申请）植物新品种保护品种

云茶普蕊

Camellia sinensis var. *assamica* cv. ‘Yuncha-purui’

无性系。乔木型，大叶类，中生种。

来源及分布：由云南省农业科学院茶叶研究所从双江勐库群体品种中采用单株育种法育成。在云南省西双版纳州有栽培。保山、大理、德宏等地有引种。2009年4月申请国家农业部植物新品种权，申请号：20090203.2；2015年11月国家农业部授予植物新品种权，品种权号：CNA20090203.2。

特征特性：植株高大，树姿开张，分枝稀，叶片稍下垂状着生。叶片长椭圆形，叶色深绿色、有光泽，叶身背卷，叶面隆起，叶缘微波，叶齿

锐度钝、深度浅、密度中，叶肉厚，叶质软，叶尖渐尖。芽叶肥壮，黄绿色，茸毛多，新梢叶柄基部有花青甙显色，一芽三叶百芽重176.00g。花冠直径3.49cm × 3.57cm，花瓣5 ~ 8枚，花柱先端3裂，子房有茸毛。结实性强。果实直径2.07cm × 1.63cm，种皮黑褐色，种径1.50cm × 1.36cm，种子百粒重135.00g。芽叶生育力较强，新梢年生长5轮。春茶萌发期在2月下旬，开采期在3月下旬。产量较高，每667m^{2}可产干茶136.67kg。春茶一芽二叶干样含水浸出物51.40%、游离氨基酸3.10%、茶多酚29.80%、儿茶素总量17.87%、咖啡碱4.50%。适制红茶、普洱茶。制红茶，外形条索肥大、整齐，色黑润，汤色浓艳，香气高，滋味浓强，叶底红亮；制普洱生茶，香气清香，滋味醇浓，叶底黄亮；制普洱熟茶，汤色红浓明亮，香气醇正，滋味醇厚。抗寒能力强于云南大叶群体品种，抗病能力中等。

适栽地区及栽培技术要点：适宜于最低温度0℃以上的西南和华南茶区。双行单株或单行单株条栽。每667m^{2}种植2500 ~ 3000株左右。采用铺草覆盖和种植绿肥进行抗旱保苗，严格定型修剪。

二、省级审（认）定品种

1. 云抗 37 号

Camellia sinensis var. *assamica* cv. ‘Yunkang 37’

无性系。乔木型，大叶类，中生种。

来源及分布：由云南省农业科学院茶叶研究所从勐库群体品种中采用单株育种法育成。在云南西双版纳、普洱、临沧、大理等地有栽培。1995年云南省农作物品种审定委员会认定为省级品种。编号：滇茶九号。

特征特性：植株高大，主干显，树姿开张，分枝较密，叶片上斜状着生。叶片长椭圆形，叶色绿色、有光泽，叶身较平，叶面微隆起，叶缘波状，叶齿锐度锐、深度中、密度密，叶质软，叶尖急尖。芽叶肥壮，黄绿色，茸毛多，一芽三叶百芽重180.00g。花冠直径3.48cm × 3.33cm，花瓣7枚，花柱先端3裂，子房有茸毛。结实性强。果实直径1.57cm × 2.51cm，种皮黑褐色，种径1.05cm × 1.27cm，种子百粒重130.40g。芽叶生育力强，新梢年生长5轮。春茶开采期在4月上旬。产量高，每667m^{2}产干茶180.00kg左右。春茶一芽二叶干样含水浸出物49.80%、游离氨基酸

2.60%、茶多酚29.80%、儿茶素总量16.62%、咖啡碱5.00%。适制红茶、绿茶和普洱茶。制红碎茶，香气高爽，滋味浓爽；制工夫红茶，香气高香持久，滋味鲜爽、醇和；制绿茶，香气高鲜，滋味浓强鲜爽；制普洱生茶，香气清香浓郁，滋味醇厚回甘；制普洱熟茶，香气馥郁、透花香，滋味较甜醇。抗寒性弱，扦插繁殖力较强。

适栽地区及栽培技术要点：适宜于最低温度-5℃以上的云南茶区。宜采用双行单株种植，亩栽2600~3000株。严格定型修剪，3次修剪高度分别为15~20cm、30~35cm、40~50cm。投产后需及时预防茶云纹叶枯病与茶饼病。

2. 云选九号

Camellia sinensis var. *assamica* cv. ‘Yunxuan 9’

无性系。乔木型，大叶类，中生种。

来源及分布：由云南省农业科学院茶叶研究所于1975—1995年从勐库群体品种中采用单株育种法育成。在云南西双版纳、普洱、临沧、大理等地有栽培。1995年云南省农作物品种审定委员会认定为省级品种。编号：滇茶十号。

特征特性：植株高大，主干显，树姿开张，分枝密度稀，叶片下垂状着生。叶片长椭圆形，叶色绿色，叶面隆起，叶缘微波，叶齿锐度钝、深度中、密度密，叶肉厚，叶质较软，叶尖渐尖。芽叶肥壮，黄绿色，茸毛多，一芽三叶百芽重210.00g。花冠直径3.62cm × 3.31cm，花瓣6 ~ 7枚，花柱先端3裂，子房有茸毛。结实性强。果实直径1.29cm × 1.53cm，种皮棕褐色，种径1.35cm × 1.04cm，种子百粒重110.00g。芽叶生育力强，新梢年生长5 ~ 6轮。春茶开采期在3月中旬。产量中等，每667m^2产干茶120.00kg。春茶一芽二叶干样含水浸出物51.40%、游离氨基酸2.90%、茶多酚25.53%、儿茶素总量15.72%、咖啡碱3.90%。适制红茶、普洱茶。制红碎茶，香气较高长，滋味浓强较鲜；制工夫红茶，香气甜香，滋味浓醇；制普洱生茶，香气清香浓郁，滋味醇厚回甘。抗寒性弱，扦插繁殖力较强。

适栽地区及栽培技术要点：海拔830～1800m，年降雨量730～1490mm，最低温度-5℃以上的云南茶区。宜采用双行单株种植，每667m^{2}栽2600～3000株。严格定型修剪，3次修剪高度分别为15～20cm、30～35cm、40～50cm。投产后需及时预防茶云纹叶枯病和茶轮斑病。

三、待登记品种

1. 云选一号

Camellia sinensis var. *assamica* cv. ‘Yunxuan 1’

无性系。乔木型，大叶类，早生种。

来源及分布：由云南省农业科学院茶叶研究所从双江勐库大叶茶群体种中采用单株育种法育成。在云南西双版纳种植。

特征特性：植株高大，主干明显，树姿开张，分枝密度稀，叶片水平状着生。叶片长椭圆形，叶色深绿色，有光泽，叶面隆起，叶缘微波，叶齿锐度钝、深度浅、密度中，叶肉厚，叶质较软，叶尖钝尖。花冠直径4.10cm × 3.60cm，花瓣6 ~ 7枚，花柱先端3裂，子房茸毛多。结实性强，果实直径1.43cm × 2.11cm，种皮棕褐色，种径1.36cm × 1.52cm，种子百粒重180.00g。芽叶肥壮，黄绿色，茸毛多，一芽三叶百芽重156.0g。芽叶生育力强，新梢年生长5轮。春茶萌发期在2月中旬，开采期在3月中旬。每667m^2干茶产量为119.55kg。春茶一芽二叶干样含水浸出物45.13%、游离氨基酸2.77%、茶多酚25.08%、儿茶素总量11.37%、咖啡碱4.6%。适制红茶、普洱茶。制工夫红茶，条索黑润，整齐，毫金黄色，汤色红浓，香气高，滋味浓强；制红碎茶，外形黑润，颗粒紧结，汤色红浓，香气纯正稍鲜，滋味醇和，叶底红亮匀嫩；制普洱生茶，香气浓郁、带花香、纯正，滋味较醇。抗寒能力比云南大叶群体种强。抗病虫能力较强。扦插繁殖力较强。

适栽地区及栽培技术要点：适宜于最低温度0℃以上的云南茶区种植。宜采用双行单株种植，每667m²栽2000～2500株。严格3次定型修剪，修剪高度分别为15～20cm、30～35cm、40～50cm。注意抗旱保苗，加强肥培管理。

2. 云选二号

Camellia sinensis var. *assamica* cv. 'Yunxuan 2'

无性系。乔木型，特大叶类，中生种。

来源及分布：由云南省农业科学院茶叶研究所从双江勐库大叶茶群体种中采用单株育种法育成。在云南西双版纳种植。

特征特性：植株高大，树姿开张，分枝较密，叶片稍下垂状着生。叶片长椭圆形，叶色黄绿色，叶面隆起，叶缘微波，叶齿锐度中、密度中、深度浅，叶质中，叶尖渐尖。芽叶肥壮，黄绿色，茸毛多、密，一芽三叶百芽重131.00g。花冠直径3.80cm × 3.70cm，花瓣6枚，花柱先端3裂、裂位高，子房有茸毛。结实性强。果实直径3.03cm × 1.62cm，种皮棕褐色，种径1.53cm × 1.42cm，种子百粒重156.00g。春茶萌发期在3月上旬。每667m^{2}干茶产量为110.00kg。春茶一芽二叶干样含水浸出物43.10%、游离氨基酸2.68%、茶多酚26.19%、儿茶素总量11.65%、咖啡碱4.09%。适制红茶、普洱茶。制红碎茶，外形黑褐稍润，颗粒紧实，汤色红艳稍浓，香气纯正，滋味醇和，叶底红亮匀嫩；制普洱生茶，香气高扬，滋味浓。抗寒能力较弱。

适栽地区及栽培技术要点：适宜于最低温度0℃以上的云南茶区种植。宜采用双行单株种植，每667m^{2}栽2000 ~ 2500株。严格定型修剪，3次修剪高度分别为15 ~ 20cm、30 ~ 35cm、40 ~ 50cm。注意抗旱保苗，加强肥培管理。

3. 云选四号

Camellia sinensis var. *assamica* cv. 'Yunxuan 4'

无性系。乔木型，大叶类，中生种。

来源及分布：由云南省农业科学院茶叶研究所从双江勐库大叶茶群体种中采用单株育种法育成。在云南西双版纳种植。

特征特性：植株高大，树姿开张，分枝密度稀，叶片稍下垂状着生。叶片长椭圆形，叶色黄绿色，叶面微隆起，叶缘微波，叶齿锐度钝、密度密、深度浅，叶肉较厚，叶质较软，叶尖渐尖。芽叶肥壮、黄绿色、茸毛多，一芽三叶百芽重163.00g。花冠直径3.80cm × 4.00cm，花瓣6 ~ 7枚，花柱先端3裂，子房茸毛多。结实性强，果实直径3.03cm × 1.62cm，种皮棕褐色，种径1.49cm × 1.73cm，种子百粒重156.00g。芽叶生育力强，新梢年生长5轮。春茶萌发期在3月上旬。产量较高，每667m^{2}干茶产量120.80kg。春茶一芽二叶干样含水浸出物40.50%、游离氨基酸2.79%、茶多酚18.81%、儿茶素总量11.90%、咖啡碱4.20%。适制红茶、普洱茶。制红碎茶，外形黑褐稍润，颗粒紧结，汤色红艳，香气纯正带鲜，滋味浓强鲜，叶底红亮；制普洱生茶，香气浓郁高扬，滋味浓厚。扦插繁殖力较强。

适栽地区及栽培技术要点：适宜于云南茶区种植。宜采用双行单株种植，每667m^{2}栽2000 ~ 2500株。严格定型修剪，3次修剪高度分别为15 ~ 20cm、30 ~ 35cm、40 ~ 50cm。注意抗旱保苗，加强肥培管理。

4. 云选五号

Camellia sinensis var. *assamica* cv. ‘Yunxuan 5’

无性系。乔木型，特大叶类，中生种。

来源及分布：由云南省农业科学院茶叶研究所从双江勐库大叶茶群体种中采用单株育种法育成。在云南西双版纳种植。

特征特性：植株高大，树姿开张，分枝较密，叶片稍下垂状着生。叶片长椭圆形，叶色黄绿色，叶面隆起，叶缘微波，叶齿锐度中、密度中、深度中，叶质中，叶尖渐尖。芽叶肥壮、黄绿色、茸毛密度中，一芽三叶百芽重154.00g。花冠直径3.80cm × 3.60cm，花瓣6 ~ 7枚，花柱先端3裂，子房茸毛多。结实性强，果实直径2.29cm × 1.87cm，种皮棕褐色，种径1.26cm × 1.39cm，种子百粒重152.00g。芽叶生育力强，新梢年生长5轮。春茶萌发期在2月下旬，开采期在3月下旬。产量高，每667m^{2}干茶产量144.00kg。春茶一芽二叶干样含水浸出物47.50%、游离氨基酸2.85%、茶多酚24.15%、儿茶素总量14.72%、咖啡碱4.60%。适制红茶、普洱茶。制红碎茶，外形乌黑油润，颗粒紧实，汤色红艳，香气纯正带鲜香，滋味醇和，叶底红亮；制普洱生茶，香气浓郁、带花香，滋味浓。扦插繁殖力较强。

适栽地区及栽培技术要点：适宜于云南茶区种植。宜采用双行单株种植，每667m^{2}栽2000 ~ 2500株。严格定型修剪，3次修剪高度分别为15 ~ 20cm、30 ~ 35cm、40 ~ 50cm。注意抗旱保苗，加强肥培管理。

5. 云选六号

Camellia sinensis var. *assamica* cv. ‘Yunxuan 6’

无性系。乔木型，特大叶类，中生种。

来源及分布：由云南省农业科学院茶叶研究所从双江勐库大叶茶群体种中采用单株育种法育成。在云南西双版纳种植。

特征特性：植株高大，树姿开张，分枝密度稀，叶片稍下垂状着生。叶片长椭圆形，叶色黄绿色，叶面微隆起，叶缘波或平，叶齿锐度中、密度密、深度中，叶质中，叶尖急尖。芽叶肥壮，黄绿色，茸毛多、密，一芽三叶百芽重109.00g。花冠直径3.20cm×4.00cm，花瓣6～7枚，花柱先端3裂，子房茸毛多。结实性强，果实直径1.73cm×1.48cm，种皮棕褐色，种径1.35cm×1.20cm，种子百粒重110.00g。芽叶生育力强，新梢年生长5～6轮。春茶萌发期在2月下旬。产量高，每667m^{2}干茶产量150.57kg。春茶一芽二叶干样含水浸出物40.50%、游离氨基酸2.92%、茶多酚20.18%、儿茶素总量11.36%、咖啡碱4.06%。适制红茶、普洱茶。制红碎茶，外形乌黑油润，颗粒紧实，汤色红艳，香气甜香，滋味纯正，叶底红亮匀嫩；制普洱生茶，香气纯正，滋味浓醇。扦插繁殖力较强。

适栽地区及栽培技术要点：适宜于云南茶区种植。宜采用双行单株种植，每667m^{2}栽2600～3000株。严格定型修剪，3次修剪高度分别为15～20cm、30～35cm、40～50cm。注意抗旱保苗，加强肥培管理。

6. 云选十号

Camellia sinensis var. *assamica* cv. ‘Yunxuan 10’

无性系。乔木型，大叶类，中生种。

来源及分布：由云南省农业科学院茶叶研究所从双江勐库大叶茶群体种中采用单株育种法育成。在云南西双版纳种植。

特征特性：植株高大，主干明显，树姿开张，分枝较密，叶片稍上斜状着生。叶片长椭圆形，叶色绿色，叶面隆起，叶缘平，叶齿锐度中、密度密、深度中，叶质中，叶尖急尖。芽叶肥壮，黄绿色，茸毛多、密，一芽三叶百芽重123.00g。花冠直径3.90cm×3.90cm，花瓣7枚，花柱先端3裂、裂位高，子房有茸毛。果实直径1.61cm×3.15cm，种皮棕褐色，种径0.89cm×1.70cm，种子百粒重131.90g。芽叶生育力强，新梢年生长5轮。春茶萌发期在2月中旬，开采期在3月下旬。每667m^2干茶产量112.27kg。春茶一芽二叶干样含水浸出物43.50%、游离氨基酸2.55%、茶多酚22.06%、儿茶素总量15.10%、咖啡碱4.36%。适制红茶、绿茶和普洱茶。制红碎茶，外形乌黑油润，汤色红艳，香气纯正带鲜，滋味醇正稍强，叶底红亮匀嫩；制绿茶，外形欠紧结，稍润，汤色绿明亮，香气纯正，滋味较浓，叶底绿嫩明亮；制普洱生茶，香气浓郁上扬、花香显，滋味甜、较醇，抗寒能力弱。抗病虫、抗旱能力较强。扦插繁殖力较强。

适栽地区及栽培技术要点：适宜于云南茶区种植。宜采用双行单株或单行单株种植，每667m^2栽1500～2000株。严格定型修剪，3次修剪高度分别为15～20cm、30～35cm、40～50cm。

7. 云选十二号

Camellia sinensis var. *assamica* cv. ‘Yunxuan 12’

无性系。乔木型，大叶类，中生种。

来源及分布： 由云南省农业科学院茶叶研究所从双江勐库大叶茶群体种中采用单株育种法育成。在云南西双版纳种植。

特征特性： 植株高大，主干明显，树姿开张，分枝较密，叶片下垂状着生。叶片长椭圆形，叶色绿色，叶面隆起，叶缘波，叶齿锐度中、密度密、深度深，叶质中，叶尖渐尖。芽叶肥壮，黄绿色，茸毛密度中，一芽三叶百芽重123.00g。花冠直径4.10cm × 4.00cm，花瓣6枚，花柱先端3裂、裂位高，子房有茸毛。果实直径1.05cm × 3.12cm，种皮棕褐色，种径0.74cm × 1.56cm，种子百粒重110.0g。芽叶生育力强，新梢年生长5轮。春茶萌发期在2月上旬，开采期在3月中旬。产量高，每667m^{2}干茶产量164.02kg。春茶一芽二叶干样含水浸出物46.30%、游离氨基酸2.58%、茶多酚21.92%、儿茶素总量14.39%、咖啡碱4.93%。适制红茶、绿茶和普洱茶。制红碎茶，汤色红浓，香气纯正，滋味醇正，叶底红匀嫩；制绿茶，外形紧直，墨绿显毫，汤色绿明亮，香气清香，滋味浓厚，叶底绿稍亮；制普洱生茶，香气浓郁、花香显、持久，滋味浓厚回甘。扦插繁殖力较强。

适栽地区及栽培技术要点： 适宜于云南茶区种植。宜采用双行单株或单行单株种植，每667m^{2}栽1500 ~ 2000株。严格定型修剪，3次修剪高度分别为15 ~ 20cm、30 ~ 35cm、40 ~ 50cm。注意预防茶饼病。

8. 云选十四号

Camellia sinensis var. *assamica* cv. 'Yunxuan 14'

无性系。乔木型，大叶类，中生种。

来源及分布： 由云南省农业科学院茶叶研究所从双江勐库大叶茶群体种中采用单株育种法育成。在云南西双版纳种植。

特征特性： 植株高大，主干明显，树姿开张，分枝较密，叶片下垂状着生。叶片椭圆形，叶色绿色，叶面隆起，叶缘微波或平，叶齿锐度中、密度密、深度中，叶质中，叶尖渐尖。芽叶肥壮，黄绿色，茸毛多、密，一芽三叶百芽重126.00g。花冠直径4.20cm×4.10cm，花瓣5~8枚，花柱先端3裂、裂位高或中，子房有茸毛。果实直径1.59cm×3.03cm，种皮棕褐色，种径1.08cm×1.51cm，种子百粒重129.3g。芽叶生育力强，新梢年生长5轮。春茶萌发期在2月下旬，开采期在3月下旬。产量高，每667m^2干茶产量143.34kg。春茶一芽二叶干样含水浸出物47.50%、游离氨基酸2.63%、茶多酚22.40%、儿茶素总量15.61%、咖啡碱5.15%。适制红茶、绿茶、普洱茶。制红碎茶，汤色红亮，香气纯正，滋味浓稍强，叶底红亮匀嫩；制绿茶，外形紧结、锋苗短、绿润，汤色绿明亮，香气清香，滋味浓厚，叶底绿亮；制普洱生茶，香气浓郁、带果香、持久，滋味浓厚回甘、微涩。扦插繁殖力较强。

适栽地区及栽培技术要点： 适宜于云南茶区种植。宜采用双行单株或单行单株种植，每667m^2栽1500~2000株。严格定型修剪，3次修剪高度分别为15~20cm、30~35cm、40~50cm。注意预防蓟马。

9. 云选十五号

Camellia sinensis var. *assamica* cv. ‘Yunxuan 15’

无性系。乔木型，大叶类，中生种。

来源及分布：由云南省农业科学院茶叶研究所从双江勐库大叶茶群体种中采用单株育种法育成。在云南西双版纳种植。

特征特性：植株高大，主干明显，树姿开张，分枝较密，叶片稍下垂状着生。叶片长椭圆形，叶色黄绿色，叶面微隆起，叶缘微波状，叶齿锐度中、密度中、深度中，叶质中，叶尖急尖。芽叶肥壮，黄绿色，茸毛多、密，一芽三叶百芽重157.00g。花冠直径4.10cm × 3.80cm，花瓣6 ~ 7枚，花柱先端3裂、裂位高或中，子房有茸毛，果实直径1.42cm × 2.51cm，种皮棕褐色，种径1.05cm × 1.50cm，种子百粒重130.0g。春茶萌发期在2月中旬。每667m^{2}干茶产量104.00kg。春茶一芽二叶干样含水浸出物48.15%、游离氨基酸2.74%、茶多酚22.02%、儿茶素总量15.43%、咖啡碱2.70%。适制红茶、普洱茶。制红碎茶，外形黑褐尚润，颗粒紧实，汤色红亮，香气高，滋味浓醇稍强，叶底红亮、匀；制普洱茶，香气浓郁、持久，滋味尚浓、微涩。扦插繁殖力较强。

适栽地区及栽培技术要点：适宜于云南茶区种植。宜采用双行单株种植，每667m^{2}栽2600 ~ 3000株。严格定型修剪，3次修剪高度分别为15 ~ 20cm、30 ~ 35cm、40 ~ 50cm。注意抗旱保苗，加强肥培管理。

10. 云选十六号

Camellia sinensis var. *assamica* cv. 'Yunxuan 16'

无性系。乔木型，大叶类，中生种。

来源及分布：由云南省农业科学院茶叶研究所从双江勐库大叶茶群体种中采用单株育种法育成。在云南西双版纳种植。

特征特性：植株高大，主干明显，树姿开张，分枝密度稀，叶片稍下垂状着生。叶片长椭圆形，叶色浅绿色，叶面微隆起，叶缘波状，叶齿锐度中、密度密、深度中，叶质中，叶尖急尖。芽叶肥壮，黄绿色，茸毛特多、密，一芽三叶百芽重130.00g。花冠直径4.50cm × 3.70cm，花瓣6 ~ 7枚，花柱先端3裂、裂位中，子房有茸毛。果实直径1.29cm × 1.73cm，种皮棕褐色，种径1.03cm × 1.46cm，种子百粒重103.0g。春茶萌发期在2月下旬。产量高，每667m^{2}干茶产量156.00kg。春茶一芽二叶干样含水浸出物50.84%、游离氨基酸2.44%、茶多酚26.03%、儿茶素总量14.16%、咖啡碱2.98%。适制红茶、普洱茶。制红碎茶，外形黑尚润，颗粒较紧，汤色红亮，香气纯正，滋味醇正，叶底红亮匀嫩；制普洱生茶，香气上扬、带花香，滋味甜醇、微涩。扦插繁殖力较强。

适栽地区及栽培技术要点：适宜于云南茶区种植。宜采用双行单株或单行单株种植，每667m^{2}栽1500 ~ 2000株。严格定型修剪，3次修剪高度分别为15 ~ 20cm、30 ~ 35cm、40 ~ 50cm。注意预防茶饼病。

11. 76-54号

Camellia sinensis var. *assamica* cv. '76-54'

无性系。乔木型，大叶类，中生种。

来源及分布：由云南省农业科学院茶叶研究所从双江勐库大叶茶群体种中采用单株育种法育成。在云南西双版纳种植。

特征特性：植株高大，主干明显，树姿半开张，分枝密度稀，叶片水平状着生。叶片长椭圆形，叶色深绿色，有光泽，叶面隆起，叶缘微波，叶齿锐度锐、密度密、深度中，叶肉厚，叶质较脆，叶尖渐尖。芽叶肥壮，黄绿色，茸毛多，一芽三叶百芽重127.00g。花冠直径3.70cm×3.20cm，花瓣6～7枚，花柱先端3裂，子房茸毛多。结实性强，果实直径2.13cm×1.26cm，种皮棕褐色，种径0.94cm×1.19cm，种子百粒重169.00g。春茶开采期在3月中旬。产量高，每667m^2干茶产量152.00kg。春茶一芽二叶干样含水浸出物48.08%、游离氨基酸2.80%、茶多酚19.05%、儿茶素总量14.83%、咖啡碱2.39%。适制红茶、普洱茶。制工夫红茶，香气纯正，滋味浓醇稍强；制普洱生茶，香气浓、持久，滋味浓厚。抗寒能力较弱。

适栽地区及栽培技术要点：适宜于海拔1800m以下、年降雨量1500mm、最低温度-2.4℃以上的云南茶区种植。宜采用双行单株种植。严格进行三次定型修剪，高度分别为15～20cm、30～35cm、40～50cm。投产后预防茶小绿叶蝉与茶饼病。

12. 76-58号

Camellia sinensis var. *assamica* cv. '76-58'

无性系。乔木型，大叶类，中生种。

来源及分布： 由云南省农业科学院茶叶研究所从双江勐库大叶茶群体种中采用单株育种法育成。在云南西双版纳种植。

特征特性： 植株高大，主干明显，树姿开张，分枝密度稀，叶片水平状着生。叶片长椭圆形，叶色深绿色，叶面微隆起，叶缘微波，叶身稍内折，叶齿粗浅，叶肉厚，叶质软，叶尖渐尖。花冠直径4.10cm×3.60cm，花瓣7枚，花柱先端3裂，子房茸毛多。结实性强，果实直径1.65cm×1.59cm，种皮棕褐色，种径1.40cm×1.45cm，种子百粒重175.00g。芽叶肥壮，黄绿色，茸毛多。春茶开采期在3月下旬。产量高，每667m^2干茶产量148.00kg。春茶一芽二叶干样含水浸出物50.28%、游离氨基酸2.44%、茶多酚20.60%、儿茶素总量17.50%、咖啡碱2.73%。适制红茶、普洱茶。制工夫红茶，香气甜香，滋味浓醇；制普洱生茶，香气较浓，滋味较浓厚。抗寒能力较弱。

适栽地区及栽培技术要点： 适宜于最低温度-2.4℃以上的云南茶区种植。宜采用双行单株种植。严格进行三次定型修剪，高度分别为15～20cm、30～35cm、40～50cm。投产后预防茶饼病。

13. 76-59 号

Camellia sinensis var. *assamica* cv. ‘76-59’

无性系。乔木型，大叶类，中生种。

来源及分布：由云南省农业科学院茶叶研究所从双江勐库大叶茶群体种中采用单株育种法育成。在云南西双版纳种植。

特征特性：植株高大，树姿开张，分枝密度稀，叶片稍上斜状着生。叶片长椭圆形，叶色浅绿色，叶面隆起，叶缘波状，叶齿锐度中、密度密、深度中，叶质中，叶尖急尖。芽叶肥壮，黄绿色，茸毛多、密，一芽二叶基部花青甙显色，一芽三叶百芽重130.00g。花冠直径3.50cm × 3.60cm，花瓣6枚，花柱先端3裂、裂位高，子房有茸毛。果实直径1.26cm × 3.00cm，种皮棕褐色，种径0.99cm × 1.57cm，种子百粒重160.0g。芽叶生育力强，发芽较密。新梢持嫩性强，产量较高，每667m^{2}干茶产量124.00kg。春茶一芽二叶干样含水浸出物49.45%、游离氨基酸2.53%、茶多酚21.54%、儿茶素总量18.10%、咖啡碱3.25%。适制红茶、普洱茶。制工夫红茶，汤色红亮，香气浓，滋味浓强，叶底红亮；制普洱生茶，香气纯正，滋味较浓。抗病及抗寒能力中等。

适栽地区及栽培技术要点：适宜于云南茶区种植。宜采用双行单株种植。严格进行三次定型修剪，高度分别为15 ~ 20cm、30 ~ 35cm、40 ~ 50cm。投产后预防茶饼病。

14. 庆丰

Camellia sinensis var. *assamica* cv. 'Qingfeng'

无性系。小乔木型，中叶类，早生种。

来源及分布：由云南省楚雄州茶桑站从牟定县庆丰茶场引种的双江勐库群体种中单株选种法育成，主要在楚雄州各产茶县推广种植。

特征特性：植株较高大，树姿半开张，分枝密度中等，叶片上斜状着生。叶片椭圆形，叶色黄绿色、富光泽，叶身稍内折，叶面隆起，叶缘波状，叶齿锐度中、密度密、深度中，叶肉厚，叶质软，叶尖骤尖。芽叶黄绿色，茸毛多，一芽三叶百芽重144.32g。花冠直径3.40cm × 4.40cm，花瓣5 ~ 6枚，花柱先端3裂，子房有茸毛。结实性强。果实直径2.39cm × 2.01cm，种皮棕褐色，种径1.53cm × 1.44cm，种子百粒重210.00g。新梢伸育快，生长势强，发芽密，年生长6轮，持嫩性强。春茶开采期在3月上旬。产量高，每667m^{2}可产干茶169.20kg。春茶一芽二叶干样含水浸出物48.79%、游离氨基酸5.58%、茶多酚23.24%、儿茶素总量14.69%、咖啡碱5.81%。适制红茶、普洱茶。制工夫红茶，香气甜香较浓，滋味浓强；制普洱生茶，香气纯正，滋味浓厚回甘、微涩。抗叶瘿螨力弱。扦插和移栽成活率均高。

适栽地区及栽培技术要点：适宜于云南茶区种植。要求土层深厚，多施基肥，每667m^{2}植3000株左右，双行双株或双行单株条栽。严格三次定型修剪，投产后注意及时防治螨类。

15. 早发 2 号

Camellia sinensis var. *assamica* cv. 'Zaofa 2'

无性系。小乔木型，大叶类，中生种。

来源及分布：由楚雄州茶桑站从引种的双江群体种中采用单株育种法育成。主要在楚雄州各产茶县推广种植。

特征特性：植株高大，主干明显，树姿半开张，分枝较密，叶片上斜状着生。叶片椭圆形，叶色黄绿色，叶身稍内折，叶面隆起，叶缘波状，叶齿锐度锐、密度中、深度中，叶肉厚，叶质软，叶尖渐尖。芽叶黄绿色、茸毛多，一芽三叶百芽重135.89g。花冠直径3.63cm × 4.30cm，花瓣5 ~ 6枚，花柱先端3裂，子房有茸毛。结实性强。果实直径3.01cm × 1.97cm，种皮棕褐色，种径1.52cm × 1.37cm，种子百粒重210.00g。芽叶生长势强，发芽密，持嫩性强。春茶开采期在3月上旬，一芽三叶盛期在3月底。产量高，每667m^{2}可产干茶149.60kg。春茶一芽二叶干样含水浸出物46.86%、游离氨基酸7.05%、茶多酚24.78%、儿茶素总量10.72%、咖啡碱4.27%。适制红茶、普洱茶。制工夫红茶，香气甜香浓，滋味浓醇；制普洱生茶，香气高扬、持久，滋味较浓醇、微涩。抗病力强，扦插和移栽成活率高。

适栽地区及栽培技术要点：适宜于云南茶区种植。深挖种植沟，施足基肥，每667m^{2}植3500株，双行双株条栽，严格进行三次定型修剪，第一次离地面15 ~ 20cm处剪去主枝，侧枝不剪；第二次离地面30 ~ 35cm剪；第三次离地面40 ~ 50cm剪。投产后及时预防蓟马。

16. 清水4号

Camellia sinensis var. *assamica* cv. ‘Qingshui 4’

无性系。乔木型，特大叶类，中生种。

来源及分布：由凤庆茶叶科学研究所从勐库大叶茶群体种中采用单株育种法育成。在云南临沧市凤庆县种植，普洱、西双版纳、保山等地有引种。

特征特性：植株高大，树姿直立，分枝密度稀，叶片稍上斜状着生。叶片椭圆形，叶色深绿色，叶面隆起，叶缘微波或波状，叶齿锐度锐、密度密、深度中，叶质中，叶尖急尖。芽叶肥壮，黄绿色，茸毛多、密，一芽三叶百芽重180.00g。花冠直径4.80cm×4.60cm，花瓣6枚，花柱先端3裂、裂位低，子房有茸毛。新梢生长势强。春茶开采期在3月下旬。产量较高，每667m^2干茶产量137.72kg。春茶一芽二叶干样含水浸出物46.80%、游离氨基酸1.99%、茶多酚21.72%、儿茶素总量16.25%、咖啡碱4.22%。适制红茶、绿茶、普洱茶。制红碎茶，外形紧结重实，乌黑油润，香气鲜香，滋味浓强；制工夫红茶，香气较高甜，滋味较浓强；制绿茶，香气高锐持久，滋味醇正；制普洱生茶，香气浓郁高扬、花香明显，滋味较甜醇。抗旱性、抗寒力较强。抗病虫能力中等。扦插成活率较高。

适栽地区及栽培技术要点：适宜于云南茶区种植。双行双株或单株种植，每667m^2栽1500～2000株左右。严格低位定型修剪，第一次离地面10cm处剪去主枝，侧枝不剪；第二次离地面25cm处；第三次离地面40cm处；第四次离地面60cm处剪去主枝。投产后及时防治小绿叶蝉、蓟马。

17. 香归银毫

Camellia sinensis var. *assamica* cv. ‘Xiangguiyinhao’

无性系。乔木型，大叶类，中生种。

来源及分布： 由临沧市茶叶科学研究所从勐库大叶茶群体中采用单株育种法育成。在云南临沧市种植，西双版纳、普洱、保山等地有引种。

特征特性： 植株高大，主干明显，树姿开张，分枝较密，叶片水平状着生。叶片长椭圆形，叶色绿色，叶面微隆起，叶缘平，叶齿锐度锐、密度密、深度中，叶质中，叶尖急尖。芽叶肥壮，黄绿色，茸毛多、密，一芽三叶百芽重114.00g。花冠直径4.40cm×3.60cm，花瓣6～7枚，花柱先端3裂、裂位高，子房有茸毛。果实直径1.62cm×3.45cm，种皮棕褐色，种径1.18cm×1.88cm，种子百粒重218.6g。新梢持嫩性较强。产量高，每667m^2可产干茶200.00kg左右。春茶一芽二叶干样含水浸出物47.99%、游离氨基酸1.50%、茶多酚28.04%、儿茶素总量13.50%、咖啡碱4.4%。适制红茶、普洱茶。制工夫红茶，香气有甜香、毫香浓郁，滋味较甘鲜；制普洱生茶，香气浓郁高扬、花香持久，滋味浓厚、微涩。扦插繁殖力较强。

适栽地区及栽培技术要点： 适宜海拔1100～1800m的坝区和山区种植。每667m^2常规种植2500～3000株。采用定剪、轻剪、重剪、台割等方式。定剪目的是培育丰产树架，第一次定剪离地15～20cm，第2、第3次分别提高15～20cm，树冠高度控制在70cm以内。

18. 香归春早

Camellia sinensis var. *assamica* cv. ‘Xiangguichunzao’

无性系。乔木型，大叶类，早生种。

来源及分布：由临沧市茶叶科学研究所采用单株育种法育成。在云南临沧市种植，西双版纳、普洱、保山等地有引种。

特征特性：植株高大，树姿开张，分枝密度稀，叶片水平状着生。叶片椭圆形，叶色黄绿色，叶面微隆起，叶缘微波，叶齿锐度锐、密度中、深度中，叶质中，叶尖急尖。芽叶肥壮，黄绿色，茸毛特多、密，一芽三叶百芽重110.00g。花冠直径4.40cm × 4.20cm，花瓣7枚，花柱先端3裂、裂位高，子房有茸毛。果实直径0.94cm × 3.07cm，种皮棕褐色，种径0.50cm × 1.69cm，种子百粒重178.4g。新梢持嫩性较强。产量较高，每667m^{2}可产干茶138.30kg。春茶一芽二叶干样含水浸出物46.72%、游离氨基酸2.00%、茶多酚24.98%、儿茶素总量15.30%、咖啡碱4.36%。适制红茶、普洱茶。制工夫红茶，香气高甜，滋味浓强、较鲜；制普洱生茶，香气馥郁高扬、果香显，滋味浓厚回甘。扦插繁殖力较强。

适栽地区及栽培技术要点：适宜于云南茶区种植。宜一年生苗移栽，适当增加种植密度，每667m^{2}栽3000株左右。注意抗旱保苗，加强肥培管理。适当压低修剪部位，增加定型次数或采用弯枝压条法培育树冠。

19. 香归临丰

Camellia sinensis var. *assamica* cv. ‘Xiangguilinfeng’

无性系。乔木型，大叶类，中生种。

来源及分布： 由临沧市茶叶科学研究所采用单株育种法育成。在云南临沧市种植，西双版纳、普洱、保山等地有引种。

特征特性： 植株高大，树姿半开张，分枝较密，叶片稍上斜状着生。叶片椭圆形，叶色黄绿色，叶面微隆起，叶缘微波，叶齿锐度中、密度中、深度浅，叶质中，叶尖渐尖。芽叶肥壮，黄绿色，茸毛多、密，一芽三叶百芽重115.00g。花冠直径4.30cm×4.20cm，花瓣6～7枚，花柱先端3裂、裂位高，子房有茸毛。果实直径1.74cm×3.55cm，种皮棕褐色，种径0.93cm×1.91cm，种子百粒重242.6g。新梢持嫩性较强。产量高，每667m^{2}可产干茶158.50kg。春茶一芽二叶干样含水浸出物45.27%、游离氨基酸2.17%、茶多酚20.68%、儿茶素总量16.80%、咖啡碱3.36%。适制红茶、普洱茶。制工夫红茶，香气尚高甜，滋味较浓强；制普洱生茶，香气馥郁、持久，滋味较醇正。扦插繁殖力较强。

适栽地区及栽培技术要点： 适宜于云南茶区种植。每667m^{2}常规种植2500～3000株。采用定剪、轻剪、重剪、台割等方式。定剪目的在培育丰产树架，第一次定剪离地15～20cm，第2、第3次分别提高15～20cm，树冠高度控制在70cm以内。

20. 香归白毫

Camellia sinensis var. *assamica* cv. 'Xiangguibaihao'

无性系。乔木型，大叶类，中生种。

来源及分布：由临沧市茶叶科学研究所采用单株育种法育成。在云南临沧市栽培种植，西双版纳、普洱、保山等地有引种。

特征特性：植株高大，树姿半开张，分枝较密，叶片稍下垂状着生。叶片椭圆形，叶色黄绿色，叶面隆起，叶缘波状，叶齿锐度中、密度密、深度中，叶质中，叶尖急尖。芽叶肥壮，黄绿色，茸毛特多、密，一芽三叶百芽重102.00g。花冠直径4.20cm × 3.80cm，花瓣5 ~ 7枚，花柱先端3裂、裂位高，子房有茸毛。果实直径1.74cm × 3.36cm，种皮棕褐色，种径1.16cm × 1.79cm，种子百粒重202.7g。新梢持嫩性较强。产量较高，每667m^{2}可产干茶127.40kg。春茶一芽二叶干样含水浸出物42.45%、游离氨基酸2.41%、茶多酚19.47%、儿茶素总量18.20%、咖啡碱2.50%。适制红茶、普洱茶。制工夫红茶，香气较鲜甜，滋味浓强、较鲜；制普洱生茶，香气馥郁带花香，滋味浓厚。扦插繁殖力较强。

适栽地区及栽培技术要点：适宜于云南茶区种植。注意适当增加种植密度，每667m^{2}栽3000株左右。适当压低修剪部位，增加定型次数或采用弯枝压条法培育树冠。

21. 香归云丰

Camellia sinensis var. *assamica* cv. ‘Xiangguiyunfeng’

无性系。乔木型，大叶类，中生种。

来源及分布： 由临沧市茶叶科学研究所采用单株育种法育成。在云南临沧市栽培种植，西双版纳、普洱、保山等地有引种。

特征特性： 植株高大，树姿半开张，分枝较密，叶片稍上斜状着生。叶片椭圆形，叶色黄绿色，叶面隆起性强，叶缘平，叶齿锐度锐、密度中、深度中，叶质中，叶尖急尖。芽叶肥壮，黄绿色，茸毛多、密，一芽三叶百芽重110.00g。花冠直径3.90cm × 3.10cm，花瓣6 ~ 7枚，花柱先端3裂、裂位高，子房有茸毛。果实直径1.61cm × 3.58cm，种皮棕褐色，种径1.05cm × 1.76cm，种子百粒重201.4g。产量高，每667m^{2}可产干茶165.20kg。春茶一芽二叶干样含水浸出物46.75%、游离氨基酸3.27%、茶多酚22.38%、儿茶素总量17.50%、咖啡碱3.46%。适制红茶、普洱茶。制工夫红茶，香气甜香，滋味较浓强、较甘鲜；制普洱茶，香气上扬，滋味浓厚回甘、稍带涩。扦插繁殖力较强。

适栽地区及栽培技术要点： 适宜于云南茶区种植。注意适当增加种植密度，每667m^{2}栽3000株左右。适当压低修剪部位，增加定型次数或采用弯枝压条法培育树冠。

22. 普研1号

Camellia sinensis var. *assamica* cv. ‘Puyan 1’

无性系。乔木型，大叶类，中生种。

来源及分布：由云南省普文农场和普洱茶树良种场于2002年从引种的勐库大叶茶群体种中采用单株育种法育成。在普洱、临沧、西双版纳等地有种植。

特征特性：植株高大，树姿半开张，主干较显，分枝部位中，分枝角度较大，分枝较密，叶片稍上斜状着生。叶片椭圆形，叶色绿色，叶面隆起，叶缘波状，叶齿锐度中、密度密、深度中，叶质中，叶尖急尖。芽叶肥壮，黄绿色，茸毛特多、密，一芽三叶百芽重134.00g。花冠直径4.30cm × 4.10cm，花瓣6 ~ 7枚，花柱先端3裂、裂位高，子房有茸毛。果实直径1.54cm × 2.94cm，种皮棕褐色，种径0.88cm × 1.75cm，种子百粒重165.5g。芽叶生育力强，持嫩性好，嫩茎纤细，因芽重梗细常使嫩梢出现弯倒状。发芽密，新梢年生长5 ~ 6轮。春茶开采期在3月上旬，一芽三叶盛期在3月下旬。产量高，每667m^{2}可产干茶190.00kg左右。春茶一芽二三叶干样约含水浸出物44.90%、游离氨基酸1.50%、茶多酚25.13%、儿茶素总量14.75%、咖啡碱5.20%。适制绿茶、普洱茶。制毛峰类绿茶，色泽翠绿，白毫极显露，香气清香，滋味浓醇；制普洱生茶，香气上扬、带花香，滋味尚醇正；制普洱熟茶，汤色红浓、明亮，香气醇正，滋味甘醇。扦插成活率高，苗木生长快而整齐。抗旱性较强，移栽成活率高。开花结实性中。

适栽地区及栽培技术要点：适宜于云南茶区种植。适合熟地或重茬地栽培。需选用足龄壮苗移栽，茶苗定植后要适当遮阳并做好土壤覆盖，宜采用单行单株或双行单株规格种植，每667m^{2}栽1800 ~ 2500株。当枝条达到半木质化时进行定型修剪，重施有机肥。第1次定型修剪位置可适当提高。

23. 白毫2号

Camellia sinensis var. *assamica* cv. ‘Baihao 2’

无性系。乔木型，大叶类，晚生种。

来源及分布：由楚雄州茶桑站从引种的双江群体种中采用单株选种法育成。主要在楚雄州栽培种植。

特征特性：植株高大，树姿开张，分枝较密。叶片长椭圆形，叶色黄绿色，叶身稍内折，叶面隆起，叶缘微波状，叶齿锐度中、密度密、深度浅，叶肉较厚，叶质较软，叶尖渐尖。芽叶肥壮，黄绿色，茸毛特多，一芽三叶百芽重165.50g。花冠直径4.40cm × 3.70cm，花瓣5 ~ 7枚，花柱先端3裂，子房茸毛多。结实性强，果实直径3.03cm × 1.62cm，种皮棕褐色，种径1.53cm × 1.37cm，种子百粒重156.00g。芽叶生长势强，发芽密，持嫩性强。春茶萌发期在3月下旬，开采期在4月下旬。产量较高，每667m^2可产干茶127.50kg。春茶一芽二叶干样含水浸出物46.22%、游离氨基酸2.06%、茶多酚21.73%、儿茶素总量18.33%、咖啡碱3.46%。适制红茶、普洱茶。制工夫红茶，香气甜香，滋味浓爽；制普洱茶，香气浓、持久，滋味较浓醇。扦插和移栽成活率高。

适栽地区及栽培技术要点：适宜于云南茶区种植。深挖种植沟，施足基肥，每667m^2植3500株，双行双株条栽，严格进行三次定型修剪，第一次离地面15 ~ 20cm处剪去主枝，侧枝不剪；第二次离地面30 ~ 35cm剪；第三次离地面40 ~ 50cm剪。投产后及时预防蚧壳虫。

第三节

优异材料

一、生化成分特异材料

（一）高茶多酚材料

1. 公弄茶

Camellia sinensis var. *assamica* cv. ‘gongnongcha’

有性系。乔木，特大叶类，中生种。

来源及分布：原产于云南省临沧市双江县。主要分布在该地茶区。

特征特性：植株高大，树姿半开张。嫩枝茸毛多，叶片稍上斜状着生。叶长17.6cm，叶宽6.1cm，叶片长椭圆形，叶色绿色，叶面微隆起，叶身平，叶脉10～13对，叶齿锐度锐、深度中、密度密，叶尖渐尖。芽叶黄绿色，茸毛多，一芽三叶长9.0cm，一芽三叶百芽重137.8g。花冠直径3.80cm × 3.60cm，花瓣7枚，花柱先端3裂、裂位高，子房茸毛多。结实性强。果实直径2.31cm × 1.83cm，种皮棕褐色，种径1.31cm × 1.64cm，种子百粒重220.00g。发芽密。春茶萌发期在3月中旬，一芽三叶盛期在4月中旬。产量较高，每667m^2可产干茶125.30kg。春茶一芽二叶干样含水浸出物49.57%、游离氨基酸2.40%、茶多酚28.91%、儿茶素总量14.45%、咖啡碱4.35%，属于高多酚特异种质。适制红茶、普洱茶。制红碎茶，香气有甜香，滋味浓较爽；制普洱生茶，香气浓，滋味较醇正。抗寒性弱，对小绿叶蝉抗性为高抗。

适栽地区及开发利用价值：适宜于云南茶区种植。公弄茶富含茶多酚，制红茶和普洱茶品质较优，是选育特色茶树新品种和开发特色茶产品的优异品种资源。

2. 清水大叶茶

Camellia sinensis var. *assamica* cv. 'Qingshui-dayecha'

有性系。乔木型，大叶类，中生种。

来源及分布：原产地为云南省临沧市双江县，后引种至凤庆县栽培种植。主要分布在该县。

特征特性：植株高大，树姿开张，嫩枝茸毛多，叶片上斜状着生。叶长13.30cm，叶宽5.00cm，叶片长椭圆形，叶色绿色，叶面隆起，叶身平，叶脉9～13对，叶齿锐度锐、深度浅、密度中，叶尖急尖。芽叶黄绿色，茸毛多，发芽密度中，一芽三叶长10.39cm，一芽三叶百芽重94.10g。花冠直径3.66cm×3.55cm，花瓣6～7枚，花柱先端3裂、裂位中，子房茸毛多。结实性强，果3～4室，果实直径3.02cm×2.16cm，种皮褐色，种径1.52cm×1.37cm，种子百粒重115.00g。春茶萌发期1月下旬，一芽三叶盛期在3月中旬。产量高，每667m^2可产干茶159.80kg。春茶一芽二叶干样含水浸出物47.12%、游离氨基酸3.29%、茶多酚26.53%、儿茶素总量16.40%、咖啡碱4.80%。制红碎茶，感官审评总分92.90分，香气93.00分，滋味93.50分。该种质既是优良红茶种质又是高多酚特异种质。

适栽地区及开发利用价值：适宜于云南茶区种植。富含茶多酚，制红茶品质优，是选育特色茶树新品种和开发特色茶产品的优异品种资源。

3. 马台大叶茶

Camellia sinensis var. *assamica* cv. 'Matai-dayecha'

有性系。小乔木型，大叶类，中生种。

来源及分布：原产于云南省临沧市双江县。主要分布在该县。

特征特性：植株较高大，树姿开张，嫩枝茸毛中，叶片上斜状着生。叶长16.5cm，叶宽4.6cm，叶片长椭圆形，叶色绿色，叶面隆起，叶脉12对，叶缘波状，叶身平，叶齿锐度锐、深度浅、密度密，叶尖渐尖。芽叶黄绿色，发芽密度中，一芽三叶长9.8cm，一芽三叶百芽重130.3g。花萼5片，花萼绿色、无茸毛，花瓣7枚，花瓣色泽白色，花瓣质地薄，花柱长度1.4cm，花柱先端3裂，子房有茸毛。高多酚特异种质，茶多酚含量28.14%。

适栽地区及开发利用价值：适宜云南茶区种植。马台大叶茶富含茶多酚，是选育特色茶树新品种和开发优异茶产品的珍稀品种资源。

4. 邦东大茶树

Camellia taliensis (W.W.Smith) Melchior cv. 'Bangdong-dachashu'

有性系。小乔木型，大叶类，中生种。

来源及分布：原产于云南省临沧市临翔区邦东乡。

特征特性：树姿半开张。叶片长13.80cm，宽5.20cm，叶片椭圆形，叶色绿色，叶脉11对。芽叶黄绿色，茸毛中。花冠直径3.00cm × 2.70cm，花瓣7枚，花萼5枚、无茸毛，花柱先端3裂，子房有茸毛。果实球形、三角形。春茶一芽二叶干样茶多酚含量25.73%，属于高茶多酚特异种质。

适栽地区及开发利用价值：适宜于云南茶区种植。邦东大茶树富含茶多酚，是选育特色茶树新品种和开发优异茶产品的珍稀品种资源。

5. 大黑茶

Camellia sinensis var. *assamica* cv. ‘Daheicha’

无性系。乔木型，大叶类，早生种。

来源及分布：由云南省农业科学院茶叶研究所从双江勐库大叶茶群体种中采用单株育种法育成。在云南西双版纳有栽培。保山、大理、德宏等地有引种。

特征特性：植株高大，树姿开张，分枝较密，叶片稍下垂状着生。叶片长椭圆形，叶色深绿色，叶身背卷，叶面隆起，叶缘微波，叶齿锐度中、深度浅、密度中，叶肉厚，叶质软，叶尖渐尖。芽叶肥壮，黄绿色，茸毛多，一芽三叶百芽重168.00g。花冠直径4.50cm × 4.00cm，花瓣6 ~ 8枚，花柱先端3裂，子房有茸毛。结实性强，果实直径3.07cm × 1.82cm，种皮棕褐色，种径1.52cm × 1.55cm，种子百粒重230.00g。芽叶生育力较强，新梢年生长5轮。春茶萌发期在2月下旬，开采期在3月下旬。每667m^2干茶产量125.00kg。春茶一芽二叶干样含水浸出物47.42%、游离氨基酸3.40%、茶多酚26.40%、儿茶素总量11.40%、咖啡碱4.70%，属于高多酚特异种质。适制红茶、普洱茶。制工夫红茶，外形条索肥大、整齐，色黑润，汤色红亮，香气高，滋味浓强，叶底红匀；制普洱生茶，香气醇正，滋味浓厚，叶底黄亮；制普洱熟茶，汤色红浓明亮，香气陈香显，滋味醇厚。抗寒能力强于云南大叶群体种。抗病能力中等。

适栽地区及开发利用价值：适宜于最低温度0℃以上的云南茶区。大黑茶叶色深绿，是研究茶树叶片叶绿素、叶黄素、花青素和胡萝卜素等色素合成机制的特异材料。

6. 苍蒲大叶茶

Camellia sinensis var. *assamica* cv. ‘Cangpu-dayecha’

有性系。乔木型，特大叶类，中生种。

来源及分布：原产于云南省临沧市云县。主要分布在该县。

特征特性：植株高大，树姿直立，嫩枝茸毛中，叶片上斜状着生。叶长15.8cm，叶宽6.2cm，叶片长椭圆形，叶色绿色，叶面隆起，叶身平，叶缘平，叶脉12对，叶齿锐度锐、密度中、深度浅，叶质中，叶尖渐尖。芽叶黄绿色，茸毛多，发芽密，一芽三叶长10.5cm，一芽三叶百芽重132.7g。花萼5枚，绿色、无茸毛，花瓣7枚，花瓣色泽白带绿，花瓣质地薄，花柱先端3裂，子房有茸毛。高多酚特异种质，茶多酚含量28.34%。

适栽地区及开发利用价值：适宜云南茶区种植。富含茶多酚，是选育特色茶树新品种和开发特色茶产品的优异品种资源。

（二）高游离氨基酸材料

1. 本山茶1号

Camellia taliensis (W.W.Smith) Melchior cv. 'Benshancha 1'

有性系。乔木型，大叶类，中生种。

来源及分布：原产于云南省临沧市云县。

特征特性：树姿直立，树高10.0m，树幅6.5m × 5.6m，基部干围2.1m。叶长12.6cm，叶宽4.8cm，叶片长椭圆形，叶色深绿色，叶脉9对，叶质硬，叶背主脉无茸毛。芽叶紫绿色，无茸毛。花冠直径6.6cm × 6.5cm，花瓣11枚，花萼5枚、无茸毛，花柱先端5裂，子房有茸毛。果实四方形、梅花形。春茶一芽二叶干样含游离氨基酸4.50%，属于高游离氨基酸特异种质。产量高。制普洱生茶，毛茶显黑色，芽面无毛，外观色泽光滑油亮，经久耐泡。

适栽地区及开发利用价值：适宜云南茶区种植。本山茶1号游离氨基酸含量高，是选育优异茶树新品种和开发特色茶产品的珍稀品种资源。

2. 本山茶 2 号

Camellia taliensis (W.W.Smith) Melchior cv. 'Benshancha 2'

有性系。小乔木型，大叶类，中生种。

来源及分布： 原产于云南省临沧市云县。

特征特性： 树姿直立，树高6.0m，树幅4.5m×4.0m，基部干围2.0m。叶长12.0cm，叶宽4.6cm，叶片长椭圆形，叶色深绿色，叶脉8对，叶质中，叶背主脉无茸毛。芽叶紫绿色，无茸毛。花冠直径6.0cm×6.2cm，花瓣10枚，花萼5枚、无茸毛，花柱先端5裂，子房有茸毛。果实四方形、梅花形。春茶一芽二叶干样含游离氨基酸4.80%，属于高游离氨基酸特异种质。

适栽地区及开发利用价值： 适宜云南茶区种植。本山茶2号游离氨基酸含量高，是选育优异茶树新品种和开发特色茶产品的珍稀品种资源。

3. 本山茶 3 号

Camellia taliensis (W.W.Smith) Melchior cv. 'Benshancha 3'

有性系。小乔木型，大叶类，中生种。

来源及分布：原产于云南省临沧市云县。

特征特性：树姿直立，树高7.0m，树幅5.2m × 3.4m，基部干围1.9m。叶长11.8cm，叶宽4.7cm，叶片长椭圆形，叶色深绿色，叶脉9对，叶质硬，叶背主脉无茸毛。芽叶紫绿色、无茸毛。花冠直径6.6cm × 6.5cm，花瓣11枚，花萼5枚、无茸毛，花柱先端5裂，子房有茸毛。果实四方形、梅花形。春茶一芽二叶干样含游离氨基酸5.00%，属于高游离氨基酸特异种质。

适栽地区及开发利用价值：适宜云南茶区种植。本山茶3号游离氨基酸含量高，是选育优异茶树新品种和开发特色茶产品的珍稀品种资源。

4. 黑条子茶

Camellia sinensis var. *assamica* cv. ‘Heitiaozicha’

有性系。小乔木型，大叶类，中生种。

来源及分布：原产于云南省临沧市云县。主要分布在该县。

特征特性：树姿直立。叶长13.8cm，叶宽6.0cm，叶片椭圆形，叶色深绿色，叶脉8对，叶质中，叶背茸毛少。芽叶黄绿色、有茸毛。花冠直径4.8cm × 5.6cm，花瓣9枚，花萼5片、无茸毛，花柱先端4 ~ 5裂，子房茸毛稀疏。果实直径2.60cm × 1.70cm，果实三角形。产量高。春茶一芽二叶干样含游离氨基酸4.50%，属于高游离氨基酸特异种质。制普洱生茶，外形茸毛比较少，香气高扬，滋味醇厚。

适栽地区及开发利用价值：适宜云南茶区种植。黑条子茶叶色深绿，是研究茶树叶片叶绿素、叶黄素、花青素和胡萝卜素等色素合成机制的特异材料，也是选育优异茶树新品种和开发特色茶产品的珍稀品种资源。

5. 白芽口茶

Camellia sinensis var. *assamica* cv. 'Baiyakoucha'

有性系。小乔木型，大叶类，中生种。

来源及分布：原产于云南省临沧市云县。

特征特性：树姿半开张，嫩枝有茸毛，分枝密。叶长10.8cm，叶宽4.2cm，叶片长椭圆形，叶色绿色（稍黄），叶身稍内折，叶面隆起，叶脉8～10对，叶齿锐度锐、深度中、密度密，叶尖渐尖。芽叶淡绿色，茸毛多。花冠直径3.2cm×3.3cm，花瓣6～8枚，花萼5枚、无茸毛，花柱先端3裂、裂位高，子房茸毛中，果3室。果实直径3.20cm×2.80cm。春茶一芽二叶干样含游离氨基酸5.50%，属于高游离氨基酸特异种质。

适栽地区及开发利用价值：适宜云南茶区种植。白芽口茶是研究茶树芽叶色泽变化机理的宝贵材料，也是选育优异茶树新品种和开发特色茶产品的珍稀品种资源。

6. 红芽口茶

Camellia taliensis (W.W.Smith) Melchior cv. 'Hongyakoucha'

有性系。乔木型或小乔木型，大叶类，中生种。

来源及分布：原产于云南省临沧市双江县。主要分布在该县。

特征特性：树姿直立，分枝中等，叶片上斜状着生。叶片长13.4～17.0cm，宽4.6～5.8cm，叶片长椭圆形，叶色黄绿色，叶脉9～10对，叶面平，叶身内折，叶缘平，叶齿锐度中、深度浅、密度稀，叶质较硬。新梢顶芽紫绿色，一芽一叶、一芽二叶呈红色、红紫色，节茎呈绿色。花冠直径6.00cm×7.50cm，花瓣9～11枚，花瓣色泽白色，子房有茸毛，花柱先端4～5裂，雌蕊高于雄蕊，子房5室、密披茸毛。果室四方形、梅花形，果皮绿色，种子球形。春茶一芽二叶干样含水浸出物47.80%，茶多酚15.70%，游离氨基酸5.40%，咖啡碱4.30%，EGC含量3.40%，CG含量0.2%，ECG含量4.1%，GCG含量2.4%，EGCG含量7.6%，酯型儿茶素含量14.3%，非酯型儿茶素含量7.1%，儿茶素总量21.40%，属于高游离氨基酸特异种质。适制普洱茶。制普洱生茶，外形条索紧结，色泽黑亮，汤色明亮，香气清香，滋味浓强。扦插繁殖力强，成活率高。抗寒、抗旱、抗病虫能力强。

适栽地区及开发利用价值：适宜云南茶区种植。是选育特色茶树新品种和开发特色茶产品的珍稀品种资源，是制作红茶和普洱茶的优良品种资源，是研究野生茶树大理茶芽叶色泽变化机理的宝贵材料。

7. 箐头野茶

Camellia taliensis (W.W.Smith) Melchior cv. ‘Jingtou-yecha’

有性系。乔木型，大叶类，中生种。

来源及分布：原产于云南省临沧市云县。

特征特性：植株高大，树姿直立。叶长13.3cm，叶宽5.2cm，叶片椭圆形，叶色深绿色，叶面隆起，叶脉10对。芽叶绿色，无茸毛。花冠直径6.4cm×7.2cm，花瓣9枚，花柱先端5裂，子房有茸毛。果实四方形、梅花形。春茶一芽二叶干样含游离氨基酸5.60%，属于高游离氨基酸特异种质。

适栽地区及开发利用价值：适宜云南茶区种植。箐头野茶富含游离氨基酸，是研究野生茶树大理茶氨基酸变化机理的宝贵材料，也是选育优异茶树新品种和开发特色茶产品的珍稀品种资源。

8. 白云山野茶

Camellia taliensis (W.W.Smith) Melchior cv. ‘Baiyunshan-yecha’

有性系。乔木型，大叶类，中生种。

来源及分布：原产于云南省临沧市云县。

特征特性：树姿直立。叶长14.4cm，叶宽5.6cm，叶片长椭圆形，叶色深绿色，叶脉11对，叶质硬，叶背主脉无茸毛。芽叶紫绿色，无茸毛。花冠直径7.2cm×6.9cm，花瓣11枚，花萼5片、无茸毛，花柱先端5裂，子房有茸毛。果实四方形、梅花形。春茶一芽二叶干样含游离氨基酸5.20%，属于高游离氨基酸特异种质。

适栽地区及开发利用价值：适宜云南茶区种植。白云山野茶富含游离氨基酸，是研究野生茶树大理茶氨基酸变化机理的宝贵材料，也是选育优异茶树新品种和开发特色茶产品的珍稀品种资源。

（三）高咖啡碱材料

双江筒状大叶茶

Camellia sinensis var. *assamica* cv. ‘Shuangjiang-tongzhuangdayecha’

有性系。乔木型，大叶类，中生种。

来源及分布：原产于云南省临沧市双江县。主要分布在该县。

特征特性：植株高大，树姿开张。嫩枝茸毛多，叶片上斜状着生。叶长14.6cm，叶宽5.0cm，叶片长椭圆形，叶色绿色，叶面隆起，叶身内折，叶脉11～15对，叶齿锐度锐、深度中、密度密，叶尖急尖。芽叶黄绿色，茸毛多，发芽密度中，一芽三叶长9.9cm，一芽三叶百芽重120.5g。花冠直径3.6cm×3.0cm，花瓣6～7枚，花柱先端3裂、裂位高，子房有茸毛。结实性强。果2～4室，果实直径2.60cm×1.71cm，种皮棕褐色，种径1.15cm×1.28cm，种子百粒重176.00g。春茶萌发期在2月上旬，春茶一芽三叶盛期在3月下旬。产量较高，每667m^{2}可产干茶129.40kg。春茶一芽二叶干样含水浸出物49.75%、茶多酚23.09%、游离氨基酸3.74%、儿茶素总量16.03%、咖啡碱5.27%，属于高咖啡碱特异种质。适制红茶、普洱茶。制红碎茶，香气较高甜，滋味尚浓厚；制普洱生茶，香气高扬、带蜜香，滋味浓厚、带涩。抗寒性弱，抗旱能力较强。感茶饼病、小绿叶蝉，扦插繁殖力强。

适栽地区及开发利用价值：适宜云南茶区种植。双江筒状大叶茶咖啡碱含量高，制红茶和普洱茶品质优异，是选育优异茶树新品种和开发特色茶产品的珍稀品种资源。

（四）高 EGCG 材料

双江大叶茶

Camellia sinensis var. *assamica* cv. ‘Shuangjiang-dayecha’

有性系。乔木型，大叶类，中生种。

来源及分布：原产地为云南省双江县。主要分布在该县。

特征特性：植株高大，树姿开张。嫩枝茸毛多，叶片上斜状着生。叶长14.60cm，叶宽5.00cm，叶片椭圆形，叶色绿色，叶面隆起，叶身内折，叶脉11～15对，叶齿锐度中、深度中、密度密，叶尖急尖。芽叶黄绿色，茸毛多，发芽密度中，一芽三叶长9.88cm，一芽三叶百芽重120.50g。花冠直径3.62cm×2.99cm，花瓣5～7枚，花柱先端3裂、裂位高，子房有茸毛。结实性强。果2～4室。果实直径2.75cm×2.34cm，种皮棕褐色，种径1.59cm×1.74cm，种子百粒重172.00g。春茶萌发期2月上旬，一芽三叶盛期在3月下旬。产量高，每667m^2可产干茶156.00kg。春茶一芽二叶干样含水浸出物49.75%、游离氨基酸3.70%、茶多酚23.09%、儿茶素总量17.20%、EGCG含量14.90%、咖啡碱4.22%，属于高EGCG特异种质。制红碎茶，感官审评总分90.50分，香气90.00分，滋味90.00分。抗寒性弱，抗旱能力中等。扦插繁殖力强。

适栽地区及开发利用价值：适宜于云南茶区种植。双江大叶茶EGCG含量高，制红茶品质优异，是选育优异茶树新品种和开发特色茶产品的珍稀品种资源。

（五）高茶黄素材料

1. 大团叶茶

Camellia sinensis var. *assamica* cv. ‘Datuanyecha’

有性系。乔木型，大叶类，中生种。

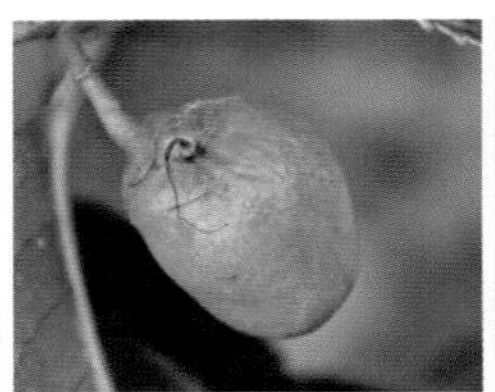

来源及分布：原产地为云南省凤庆县。主要分布在该县。

特征特性：植株高大，树姿半开张，叶片上斜状着生。叶长12.33cm，叶宽5.29cm，叶片椭圆形，叶色黄绿色，叶面微隆起，叶脉8～12对，叶缘微波，叶身平，叶齿锐度锐、深度中、密度中，叶质较硬，叶尖渐尖。芽叶黄绿色、茸毛多，发芽密度中，一芽三叶长9.39cm，一芽三叶百芽重105.00g。花冠直径3.21cm×2.95cm，花瓣6～7枚，花萼5枚，花萼绿色、无茸毛，花瓣色泽白色，花瓣质地薄，花柱长度1.07cm，花柱先端3裂、裂位中，雌蕊相对雄蕊高度低，子房有茸毛。结实性强。果实直径2.53cm×2.14cm，种皮棕褐色，种径1.17cm×1.16cm，种子百粒重70.00g。茶黄素含量1.90%，属于高茶黄素特异种质。

适栽地区及开发利用价值：适宜于云南茶区种植。大团叶茶的茶黄素含量高，是选育优异茶树新品种和开发特色茶产品的珍稀品种资源，可开发制作优质红茶类茶叶产品。

2. 勐库小叶茶

Camellia sinensis cv. 'Mengku-xiaoyecha'

有性系。小乔木型，大叶类，早生种。

来源及分布：原产于云南省临沧市双江县。主要分布于该县。

特征特性：植株高大，树姿半开张，叶片稍下垂状着生。叶长15.5cm，叶宽5.95cm，叶片椭圆形，叶色绿色，叶面微隆起，叶身内折，叶脉14对，叶齿锐度锐、深度中、密度密，叶尖急尖。芽叶黄绿色，茸毛多，一芽三叶长7.82cm，一芽三叶百芽重119.90g。花冠直径3.89cm×3.76cm，花瓣7～8枚，花柱先端3～4裂、裂位高，子房茸毛多，结实性强。果实直径3.30cm×1.90cm，种皮棕褐色，种径1.34cm×1.51cm，种子百粒重215.00g。春茶萌发期早，春茶一芽三叶期在3月中下旬。每667m^{2}产干茶118.40kg。春茶一芽二叶干样含水浸出物44.44%、游离氨基酸2.48%、茶多酚20.73%、儿茶素总量13.43%、咖啡碱4.87%、茶黄素含量1.80%，属于高茶黄素特异种质。适制红茶、绿茶。制红碎茶，香气清高，滋味浓较爽；制绿茶，香气清香持久，滋味醇厚。抗寒性弱。

适栽地区及开发利用价值：适宜云南茶区种植。勐库小叶茶的茶黄素含量高，是选育优异茶树新品种和开发特色茶产品的珍稀品种资源，可开发制作优质红茶类茶叶产品。

二、优质材料

1. 冰岛长叶茶

Camellia sinensis var. *assamica* cv. ‘Bingdao-changyecha’

有性系。乔木型，特大叶类，早生种。

来源及分布：原产于云南省临沧市双江县勐库镇冰岛村。主要分布在该县。

特征特性：植株高大，树姿直立，分枝较密，嫩枝茸毛多，叶片下垂状着生。叶长15.4cm，叶宽6.6cm，叶片长椭圆形，叶色深绿色，叶身内折，叶脉14对，叶面隆起，叶齿锐度锐、深度中、密度密，叶质较软，叶尖渐尖。芽叶黄绿色，茸毛多，一芽三叶长8.8cm，一芽三叶百芽重173.6g。花冠直径3.7cm×3.5cm，花瓣6~7枚，花柱先端3裂，子房茸毛多。结实性中等。果1~3室，果实直径3.48cm×2.06cm，种皮棕褐色，种径1.60cm×1.72cm，种子百粒重270.00g。春茶萌发早，产量高，每667m^{2}可产干茶163.50kg。春茶一芽二叶干样含水浸出物49.72%、游离氨基酸3.36%、茶多酚23.49%、儿茶素总量16.80%、咖啡碱4.87%。适制红茶、普洱茶。制红碎茶，香气尚高甜，滋味浓强；制普洱生茶，香气馥郁高扬、持久，滋味醇厚回甘。抗寒性弱。对茶云纹叶枯病为高抗，对小绿叶蝉为中抗，对咖啡小爪螨、茶轮斑病的抗性为感。

适栽地区及开发利用价值：适宜云南茶区种植。冰岛长叶茶的内含物丰富，制作红茶和普洱茶品质优异，是选育特色茶树新品种和开发特色茶产品的优异品种资源。

2. 茶房迟生种

Camellia sinensis var. *assamica* cv. 'Chafang-chishengzhong'

有性系。乔木型，大叶类，晚生种。

来源及分布：原产于云南省临沧市云县茶房乡。主要分布在该地。

特征特性：植株高大，树姿直立，分枝尚密，嫩枝多毛。叶长13.7cm，叶宽5.4cm，叶片椭圆形，叶色绿色，叶面微隆起，叶质较软，叶身稍内折，叶脉11对，叶齿锐度中、深度中、密度密，叶尖急尖。芽叶黄绿，茸毛多，一芽三叶百芽重104.6g。花冠直径4.20cm × 4.40cm，花瓣5 ~ 7枚，花柱先端3裂，子房茸毛多。结实性弱。果2 ~ 5室，果实直径3.55cm × 1.74cm，种皮棕褐色，种径1.35cm × 1.74cm，种子百粒重215.00g。春茶萌发早。产量较高，每667m^{2}可产干茶136.70kg。春茶一芽二叶干样含水浸出物48.36%、游离氨基酸2.67%、茶多酚22.95%、儿茶素总量14.80%、咖啡碱2.90%。适制红茶、绿茶。制红碎茶，香气清甜，滋味较醇厚。制绿茶，香气尚清高，滋味醇和、尚甘。抗寒性中。对茶云纹叶枯病为高抗。对茶轮斑病、小绿叶蝉为中抗，对咖啡小爪螨为感。

适栽地区及开发利用价值：适宜云南茶区种植。茶房迟生种是选育特色茶树新品种和开发特色茶产品的优异品种资源。

3. 马鞍山大叶茶

Camellia sinensis var. *assamica* cv. 'Maanshan-dayecha'

有性系。乔木型，大叶类，中生种。

来源及分布：原产于云南省临沧市镇康县。主要分布于该县。

特征特性：植株高大，树姿直立，叶片水平状着生。叶片椭圆形，叶色绿色，叶面隆起，叶脉11对，叶齿锐度中、深度中、密度密，叶尖渐尖。芽叶黄绿色，茸毛多，一芽三叶百芽重98.8g。花冠直径3.70cm×4.50cm，花瓣6～7枚，花柱先端3裂，子房茸毛多。结实性强。果1～3室，果实直径2.14cm×1.82cm，种皮黑褐色，种径1.41cm×1.62cm，种子百粒重190.00g。春茶萌发期早，春茶一芽三叶盛期在3月上旬。产量较高，每667m^{2}可产干茶128.50kg。春茶一芽二叶干样含水浸出物42.21%、游离氨基酸2.71%、茶多酚20.07%、儿茶素总量13.95%、咖啡碱5.50%。适制红茶、普洱茶。制红碎茶，香气尚高，滋味浓尚爽；制普洱生茶，香气高、清甜甘爽，滋味甘醇鲜爽。抗寒能力弱。对小绿叶蝉和茶苗根结线虫为抗。

适栽地区及开发利用价值：适宜云南茶区种植。马鞍山大叶茶的内含物丰富，制作红茶和普洱品质优异，是选育特色茶树新品种和开发特色茶产品的优异品种资源。

4. 忙回大叶茶

Camellia sinensis var. *assamica* cv. ‘Manghui-dayecha’

有性系。乔木型，大叶类，早生种。

来源及分布：原产于云南省临沧市临翔区。主要分布于该地。

特征特性：植株高大，树姿半开张，嫩枝茸毛多，叶片水平状着生。叶长13.8cm，叶宽5.5cm，叶片长椭圆形，叶色绿色，叶面微隆起，叶身平，叶脉10 ~ 12对，叶齿锐度锐、深度中、密度密。芽叶黄绿色，茸毛多，一芽三叶长9.2cm，一芽三叶百芽重108.5g。花冠直径4.0cm × 3.6cm，花瓣6 ~ 7枚，花柱先端3裂、裂位高，子房有茸毛。结实性强，果实直径3.58cm × 1.86cm，种皮黑褐色，种径1.51cm × 1.55cm，种子百粒重210.00g。发芽密。产量较高，每667m^{2}可产干茶132.60kg。春茶一芽二叶干样含水浸出物45.63%、游离氨基酸2.76%、茶多酚20.85%、儿茶素总量12.45%、咖啡碱5.22%。适制红茶、普洱茶。制红碎茶，香气尚高，滋味尚浓爽；制普洱生茶，香气浓、欠爽，滋味较醇正。抗寒能力弱，感茶饼病。

适栽地区及开发利用价值：适宜云南茶区种植。忙回大叶茶富含茶多酚和咖啡碱，是选育特色茶树新品种和开发特色茶产品的优异品种资源。

5. 云县大叶茶

Camellia sinensis var. *assamica* cv. 'Yunxian-dayecha'

有性系。乔木型，大叶类，早生种。

来源及分布：原产于云南省临沧市云县。主要分布在该地茶区。

特征特性：植株高大，树姿半开张，叶片水平状着生。叶长14.1cm，叶宽5.4cm，叶片长椭圆形，叶色绿色，叶面微隆起，叶身平，叶脉12对，叶齿锐度中、深度浅、密度密，叶肉中，叶质较软。芽叶黄绿色，茸毛多，一芽三叶长10.90cm，一芽三叶百芽重107.3g。花冠直径4.1cm × 3.7cm， 花瓣6 ~ 9枚，花柱先端3裂、裂位中，子房茸毛少。结实性强，果实直径2.30cm × 1.82cm，种皮黑褐色，种径1.42cm × 1.61cm，种子百粒重174.00g。春茶萌发早，春茶一芽三叶盛期在3月中旬。产量高，每667m^{2}可产干茶154.00kg。春茶一芽二叶干样含水浸出物42.22%、游离氨基酸1.61%、茶多酚20.05%、儿茶素总量15.36%、咖啡碱4.95%。适制红茶、普洱茶。制红碎茶，香气较高，滋味浓爽；制普洱生茶，香气浓郁，滋味醇厚。抗寒性弱。

适栽地区及开发利用价值：适宜云南茶区种植。云县大叶茶是选育特色茶树新品种和开发特色茶产品的优异品种资源。

6. 柳叶茶

Camellia sinensis var. *assamica* cv. ‘Liuyecha’

有性系。小乔木型，大叶类，中生种。

来源及分布：原产于云南省临沧市云县。

特征特性：树姿半开张。叶长11.3cm，叶宽3.6cm，叶片披针形，叶色浅绿色，叶脉9对，叶齿锐度锐、深度中、密度密，叶质中，叶背、主脉有茸毛，叶柄无茸毛。芽叶黄绿色、茸毛多。花冠直径4.5cm × 4.8cm，花瓣7枚，花萼5枚、无茸毛，花柱长度1.4cm，花柱先端3裂、裂位高，子房有茸毛。果实直径2.80cm × 2.00cm，果1 ~ 3室。产量一般。

适栽地区及开发利用价值：适宜云南茶区种植。柳叶茶既可直接选育优质良种，又可作为人工杂交育种的亲本茶树新品种选育，还可开展品质化学鉴定，发掘特异化学成分。

7. 勐拉红梗茶

Camellia sinensis var. *assamica* cv. ‘Mengla-honggengcha’

有性系。小乔木型，大叶类，中生种。

来源及分布：原产于云南省临沧市永德县。主要分布于该县。

特征特性：植株较高大，树姿半开张，叶片上斜状着生。叶长13.15cm，叶宽5.63cm，叶片椭圆形，叶色绿色，叶面隆起，叶脉9～13对，叶缘微波，叶身内折，叶齿锐度锐、深度浅、密度中，叶质柔软，叶尖渐尖。芽叶黄绿色、茸毛多，发芽密，一芽三叶长7.57cm，一芽三叶百芽重74.83g。花冠直径3.52cm×3.27cm，花萼5～6枚，花萼绿色、无茸毛，花瓣6枚，花瓣色泽淡绿色，花瓣质地薄，花柱长度1.23cm，花柱先端3裂、裂位高，雌蕊相对雄蕊高度低，子房有茸毛。果实直径2.97cm×2.82cm，种皮褐色，种径1.63cm×1.62cm，种子百粒重153.00g。春茶萌发期早，春茶一芽二叶期在3月上中旬。春茶一芽二叶干样含水浸出物46.60%、游离氨基酸1.70%、茶多酚28.60%、咖啡碱3.10%、茶黄素含量1.60%，属于高茶黄素特异种质。适制红茶。制红茶香气得分92.0分，滋味得分90.0分，品质总得分91.5分。

适栽地区及开发利用价值：适宜于云南茶区种植。勐拉红梗茶富含茶多酚和茶黄素，是深入研究茶树芽叶色泽变化和选育特色茶树新品种的珍稀品种资源，也是制作红茶的优异品种资源。

8. 东瓜林茶

Camellia sinensis var. *assamica* cv. ‘Donggualincha’

有性系。小乔木型，大叶类，中生种。

来源及分布：原产于云南省临沧市云县。主要分布于该县。

特征特性：植株高大，树姿半开张，叶片水平状着生。叶长14.1cm，叶宽5.8cm，叶片长椭圆形，叶色绿色，叶面微隆起，叶身内折，叶脉11对，叶齿锐度锐、深度中、密度密，叶尖急尖。芽叶黄绿色，茸毛多，一芽三叶长9.0cm，一芽三叶百芽重104.9g。花冠直径3.80cm×3.70cm，花瓣6～7枚，花柱先端3裂、裂位高，子房茸毛多。结实性强，果实直径2.13cm×3.32cm，种皮黑褐色，种径1.58cm×1.52cm，种子百粒重213.00g。春茶发芽期中，春茶一芽三叶盛期在3月中旬。产量较高，每

667m²可产干茶127.90kg。春茶一芽二叶干样含水浸出物42.60%、游离氨基酸1.71%、茶多酚24.27%、儿茶素总量12.40%、咖啡碱4.90%。适制红茶、绿茶。制绿茶，香气尚高爽，滋味尚醇厚；制红碎茶，香气清甜、微有花香，滋味较浓醇。抗寒性弱。

适栽地区及开发利用价值：适宜云南茶区种植。东瓜林茶的内含物丰富，制作红茶品质优异，是选育特色茶树新品种和开发特色茶产品的优异品种资源。

9. 二嘎子茶‘Ergazicha’

可能是大理茶种与普洱茶种自然杂交后代。

有性系。小乔木型，特大叶类，中生种。

来源及分布：原产于云南省临沧市云县。主要分布在该地茶区。

特征特性：树姿半开张，树高10.5m，树幅8.4cm×8.6cm。叶长15.1cm，叶宽6.9cm，叶片椭圆形，叶色绿色，叶身平，叶面微隆起，叶背、主脉、叶柄均有少量茸毛，叶齿锐度钝、深度浅、密度稀。芽叶黄绿色、茸毛少，花冠直径5.8cm×5.6cm，花瓣8～9枚，花柱长度1.6cm，花柱先端4～5裂，子房有茸毛。果实直径3.70cm×3.50cm，果1～4室，种子百粒重174.00g。产量高。适制普洱茶，外形白毫显，香气浓郁，滋味醇厚。

适栽地区及开发利用价值：适宜云南茶区种植。二嘎子茶是选育特色茶树新品种和开发特色茶产品的优异品种资源。

10. 豆蔑茶

Camellia sinensis var. *assamica* cv. ‘Doumiecha’

有性系。灌木型，小叶类，早生种。

来源及分布：原产于云南省临沧市云县。

特征特性：树姿开张。叶长7.8cm，叶宽3.1cm，叶片椭圆形，叶色绿色，叶脉5对，叶质中，叶背、主脉均有茸毛，叶柄茸毛少。芽叶绿色、茸毛中。花冠直径3.2cm×3.0cm，花瓣6枚，花萼5枚、无茸毛，花柱长度0.8cm，花柱先端3裂、裂位高，子房有茸毛。果实直径2.40cm×1.60cm，果1～2室。产量不高。

适栽地区及开发利用价值：适宜云南茶区种植。豆蔑茶可作为人工杂交育种的亲本茶树新品种选育，还可开展品质化学鉴定，发掘特异化学成分。

第四章

勐库大叶种茶树栽培管理

第一节

新茶园建设

茶树是多年生经济作物，一次种植，多年收益，且收益比较稳定。新茶园建设是为了使茶叶持续优质高产、提高劳动生产率而进行的茶园基本建设。建园质量高低直接关系到茶树的长势好坏、产量高低、品质优劣，从而影响经济效益。新茶园建设的基本内容是茶区园林化、茶树良种化、茶园水利化、管理机械化、栽培科学化。勐库大叶种新茶园建设要求选择交通便利、土地平缓、连块成片、排灌方便、土壤微酸、肥沃的土地。建设新茶园必须考虑到茶树的生长发育特点，以及与外界环境条件的密切相关性，做好合理开垦、科学种植、规范管理等一系列基础工作，协调好茶园与生态环境之间的和谐共生关系，做到既要优质高产，又要可持续发展。

一、茶园选址与规划

（一）茶园选址

茶园选址是茶园基本建设内容，是对适宜茶树生长的气候、土壤和地形等环境条件的选择。勐库大叶种新建茶园选址主要是根据茶树喜温、喜酸、耐荫、忌钙等特性，从气候、土壤、地形等方面考察是否适宜。主要包括年平均气温、极端最低气温、年降水量、土壤性质、土壤的通气性、排水性、保水性、土层厚度、地下水位高度等。茶树种植之前，必须对当地的土壤、气候和地形条件进行充分的了解。茶树生长最适宜的土壤pH4.5～6.5，土壤以表土深（0.8m以上）、土质疏松的红壤或红黄壤土为好，尤其森林地最好；区域内有松树、茅草、飞机草、蕨类和铁芒箕等植物生长的地方均适合种植茶树，土地要相对集中连片，有水源更好，便于规划管理和基础设施的建设。茶树生长最适宜温度在18～25℃，年活动积温4000℃以上，年降水量800mm以上。

梯级茶园（成园）

茶园山体地形条件、坡度大小直接影响土层的厚度、含石量及其保水和保肥能力等。茶园坡度愈大，土层愈薄，含石量高，冲刷作用愈强烈，保水、保土和保肥能力愈差，坡度在20°的新垦茶园，当年土壤冲刷量每公顷达250t，比坡度5°的茶园多两倍，坡度、坡地方位对气候也会有影响，同为向阳的南坡，坡度大的接受太阳辐射量大。新建勐库大叶种茶园的地形坡度一般选择20°以下，最多不超过25°。10°以上的坡地应修建梯级茶园，10°以下的采用等高条式种植。平地茶园要挖沟排水防灾害，低海拔日照强的茶园，要种植遮阴树，以减少太阳的直射光。

无论是选择平地或山区种植茶树，都要做好茶园基地的道路规划和用水布局，以满足茶叶生长所需及茶叶生产管理条件，便于茶园基地日常管理工作和长远发展计划。茶园地形不应过于复杂和割裂，应尽量选择地势相对平坦的山区或半山区，连片集中，有足够的水源，交通方便，劳力充足。要远离城市、工业区等污染源环境，其境内具有生物多样性，能够保持生态系统的稳定和可持续发展。

双江县是勐库大叶种茶的原产地，属较典型的亚热带季风气候，冬无严寒，夏无酷暑，年平均气温19.5℃，年平均降雨量995.3mm，年平均相对湿度75%。双江县拥有丰富的土地资源和水资源，土地面积2160.72hm^2，县内地形地貌复杂多样，主要有河谷地、陡坡地、缓坡地、河谷盆地及残丘地4个类型。山区面积为2083.62hm^2，占总面积的96.43%，其县内主要有红壤、红黄壤、黑壤、沙壤等土壤类型。土壤pH4.0～6.5，土壤质地疏松，透气性强、有机质含量丰富；双江县内河流众多，属澜沧江水系，有大小河流106条，径流面积达184.74km^2，年平均径流量5.14m^3/s。双江县还拥有丰富的古茶树资源，县内生长有世界上海拔最高、密度最大、分布最广、抗逆性最强的千年野生古茶树群落，拥有冰岛、小户赛等栽培型古茶树。80%的勐库大叶种茶树分布在海拔1300～1900m的山区，双江县自然环境优越，气候条件适宜，是建立勐库大叶种茶园的理想之地。

（二）茶园规划

茶园规划是对茶园土地的利用和设计。按照新茶园建设的标准与要求、对园地勘察、测量、绘图，根据土地面积、地形、土壤、植被等情况，进行园地整体规划。茶园规划要符合实用、经济、美观的原则，要便于生产管理和园内各项主要设施的布置。一般根据山地面积大小可划分为片区和块。勐库大叶种茶园规划主要包括：园地划区分块、道路网建设、排蓄水系统设置和防护林营造。进行茶园规划时，室内设计与实地现场相结合，力求规划精确合理。

1. 园地划区分块

划片要根据道路网、水利系统和自然土地分界线以及山岭等进行合理划分，除了便于田间管理之外，还要便于茶行的排列、水土保持等。勐库大叶种新建茶园可根据面积大小和自然地形划分。中型茶场应划分为区、片、块，“区”的分界线可以以防护林、主沟、干道为界，“片”可依独立自然地形或支道为界，片内再划分为若干“块”。一个片的茶园面积可以从几十亩到百余亩。划块要随地势而定，便于人员行走、机具车辆等行驶，适于水利设施布置，更要有利于茶行排列、茶园肥培操作管理、采摘管理以及水土保持。在一个片中分成若干块，每块茶园在平地或缓坡地，最多以50个茶行左右宽度和最长100m左右的长度为宜。若坡度在10°以上，则茶行可缩小至10～30行，坡地茶园要建成梯级等高茶园，梯面呈外高内低，梯面宽度1.8m左右，最少不低于1.5m，便于茶园的日常管理。

2. 道路网的设置

为便于运输和管理，根据茶园规模、地形、地势情况，勐库大叶种茶园中的道路网一般需设置干道、支道和步行道，并相互连接成道路网。干道连接各个作业区和加工厂，是输送肥料、鲜叶的主要道路，能供两辆汽车来往行驶，一般路宽6～8m，转弯处曲率半径不小于15m，干道要尽量能够在茶园环行；支道贯穿各片茶园，与干道连接，为片内联络各块茶园之用，是机具下地作业和园内小型机具行驶的主要道路，每隔300～400m设一条，路面宽3～4m，路的纵坡小于8°，即坡比不超过14%，转弯处曲率半径不小于10m，一般与干道垂直，与茶行平行。步行道是为茶园管理人员进出而设置的，又是茶园分块的界限，路宽1.5～2m。园道在茶园四周的也叫包边路，用路与园外隔开，防止水土流失以及园外树根、杂草等侵入茶园。

3. 排蓄水系统的设置

受亚热带季风气候影响，勐库大叶种茶区形成了干湿分明、雨热同期的气候特征。全年降水量不均衡，夏秋季降雨频率高，雨量大，冬春季降雨量少、蒸发量高，不利于茶苗生长。因此，新开垦茶园建立灌溉设施、保证茶树水分补给均衡显得尤为重要。勐库大叶种茶园排蓄水系统的规划包括保蓄水、供水和排水三个方面，尽可能做到小雨不出园，中雨、大雨能蓄能排。有条件的可兴建蓄水塘，在易集水低洼区域、山冲凹地修坝建造水塘，便于茶园局部抗旱。排水沟设有主沟、支沟等，主沟是以排水为主的水沟，设在地势低的集水线处，一般沟深50～80cm，沟面宽70～100cm，主沟的水流向水塘或水库。支沟以蓄水为主，目的是为了排出茶园中多余的水。在缓坡地，支沟一般和茶行平行，主要建立在茶园道路的两边。在梯地茶园，支沟开在梯田或梯地的内侧，支沟深30cm左右，宽40～50cm。

4. 防护林及遮阴树的设置

勐库大叶种茶园一般会根据规模和地块情况，在周围建立防护林，以改善茶园生态环境、抵御风沙、固定土壤、减少水土流失、涵养水源等。在茶区和茶园四周及道路、水沟两旁种植防护林和行道树，设计要科学合理。防护林行距3～5m，株距2～3m，前后交错栽成三角形，宽度在10m以上。防护林一般选用生长迅速、树体高大、根系分布深、树冠大而稀疏的树种。在主要林带可种植板栗、核桃、油桐、樟树、杨梅、杉树等。在主道、支道、茶园隔离栏、山沟、等高截水横沟旁宜种植榕树、银刺槐、凤凰木、相思树等行道树。在茶园内种植遮阴树不宜过密，覆荫过重影响茶叶产量，茶园每亩栽6～8株，等高条植茶园可种植于茶行之中，梯级茶园可定植于梯壁上，行距10m，株距5m，或每隔30～50行茶树种植一行，位置相互交错，可种植樟树、桤木树、油茶、木姜子、相思树等，也可在梯壁上相间种植三叶豆、山毛豆、大叶猪屎豆等多年生豆科树木。

二、茶园开垦与土壤熟化

（一）茶园开垦

茶园开垦是对建园土地进行地面清理、土地初垦和复垦的过程。勐库大叶种茶区在茶园开垦前，要清理地面，刈除杂草，清除石头、树桩、土堆，进行土地平整，保留主道、沟渠两边及茶地边缘等不宜植茶地段的树木，同时配合修筑道路、调整地形、划分茶园地块，减少园地开垦的工程量。平地及坡度小于15°的缓坡地，建园开垦分为初垦和复垦，初垦翻耕深

梯级茶园（新建）

度为50cm左右，初垦要深翻大土块，调整局部地形，挖高填低并回铺表土，初垦宜在夏、秋雨季过后进行。复垦须在种植前进行，深度为30～40cm，复垦时要进一步清除杂物，碎土平整，准备种植。坡度在15°以上的山坡地，应建筑内倾的等高水平梯级园地并筑梯坎，抽槽开挖种植沟，一般深50～60cm、宽70～80cm。为了操作方便，抽槽筑坎以从山下向山上的次序进行。可把上一级梯田内侧的表土搬到下一级梯田内侧的心土上，尽量做到"心土筑梗，表土回沟"，每公顷施30000～45000kg经无害化处理的农家有机肥、菜子饼肥2250～3000kg、钙镁磷肥1500kg，作为茶园底肥，然后覆土，间隔1个月后开始定植茶苗。

（二）土壤熟化

土壤熟化是指按茶树生长的要求，调控土壤水、肥、气、热关系的措施。土壤熟化改造技术就是针对新造和复垦土地的土质黏重、保肥保水能力差、养分含量少的土壤，通过实施深耕，增施有机肥、化学改良剂、秸秆还田等技术措施，实现改善土壤结构、增加土壤肥力、提高产量的目的。勐库大叶种茶园土壤熟化的措施主要包括以下4个方面：①增施有机肥。主要是厩肥、绿肥、堆肥等，厩肥是利用畜禽粪再加上草、土等垫圈材料沤制而成的肥料，是一种养分全的优质肥料，连续施用3年后，土壤有机质含量将大幅提高，土壤团粒结构改善，保肥保水能力提高，透气性增强，培肥地力作用显著。②秸秆还田。玉米秸秆含有有机质和氮磷钾及微量元素，粉碎还田后可以改善土壤结构、提高土壤肥力水平。具体措施为：粉碎玉米秸秆后均匀覆盖地表，秸秆长度要小于10cm，施加一定量的氮、磷化肥，一般还田秸秆500kg/亩，需施300～750kg/亩速效氮肥，225kg/亩尿素，以便加快秸秆腐解，尽快变成有效养分。将粉碎秸秆翻耕入土，深度要大于30cm。③化学改良。主要采用改良剂硫酸亚铁。其主要成分是$FeSO_4$，具有改善土壤理化性状、提高土壤熟化程度的作用，具体措施是用硫酸亚铁40kg/亩混合于农家肥或直接撒施于地表，结合土地耕耙均匀施入田中。④测土配方施肥。测定土壤的有机质、全氮、速效磷、速效钾等养分含量，对化验结果进行分析，根据测定点不同的肥力水平，制定相应配方，进行科学合理施肥。

三、茶树种植与苗期管理

（一）品种选择及种苗要求

新建茶园应根据茶类布局来选用良种，选用的茶树良种首先应当适应当地的气候和土壤条件，其次是品质要优良，有独特的经济性状，适制的茶类要适应市场的需要，最后还要注意选用的茶树品种要早、中、晚相互搭配，增强对市场需求的应变能力，调节茶叶生产高峰，提高生产效益。目前勐库大叶种种植区推广使用的茶树良种主要是3个有性系国家级良种，即勐库大叶种、凤庆大叶种和勐海大叶种，以及云抗10号、云抗14号、云抗27号、云抗37号、云抗43号、长叶白毫、云选九号、73–8号、73–11号、76–38号、矮丰、云瑰、云梅等国家级和省级无性系良种，还有一些地方无性系良种和群体良种，如清水3号、凤庆9号、香归银毫等。勐库大叶种新建茶园禁止使用基因工程生产的种子、种苗。引进苗木、种子，应严格按《茶树种苗》（GB 111767—2003）中规定的1～2级标准检疫。无性系大叶品种苗木具体要求为：株高25cm以上，茎粗大于2.5mm，有2条以上侧根，无病虫害，健壮。

（二）种植方式及茶苗移栽

勐库大叶种新建茶园多以单行单株或双行单株方式种植，单行单株行距为1.5～2m，株距20～25cm，每亩种植1600～2000株；双行单株大行距1.5～2m，小行距40cm，株距25～40cm，每亩种植2000～3000株。根据勐库大叶种茶区气候特点，茶苗移栽在6月初至7月中旬进行，这段时间雨季到来，降雨逐渐增多，土壤湿润，茶苗栽下后容易成活，而且新栽茶苗当年生长期较长，到旱季时，茶苗地上部分的

新种植茶苗

新建茶园

生长已达到一定高度，根系入土较深，对冬春干旱有较强的抵抗能力。移栽扦插苗时在茶行中拉线打塘栽苗，种植塘要求中间高，四周低，呈馒头状，塘深20～30cm。移栽时应保持根系的初始姿态，使根系舒展。对主根过长的茶苗，可酌情剪短。正确的定植方法是一手扶直茶苗，一手将土填入穴内，逐层填土并层层压实，使茶根与土粒紧密接触，不可上紧下松。当填土覆盖至不露须根时，用手将茶苗轻轻一扯，使茶苗根系自然舒展，然后适当加些细土压紧，随即淋足定根水，再在茶苗根部覆些松土，保证茶苗成活。一般以栽到埋没根颈处为宜，栽得过深或过浅都会影响茶苗的成活率。茶苗定植后及时覆盖防旱保苗。覆盖材料可用稻草、秸秆、茅草、树枝树叶等覆盖茶苗根部土壤，每亩用量约1000kg。

（三）幼苗期养护及管理

新建茶园茶树种植后1～2年，处于幼苗阶段，尤其是当年出土或移栽的茶苗，由于枝叶娇嫩，扎根较浅，生长缓慢，抗逆性差，当遇到干旱烈日，低温严寒等不良气候时，茶苗生长就会受到威胁，轻者生长受阻，重者植株死亡。为了提高栽植茶苗的成活率，促进茶苗正常生长，应遵循自然规律和生态学原理，投入更多的精力加强栽植后的管理，保证茶苗健康生长，早日进入生产阶段。

1. 浅耕除草

勐库大叶种茶园种植一般选择在6月初至7月中旬进行，这个时期茶园水分和雨热充足，大量杂草生长迅速。为保障茶苗生长条件，种植后40～60天后需要组织人工铲除茶苗周围杂草，同时可结合浅耕，提高土壤通透性。幼龄茶园浅耕一般每年进行2～3次，深度以7～12cm为宜。栽植第一年茶苗周围尽量少锄，根部附近的杂草最好用手连根拔除。由于幼龄茶园在种植前已进行了全面的深耕，可不必进行年年深耕；若种植前局部深耕的，必须在一二年内将行间未深耕的地方进行深耕，深度不少于40cm，宽度以不触动、损伤茶根为宜，茶园铺草可减少水土流失，抑制杂草生长，增加土壤有机质含量和抗旱保苗。铺草可视其作用在不同的时期进行，如要抗旱保苗，可在10月中、下旬雨季刚结束，土壤含水量高的时期进行。铺草的材料可选择鲜杂草、稻草、绿肥、锯末、落叶等，按10cm的厚度均匀地铺在茶树行间，每公顷铺草量不少15000kg。

2. 科学施肥

苗期施肥是勐库大叶种新建茶园长苗、壮苗的重要管理措施之一，幼苗期施肥宜少量多次，以有机肥为主，有机肥与无机肥相结合，要掌握各种肥料的性质和效能，以根部施肥为主，配合根外追肥。勐库大叶种茶区施基肥时期在茶树芽叶停止生长的11—12月间进行。每年追肥3～4次，成年茶园，第一次5月下旬，第二次7月上旬至8月上旬，第三次9月上旬。基肥以迟效性的农家肥为主，厩肥、堆肥、绿肥、草煤、牲畜粪尿、油枯等。每亩幼龄茶园施1000～1500kg（以牲畜粪尿为例），投产茶园施1500～2000kg。追肥量按投产茶园每产50kg干茶年施纯氮8kg（18kg尿素）进行。基肥可沿树冠垂直向下位置开沟深施，沟深20～30cm，已封行茶园可沿茶行

开沟施肥

施肥沟

中间开沟施，土肥拌匀后盖土，缓坡（不开台面）应在茶行上方开沟施肥。根外追肥是将营养物质按一定浓度溶解于水中，直接喷于茶树茎叶的一种施肥方法。根外追肥的优点是它不受土壤冲刷、淋溶等因素的影响，肥料使用经济，吸收率高，吸收快（4小时即吸收大部分）。而且叶面喷施微量元素，可以活化茶树体内的酶系统，从而增强根系对养分的吸收。幼龄期茶园的追肥用量应随树龄增长逐年增加，幼龄茶园开沟施肥时施肥沟距离茶苗根颈：1～2年生茶树为10cm左右，3～4年生茶树为12cm左右，追肥深度5～10cm，具体视肥料性质而定。追肥宜在土壤含水量高时开沟均匀撒施或挖穴施用，干旱时兑水薄施，梯级茶园宜在坡上方沟施，追肥后及时覆土。

3. 抗旱保苗

勐库大叶种茶园新种植后的茶苗虽然在夏季能得到充足的水分，但也仅有一部分根系扎入土层吸收水分维持生长，大部分根系只能通过吸收自然降水维持生长。因此，在冬季封园及来年春季均不会有太多降水的情况下，抗旱保苗、保证茶苗水分需求就显得尤为重要。选用耐干旱抗热害的茶树品种有助于降低茶苗的死亡率，有性系大叶良种勐库大叶种、凤庆大叶种和勐海大叶种，以及无性系良种云抗10号、云抗37号、云选九号等抗旱性较强，可以作为备选品种。茶园铺草可以降温保水，减少土表水分

抗旱保苗措施

蒸发，提高土壤湿度，保蓄土壤水分，调节土壤温度，防止或减轻旱害、热害。草料以新鲜稻草、新鲜绿肥、新鲜豆科作物的全株为好。铺草厚度8～10cm，每次每亩用草量1500～2000kg左右。干旱期间，天气炎热，茶树新梢生长缓慢，极易老化，鲜叶品质差，因而不少茶农采取少采、粗采的方法，致使留叶量过多，从而增加了茶树水分与养分的消耗，引起缺水而影响正常生长。为此，干旱期间的茶叶采摘应坚持勤采、分批采、适时采的原则，切忌“一扫光”的采摘方法，应该保留一定的绿叶层。水源充足并且有条件进行灌溉的茶园，利用灌溉补水兼降温，抗旱防旱直接有效，山区茶园可建蓄水池，在雨水时蓄足水，旱时提供灌溉用。在茶园行间种植遮阴树，可以有效改善茶园小气候。茶园行间间作夏季绿肥，可以大量增加土壤有机养分含量，改善土壤结构，增加茶园行间绿色覆盖，减少土壤裸露，降低地温，降低地表径流，增加雨水渗透。

4. 病虫害防治

幼苗期茶园生长缓慢，茶树抵抗力弱，易发生各种病虫害。采用综合防治方法是防治幼苗病虫害的重要手段。勐库大叶种新植茶园较易发生蛴螬蛀根现象，可在茶树树冠下开10cm深的浅沟，每667m²施白僵菌等真菌制剂1.5～2.5kg，拌土均匀撒施至沟内并覆土，同时安装防虫灯，利用昆虫的趋光性诱杀夜间活动的成虫。其他病虫害可综合采取生物防治、农艺防治等策略，改善茶园生态环境，将病虫害发生控制在小范围内。茶假眼小绿叶蝉防治及时分批采摘，农药可选用10%吡虫啉可湿性粉剂2000倍液、2.5%

茶园病、虫为害

联苯菊酯乳油3000倍液，施用方式以蓬面喷雾为主。茶橙瘿螨防治农药可选用73%克螨特乳油2000倍液、50%螨代治乳油2000倍液，施用方式以蓬面喷雾为主，在秋茶结束后，可喷施0.5波美度的石硫合剂或用45%晶体石硫合剂300～400倍液喷施。茶丽纹象甲、茶粗腿象甲防治除在7—8月耕锄浅翻或秋末结合施基肥进行清园及行间深翻防治外，农药可选用2.5%联苯菊酯乳油1500倍液，98%巴丹可湿性粉剂750～1000倍液，施用方式采用蓬面喷雾。茶饼病防治农药可选用75%百菌清可湿性粉剂600～800倍液、10%多抗霉素可湿性粉剂600～1000倍液。茶白星病防治农药可选用75%百菌清可湿性粉剂800倍液、70%甲基托布津可湿性粉剂1000倍液、50%苯菌灵可湿性粉剂1000～1500倍液等进行防治。幼龄茶园病虫害最好的防治方式是农业防治，通过加强茶园管理增强茶树树势，改善茶园生态环境。

5. 定型修剪

勐库大叶种新植茶园幼龄茶树的树冠培养主要通过定型修剪来实现，定型修剪主要是抑制茶树顶端优势，促进分枝生长，增加分枝层数和枝数，培养形成丰产树冠。幼龄期茶树不能以采代剪、以折代剪，一般要进行三次修剪。当茶树苗高30cm以上、茎粗超过0.3cm，最好有1～2个分枝时即可进行第一次定型修剪。对于正常出圃达到上述要求的无性系茶苗，第一次定型修剪在茶苗移栽后立即进行，但对于生长较差或苗高仅为20m左右的茶苗，移栽时打顶，第一次定剪推迟到次年春茶前（经1年生长后）进行。第一次定型修剪的高度以离地面15～20cm为宜。修剪时，只剪主枝，不剪侧枝，剪口应向内侧倾斜，尽量保留外侧的腋芽，使发出的新枝向外侧倾斜，剪口要光滑，以利愈合。第二次定型修剪在第一次修剪1年后进行，修剪高度在上次剪口上提高10～15cm，即离地25～30cm处修剪。若茶树生长旺盛，树高达到55～60cm时可提前进行。这次修剪可用篱剪按修剪高度剪平，修剪时间以春茶前为宜，但对于土壤肥力较高，长势旺盛的茶树，也可在第一批春茶打顶采摘后进行，打顶只采离地30cm以上的新梢，30cm以下的新梢保留。第三次定型修剪在第二次修剪1年后进行，若茶苗生长旺盛，同样可提前进行。修剪高度在上次剪口基础上再提高10～15cm，即离地40cm左右用篱剪将蓬面剪平即可，对于生长较好的茶树和采摘名优茶的地块，可在第一批春茶采摘后，再进行第三次定型修剪，夏秋茶进行打顶养蓬。

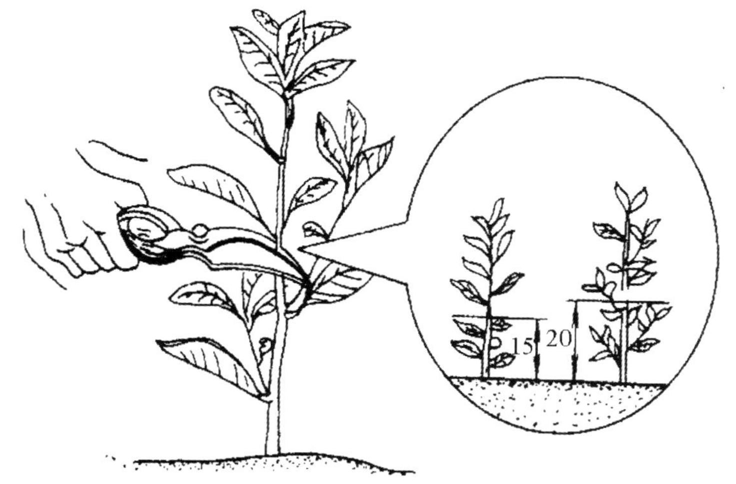

第一次定型修剪（《中国茶叶》张丽平）

第二次定型修剪（《中国茶叶》张丽平）

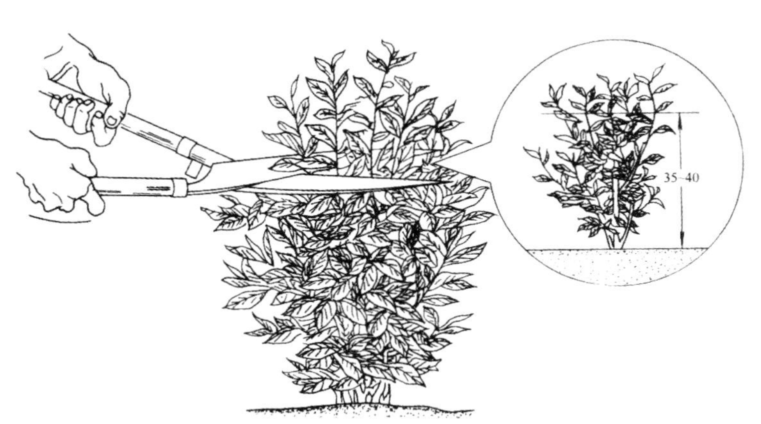

第三次定型修剪（《中国茶叶》张丽平）

第二节

繁育技术

茶树的良种繁育，是指茶树良种育成后，在保证种性的前提下，快速扩大良种数量，为生产提供优质种子或苗木的过程。茶树良种繁育分有性繁殖和无性繁殖两种。有性繁殖即用种子播种育苗，具有方法简单、成本低、后代生活力强等特点。但苗木个体间性状不一，不利于茶园的管理和茶叶采制，且易产生生物学混杂，引起种性退化，须建立专用采种园或采种采叶兼用园。无性繁殖常用的是短穗扦插和压条法，其后代具有与母树相同的特性，可长期保持种性，且具有用材省、繁殖系数大的特点。但技术要求较高，后代生活力不及种子苗，须用生长健壮的青壮年茶树作为采穗母树。由于繁殖和保持优良茶树品种特性需要，勐库大叶种茶树多采用短穗扦插繁殖后代。

一、有性繁殖

有性繁殖是由种子繁殖成新个体，通称实生苗或有性苗。茶树有性繁殖的优点是采种、育苗和种植方法简便，茶籽运输方便，成本低，便于长距离引种，幼苗主根发达，如果茶园土壤疏松，可以伸长到地下80～100cm深，根深叶茂，茶树抗逆能力强，茶树是异花授粉作物，自花授粉受精率极低。因此，茶树自然杂交后代群体具备复杂的遗传性，有利于引种驯化，并提供丰富的育种材料。有性繁殖种子播种期为采种当年11月至次年3月，苗圃播种量1500～1800kg/hm^2，直播茶园约150～180kg/hm^2，播种深度为3～5cm。

（一）茶籽采收及贮藏

茶树当年开花，翌年摘果，自花芽分化至茶籽成熟，历期16～17个月。采收过早种胚发育不全，子叶中淀粉等内含物含量低，采收过迟，部分茶籽已脱落，难以收集，也有部分茶籽趋于干瘪，难以脱粒。勐库大叶种茶区的茶果采收期在10月上中旬，成熟茶果的标志为果皮呈棕褐色或深绿色，背缝开裂或接近开裂，种皮呈黑褐色，富光泽，子叶饱满，呈乳白色，茶籽粒大、富有弹性。茶籽的成熟期因气候、品种、栽培措施、树龄等的不同而有差异，同一地块、同一个品种茶籽成熟期也会有迟有早。因此，采收茶果不要一次扫光，要分期分批适时采收，做到早成熟的先采，迟成熟的后采。勐库大叶种茶籽采收后至播种前主要有室内砂藏和室外畦藏两种贮藏方式。室内砂藏要选择朝北或朝西北的阴凉房间，先在地面铺一层干草，再铺5～6cm的干净细砂，上铺厚10cm左右的茶籽，再铺一层细砂，以茶籽不露出为度。如此相间铺茶籽5～6层，最后一层的细砂上面再覆盖一层干草。贮藏数量多的，堆中可安放若干个通气筒，并经常检查堆内温度和茶籽含水量，少量茶籽可用同样方法贮藏于木箱内。室外畦藏要选择地势高且干燥处作畦，畦面宽100cm左右，畦长视茶籽贮藏量而定。畦面上先铺一层细砂，再铺一层厚4～5cm的茶籽，如此相间铺茶籽2～3层，在最上层的细砂上再盖土紧封，呈馒头形，土层上再盖稻草。不论采取哪种贮藏方法，在贮藏期间，每隔1～2个月抽样检查一次，如发现茶籽霉变，应及时清除。

茶果与茶籽

（二）播种前处理及播种

勐库大叶种经贮藏的茶籽在播种前要使用化学、物理和生物的方法，给予种子有利的刺激，可促使种子迅速萌芽、生长健壮、减少病虫害发生、增强抗逆能力。茶籽经浸种后播种，可提早出土和提高出苗率。具体方法为：将茶籽倒入容器中，用清水浸泡2～3天，每日换水1次，除去浮在水面的种子，取沉于水底的种子作为播种材料。经过清水选种和浸种，茶籽出苗期可以提早10天左右，发芽率提高12%～13%。浸种后的茶籽，经过催芽后播种，一般可以提早1个月左右出土。具体方法为：首先把细砂洗净，用0.1%的高锰酸钾消毒，再将浸过的茶籽盛于砂盘中，厚度为6～10cm，置于温室或塑料薄膜棚内，加温保持20～30℃，每日用温水淋

种子萌发

洒1～2次，春播催芽15～20天，冬播催芽20～25天。当有40%～50%茶籽露出胚根时，则可播种。勐库大叶种茶籽播种时期为11月至第二年3月。分冬播和春播，冬播可省去贮藏环节，直接播种，春播在2月下旬至3月中旬，最迟不超过3月底。茶籽播种可分为茶园直播和苗圃地育苗两种。茶园直播按照茶园规划的株行距直接播种，每穴播种因品种而异，勐库大叶种茶籽直播为每穴2～3粒。苗圃地育苗播种方式有穴播、撒播、单株条播、窄幅条播及阔度条播等，在生产上采用较多的为穴播和窄幅条播。一般穴播的行距为15～20cm，穴距为10cm左右。每穴播5粒种子，播种量为1200～1500kg/hm^2。窄幅条播的行距为25cm，穴距为5cm左右，播种量为1500～1800kg/hm^2。

（三）幼苗移栽及苗期管理

当用种子繁殖出的壮苗，符合移栽标准时，即可出圃。勐库大叶种茶实生苗多为一年生和二年生。栽前须垦殖土地、确定种植密度与方式，按种植行开施肥沟。用有机肥加拌磷、钾肥作底肥，与土壤拌匀，再覆土5cm，沟深在施肥后仍有10～15cm的余量。移栽时间以茶苗地上部生长停止、根系生长活跃期为宜。勐库大叶种茶实生苗移栽在6月初至7月中旬进行，起苗要求根系完整、带土移栽，每丛栽2～3株，移植时根系要舒展，边填土边捣紧根际土壤，填土2/3时，浇透定根水或稀薄人粪尿，再填松土，略高于茶苗泥门，种植行地面须铺一层糠壳、稻秆或鲜草，干旱

大叶种1足龄茶籽苗

时常灌溉。大茶苗移栽前应剪去部分主根，保留20cm长即可。苗高超过30cm时，可进行第一次定型修剪。为了达到实生苗出苗齐、生长快、茶苗壮、出圃早的目的，必须做好幼苗期的管理工作。当幼苗大量出土时，杂草也会普遍滋生，要趁雨后拔除杂草，以利幼苗生长。间隔一段时间拔除一次杂草，到茶苗第一次生长期结束，一般苗高约7cm以上时，可用小锄除草，也可用化学除草剂除草。在茶籽胚芽出土至第一次生长休止时开始施用追肥，一般在6—9月间追施4～6次，常施用稀薄人粪尿或畜液肥（加水5～10倍），或用0.5%浓度的硫酸钾，浇施人粪尿后能使土壤“返潮”，吸收空气中的湿气，能起到抗旱保苗的作用。幼苗期的病虫防治也很重要，通常危害茶苗根部的害虫可以用堆草诱集法诱杀，防治危害幼嫩芽叶的害虫，如小绿叶婵等，要及时采摘新梢，减少小绿叶蝉的食料和产卵场所，或及时摘除虫卵。

二、无性繁殖

无性繁殖是指由植物的根、茎、叶等营养器官或离体组织产生新个体的生殖方式。无性繁殖不涉及性细胞的融合，能保持良种特性，后代性状较一致，生育期和长势比较整齐，新梢大小、持嫩性和色泽较接近，便于机械化采茶和名优茶加工。近年来，勐库大叶种主要应用短穗扦插的方式来进行繁殖，短穗扦插具有发根快、成活率高、根系发达、移栽成活率高等优点，其实质是通过母体细胞有丝分裂产生子代新个体，后代一般不发生遗传重组，在遗传组成上和亲本是一致的。

（一）良种选择与培养

采穗园指用来选取插穗供繁殖的无性系良种茶园。插穗母本的选择关系后代的繁育与生长，选择植株健壮、抗逆性强、高产优质的勐库大叶种母本是进行无性系繁育的重点。按照《茶树种苗》（GB 11767—2003）的规定，采穗园的茶树品种纯度要求达到100%，夹杂不同品种的采穗园，一定要进行去杂和保纯，采穗时，要选择青壮年母树，采用深修剪或台刈更新培育出的粗壮枝条。勐库大叶种茶区一般春茶结束后（5月下旬）开始养穗，太早养穗穗条会分枝，太晚养穗（6月以后）穗条长势不好。用于秋冬扦插的枝条，可在春季首轮新梢采摘后，进行轻修剪留养插穗。生长开始

大叶茶树良种枝条

衰退的母树要重修剪，生长势较强的宜轻修剪。

穗条培育是获得优质扦插苗的重要基础，穗条健壮，繁育出的苗木长势强、出圃率高。为促进采穗园枝条健壮生长，秋茶结束后每667m^{2}施土杂肥1000～1500kg、过磷酸钙50kg，来年春茶追肥每667m^{2}施氮肥30～40kg，以促进枝条生长。肥培管理良好的采穗园在养穗过程中，新梢肥嫩，容易遭病虫危害，发现病虫要及时防治。如小绿叶蝉在若虫高峰前选用生物农药苦参碱1000倍液，黑刺粉虱在卵孵化盛期可喷施2.5%天王星800～1000倍液，茶尺蠖、卷叶蛾幼龄期可用苏云金杆菌制剂300～500倍液等进行防治。剪穗前15天左右应对采穗园喷杀虫剂和杀菌剂进行消毒，并对新梢进行打顶，但打顶时间不宜过早，否则易引起腋芽萌发，对插穗生根不利。夏插时，枝条为绿色硬枝时就可以剪穗扦插，而冬插时，枝条要变成红棕色、达到半木质化时才能剪穗扦插。

（二）苗圃选地与建设

勐库大叶种苗圃地一般选择地势平坦、土质疏松、土壤pH4.5～6.0、水源充足、排水良好、避风向阳、交通方便的田地，忌用烟、麻、花生或甘薯地作苗圃。用熟地育苗（苗地重复利用）应先进行土壤消毒，杀灭根结线虫病、有害微生物和地下害虫，整地前用250～500倍福尔马林液喷施土壤并盖草闷地15～20天。

苗圃地选定并经消毒处理后，全面翻耕整碎耙平，然后起畦，制成畦高15～20cm、宽100～120cm、呈东西走向的苗床，苗床沟宽30～35cm。周围开排、灌、蓄水沟，沟宽50～55cm、深40～45cm。苗床平整好后，每667m^{2}撒施腐熟饼肥150～200kg，再平铺疏松细碎的红心土，心土厚度3～4cm，这样可防止插穗腐烂和杂草生长，并能提早生根。可用木板拍打、压实心土表层，使苗床平整。在扦插前，苗床要充分喷湿，待床面不粘时，用竹棍划行，行距约8～10cm，划行后即可搭遮阴棚，可采用1.8～2.0m的高棚或0.8～1.0m的矮棚，以防晒防风保湿，选用遮光率为75%左右的遮阴网进行遮阴。苗圃地的扦插基质选择有机质（泥炭土、石灰）、三级土、珍珠岩混合，配比为4：4：1，加入适量水充分混合后移到苗床中，基质高10～12cm，穴盘扦插所用基质和苗床扦插的基质相同。针对茶苗常见的小卷叶蛾、蚜虫、小绿叶蝉等虫害以及根腐病、炭疽病、茶饼病等病害，应及时施以相应的农药进行防治。使用叶面喷施、化肥撒施（秋插）、发酵肥浇施（冬插）等方式进行苗圃施肥，除冬季外每月1～2次，及时补充氮磷钾及微肥，增强幼苗生长和抗逆能力。

（三）穗条采收与扦插

茶苗短穗扦插繁育，春、夏、秋、冬初均可进行，勐库大叶种茶区扦插时间一般在10—11月，穗条的采收一般选择在光照不强的阴天进行。为保证插穗新鲜，最好当天剪穗，当天扦插，当天不能插的应放置阴凉处，洒水保湿，防止发热及失水，若需要运输，要充分喷水，避免紧压，时间一般不超过3天。选择当年春或当轮生健壮、无病虫害的绿色或棕红色的半木质化枝条作插穗。采集到穗条后及时剪穗，短穗的标准长度是4～5cm，一般为一个节间留1/2个叶片、1个腋芽，剪口斜面与叶向相同，上下剪口与叶片平行呈45°斜面，插口上端剪口应稍高出腋芽的顶部，保持腋芽完整，剪口光滑无破裂。短穗剪完后20株为一捆进行绑扎，保证每一株短穗的下切口均在一个平面上。绑扎完后用多菌灵消毒液浸泡，浓度为0.8g/L，浸泡时间5分钟，浸泡后捞出沥干消毒液，选择高纯99%的IBA、IAA或ABT等植物生长调节剂对短穗进行生根处理，用酒精溶解生根粉，将短穗下切口向下放入浓度为5～8g/L的生根粉与酒精混合溶液中浸泡40～60s，不宜整株浸泡。根据短穗数量来配制生根粉溶液。生根粉溶液要现配现用，不建议隔夜使用或长时间存放。扦插前，苗床必须充分浇透水。

扦插时，用拇指和食指夹住插穗叶柄基处，垂直插入土中，入土深度为插穗长度的2/3左右，以叶柄基部触地但不埋入土中为度，边插边将土压紧，插穗株距以叶片互不遮叠为宜。苗圃扦插时按行扦插，株距3cm，行距6～8cm，每行扦插茶苗40～50株。穴盘扦插时每穴扦插1～2株茶苗，营养袋扦插可扦插2株，利于养分供应，方便后期移栽。扦插时所有叶片朝向一致，扦插后及时浇定根水，并覆盖薄膜。

大叶茶树良种插穗

（四）苗圃管理与出苗

勐库大叶种茶区苗圃管理一般按照水分管理、耕除杂草、合理施肥、病虫防治、出苗等育苗规程操作。茶苗扦插后每隔两三天浇一次水，待发根后3～5天浇一次水，保持土壤相对含水量在80%左右，秋冬季选择在中午浇水，春夏季选择在傍晚浇水。穴盘扦插茶苗的土壤容量较小，浇水次数比苗圃扦插茶苗多一些。茶苗新根长出后，畦面人工拔草时应用手按住草边的泥土，因扦插苗没有主根，靠须根与土壤接触吸收水分与养分，如果土壤变得疏松，就会影响须根吸收，使苗木因水分、养分供应不足而死亡。扦插苗开始形成根系后，进行叶面追肥，以少量多次为宜。通常秋插至翌年4—5月第1

扦插苗圃

次追肥，以后每月施肥一次。追肥浓度随茶苗的生长逐步增加，尿素液可由0.1%逐步增至0.5%，每次施肥后应淋水清洗茶苗，以免茶苗灼伤。扦插苗在高温高湿条件下易诱发炭疽病和芽枯病等病害，也易受茶尺蠖、螨类、粉虱与卷叶蛾等虫害危害，炭疽病发病初期可喷施10%多抗霉素800～1000倍液，或70%甲基托布津1000～1500倍液。芽枯病可选用50%甲基托布津800～1000倍液，或50%多菌灵800倍液进行喷施。小绿叶蝉、茶尺蠖、卷叶蛾等虫害防治方法可参考采穗园进行。

无性系扦插苗1年生苗圃

出圃的茶苗应达到一定的规格，一般为高不低于20cm，茎粗不小于0.3cm。勐库大叶种扦插苗出圃时间在6月下旬至7月下旬。苗床扦插苗起苗之前浇足水，用锄头辅助进行挖掘，保留尽量多的根系，穴盘扦插茶苗会出现根部扎进地面的现象。注意拔苗时尽量减少对根部的损伤。将拔好的茶苗每100株扎为1捆，放到通风透气的箩筐中运送至栽种地点。运输时注意通风、透气，防风吹日晒，高温季节运输切忌途中加水，以防发热脱叶，运至目的地应及时保湿散热、种植，不能马上种植的应先假植。

1年生扦插苗

无性系大叶品种一足龄扦插苗质量指标

级别	苗龄	苗高（cm）	茎粗（mm）	侧根数（根）	品种纯度（%）
Ⅰ	一年生	≥ 30	≥ 4.0	≥ 3	100
Ⅱ	一年生	≥ 25	≥ 2.5	≥ 2	100

三、嫁接换种

茶树嫁接改良技术是对老茶园茶树品种改良的有效措施，具有投资少、见效快的显著效果。茶树嫁接换种能保留并利用原有茶树的根系，免除常规改植换种时用于挖树、整地等的大量人工，可减少建园投入50%以上。因此，茶树嫁接换种是改造低产、低质茶园行之有效的方法。嫁接后只需一年就可以试采，2~3年就可以丰产。为保持勐库大叶种茶的优良特性，增加产量，改进品质，提高利用价值和经济效益，近年来，当地部分茶区采取嫁接的技术措施，对茶园进行改植更新换种和实现茶树良种化。

（一）嫁接准备

1. 嫁接地整理及母本园管理

勐库大叶种嫁接换种一般选择在茶季结束后的11月下旬至12月下旬进行，首先，要对所需嫁接改造的茶园进行一次深耕翻挖除草，结合深耕翻挖开沟施入腐熟有机农家肥1000~1500kg/667m^2，并配合施入含氮量小于10%的三元复合肥50kg/667m^2。茶地整理工作尤为重要，既可以起到除草减少病虫发生概率的作用，也可以改善茶园土壤环境，还能保持园地土壤含水量，减少旱季蒸发，为嫁接后接穗的成活、萌发打下坚实的物质基础。嫁接前要进行修剪（又称头次剪砧），剪口离地10cm。清除剪枝后进行全面松土，拣去石子、杂草、树根，嫁接前一天在茶丛根部及周围施足水，保持土壤湿润。

进行嫁接换种的茶园要求水源条件好、土壤理化性能优，茶树生长健壮、根系发达、树龄在30年以下，主干直径在1cm以上。接穗健壮是嫁接成活的关键。首先选择好优良品种茶园，挑选与砧木茶树亲和力强的良种茶树，如有性系茶树良种勐库大叶种、凤庆大叶种、勐海大叶种及无性系茶树良种云抗10号、云抗14号、云选九号等，加强培养。提前三个月对母树进行深剪，压低母树骨干枝部位，使萌发芽与新梢生长粗壮，着叶数

接穗

增多，同时加强水肥管理和病虫害防治，培养健壮的枝条。

2. 工具及嫁接材料准备

勐库大叶种茶区嫁接工具需要准备枝剪，用于剪接穗；平锯，用于锯砧木；劈刀，用于劈砧木；嫁接膜，厚度0.015cm，数量1卷，用刀断成两种：一种宽6～7cm，用来绑接口，一种宽3cm，用来封接穗上端口；遮阳网，用于嫁接后遮阴；洒水壶，用于嫁接后浇水。

接穗选择半木质化、红棕色、枝条粗壮、腋芽饱满的枝条，要求边剪边运至削穗地点，摊放在阴凉处，洒足清水，防止失水影响成活率，尽量做到当天采穗当天嫁接。接穗剪成长3～4cm，每个接穗只要1个节间和1个腋芽。削穗时，其下端与叶基垂直向削成楔形，削口长1.5～2cm，两个削面都要求光滑。削穗工作切忌在阳光下进行，削后置于装有水的桶中。如果需要运输，要50枝1捆整理捆好，用湿稻草或湿布打包包装防止枝条脱水。需要储存的，在室内用湿沙保存：先在底层放10cm厚的湿沙，含水量以手握成团、松手不散为宜，然后将接穗捆平放于湿沙上，每放1层中间加10cm厚湿沙，最后覆盖20cm厚湿沙。砧木应根据嫁接的需要量来选择，当天锯桩当天嫁接。剪砧分两次进行，第一次在嫁接前离地10cm处，砍去茶树，清理茶园，筛出细土以备用。嫁接前一天要浇足底墒水，保持土壤湿润。第二次剪砧是在第一次剪砧的基础上，扒开泥土，离根2～3cm处再剪一次。剪砧用弹簧剪一次性剪平，不得损伤砧皮，砧木过大的可用小锯锯平。

（二）嫁接技术

勐库大叶种茶区嫁接分冬季嫁接和春季嫁两个时期，冬季嫁接宜在11 月下旬至12月下旬进行，春季嫁接宜在3月下旬至4月下旬进行。近年来实际生产中一般采用低位切接法进行嫁接。嫁接前用锄头刨去茶桩周围5～10cm表土，用锯子在茶桩离土表以上10cm左右锯断，然后用刀削平砧木备用。削穗时，选用半木质化枝条中下部芽眼饱满的芽，左手拿接穗，右手用嫁接刀在接穗芽下1～2cm处，左一刀、右一刀削成1.5cm长楔子，然后在芽上0.2cm处用枝剪断枝，置于装有水的桶中备用。接穗插入时，根据砧木大小，1个砧木可接2～4个接穗。插入前，用刀在砧木上稍带木质部垂直向下切一刀，长度2cm左右，然后用刀撬开切口，把接穗插入并把接穗一边的韧皮部与砧木一边的韧皮部对准，即完成1个接穗插入。进行绑扎处理前再次察看所插上的接穗与砧木的韧皮部是否对准，如有未对准的，扶正对准后，及时用3cm宽的薄膜从砧木自上而下或自下而上一层压一层密封包扎，防止水分蒸发，在包扎过程中注意不要碰歪接穗。

接穗接好后每茶行用70cm长竹条插成一个拱形棚，棚架高35cm左右，盖好薄膜，薄膜两边用土压实，严防薄膜破裂和漏气，最后盖上遮光率在60%以上的遮阳网。

嫁接套袋

（三）嫁接后管理

嫁接结束后，随着气温的逐渐回升，茶芽逐步萌动或萌发，从砧木基部或接口以下常发生大量萌芽，必须及时、反复多次地进行抹除，保证养分集中供给，以利砧穗愈合，促进接穗新梢生长。发现没有成活的，及时补接，保证嫁接茶园的品种纯度。在接穗未成活前，要保持棚内相对湿度80%以上。平时要勤检查，当表土露白时即浇水，经常保持表土湿润，直到接穗完全成活为止。当新梢长到一芽三四叶后才能揭网拣苗，一般掌握在下午四点钟后至第二天上午十点钟以前，经几次拣苗后选择阴天把遮阳网完全揭掉。当接穗长到25cm时，应在20cm处摘除顶芽，以打顶代剪，促进分枝。当高度达到45cm时，离地35cm平剪，以后逐步提高高度进行弧形修剪，扩大采摘面。使嫁接苗在1～2年内形成1m多宽的茶蓬，进入投产期。

嫁接后的中耕除草应因时、因地进行。对于杂草少的地块，雨季前可

嫁接茶园

不必进行中耕除草；对于杂草较多的地块，视情况可进行1～2次浅耕除草。追肥原则上结合中耕除草一并进行。但是旱季一般不采取追肥，只有待雨季来临后视苗成活长势情况而定。不必在全园追肥，只针对长势较弱株，追肥应选择晴天的早晚在根部追肥或根外叶面喷施0.2%～0.3%尿素。嫁接成活后的茶株病虫害防治的重点在于预防或控制，应遵行“预防为主、综合防治”的农业方针，使用绿色防控技术，可以插天敌友好型色板25～30片/亩，或20～25亩安装一盏杀虫灯等，必要时采取化学药剂防治。

第三节

管理技术

一、土壤管理技术

茶园的土壤管理是实现优质高产的重要技术措施之一，对茶园土壤进行合理耕作能促进茶树根系生长和更新，能为茶树的生长发育创造有利的地下环境。勐库大叶种成年茶园的土壤耕锄时期分为春夏季浅耕和秋冬季深中耕。春季耕锄的时间是在2月下旬至3月中旬，高山茶区海拔1200m以上可到4月上旬。此次浅耕一般是结合施春肥进行，耕深7～10cm。利于疏松土壤，提高地温，同时浅耕能铲除杂草，减少养分损失，促进春茶萌发生长。夏季耕锄一般是在5月中下旬第一轮茶结束结合追施夏肥进行，耕深10～15cm，茶园经过春季的采摘和其他农事活动，土壤表层变得板结，妨碍了空气的流通和雨水的渗透，加上杂草生长旺盛，因此，应及时浅耕以疏松土壤，铲除杂草。7月下旬至8月上旬夏末秋初时期，当第二轮茶结束时配合施秋肥需要进行一次复耕，耕深10～15cm。这时气温高，光照强，适时耕作对彻底杀灭杂草、促进土壤硝化细菌活动、加速有机物质分解具有显著作用。10月下旬至11月中旬秋末冬初需要进行秋耕，当地上部停止生长时结合施冬肥进行，耕深15～20cm，这次耕翻不仅可以将杂草随同基肥翻入土中增加土壤有机营养，促进根系生长，同时还加速土壤的自然风化，使肥分释放，土壤结构改良，为次年越冬芽的大量形成奠定物质基础。成年老茶园秋冬季的深中耕，可以每年一次。对根系密布行间尚在壮年期的茶园，则不必年年冬耕，可每隔2年一次，以免损伤根系，影响树势和来年春茶产量。

在雨季到来之前或者冬季深施基肥之后，要对土壤进行深耕处理，用未感染病虫害的落叶、杂草、稻草、作物秸秆和绿肥覆盖在土壤表面，可减缓地表径流速度，增加土壤蓄水量，防止地表水土流失，抑制杂草滋生。使用杂草进行覆盖的，应在杂草未结实之前刈割，以免将种子带入茶园，新鲜的杂草应先曝晒后使用。铺草的厚度以铺草后不露土为原则，最好是满园铺。如草源有限，可铺茶丛附近，或先满足土壤保水性差和茶树覆盖度小的茶园。一般幼龄茶园每公顷铺鲜草30～40t，成龄茶园15～20t。铺草厚度约为8～12cm。平地或梯式茶园可将铺草撒放在行间，稍加土块压实。坡地茶园宜沿等高线横铺，成覆瓦状层层首尾搭盖，并注意用土块固定、压实，以防风吹和雨水冲走。对刚移栽的幼龄茶园，铺草宜紧靠根际，还可起到护苗作用。以保水防旱为主要目的的茶园铺草宜在旱热季节到来之前进行。一般在高山茶区或高纬度茶区既有旱害也有防冻所需，最好全年进行，可减少耕作松土与除草。新垦地的移栽幼龄茶园，宜在茶苗移栽结束后立即进行铺草。

二、肥料管理技术

茶树是以采收幼嫩芽叶为对象的多年生经济作物，每年要多次从茶树上采摘新生的绿色营养嫩梢，这对茶树营养耗损极大。茶树本身还需要不断地建造根、茎、叶等营养器官，以维持树体的繁茂和继续扩大再生长，以及开花结实繁衍后代等，都要消耗大量养料，因此，必须适时地给予合理的"营养"补充，以满足茶树健壮生长，使之优质、稳产高产。

春肥不但有助于春茶增产，且对提高夏秋茶的产量也有好处。勐库大叶种茶园春肥以速效氮含量高的专用肥为主，必须符合无公害茶叶生产的要求，确保产品质量，用量占全年总用量的40%～50%，一般幼龄茶园亩施专用复合肥15～25kg，成龄茶园亩施氮、磷、钾比例为3：1：1的复合肥50kg，一般的投产茶园春肥亩施尿素30kg配施磷钾肥。催芽肥在春茶萌发前25天施用为宜，一般亩用25～35kg化肥或速效性化肥在茶树根部周围开沟施用，开沟深20～30cm，施肥后应及时覆土防止挥发。勐库大叶种茶树生长后活动期从2—3月开始到9月，这个时期要分批施入三次追肥，也就是2—3月春茶期、5月、7月前均需施追肥，追肥以氮为主，钾肥在开春前一次性施下。具体追肥情况如下：第一次追肥在2—3月，每亩茶园使用尿素约20kg，硫酸钾约10kg，混匀后兑3%～5%水溶液浇施；第二次追肥在5月上中旬，每亩茶园使用尿素约7kg；第三次追肥在7月上旬，每亩施尿素约14kg，都可以兑成2%～3%水溶液，结合中耕除草后浇施。也可以用根外追肥，将0.5%尿素、1%～2%的过磷酸钙水肥液（化肥与水搅拌溶解后，静置过夜）喷于叶面，每亩喷施肥液约200kg。

勐库大叶种茶园一般在每年的10月底进入封园期，10—11月是茶树根系的生长旺期，根系活动剧烈，对土壤的养分需求量大，应在12月份之前完成施肥。肥料优先选择《有机产品生产、加工、标识与管理体系要求》（GB/T 19630—2019）附录中所列土壤培肥和改良物质，成年茶园秋冬季节施肥用量为每亩施有机肥3t，或施饼肥100～150kg、尿素15～20kg、过磷酸钙30kg、硫酸钾20kg，施有机肥应足量施用，可每2～3年施一次。成年茶树施肥深度应在35cm以上，并在树冠边缘下方开沟，而幼年茶树则以20cm为宜，梯形茶园应在梯级内侧施用。肥料以有机肥（厩肥或堆肥）为主，配合施用化肥，有机肥以草食性动物的粪便为好，如牛粪、羊粪等，因草食性动物主食天然牧草，较少涉及人工饲料，卫生安全。有机肥施用前需要经过无害化处理，杀死有害微生物和粪便中残留的草籽，避免带入病虫和施后杂草丛生。先把农家有机肥堆放在一起，用薄膜盖住，沤制40天以上，熟透后再使用，也可使用商品有机肥，商品有机肥具有见效快、利用率高、避免"烧根"现象等优势。另外，也可间种绿作有机肥源，如间种红花紫云英、红花草子、紫花箭舌豌豆等，宜于茶园深耕施基肥后种植。

三、病虫害防治技术

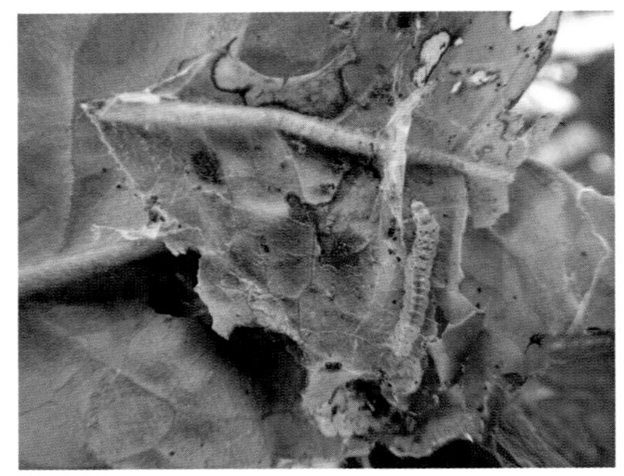
茶小卷叶蛾

茶园病虫害的发生，会对茶叶生产造成极大的影响，茶园病虫害的防治是维持茶园健康的关键。在绿色茶叶生产背景下，要积极推广应用病虫害绿色防控技术，提高茶叶品质及市场竞争力。勐库大叶种茶园病虫害防控遵循“预防为主，综合治理”的原则。主要措施如下：①物理防治。人工剪掉有害虫的茶树枝并烧毁，减少茶园内害虫数量；在茶园内设置频振式杀虫灯、太阳能杀虫灯，可有效诱杀茶小卷叶蛾、茶毒蛾、茶毛虫；在茶园内设置粘虫色板，对茶小绿叶蝉、茶黑刺粉虱可起到不错的诱杀效果；配置糖醋液，将糖、醋、黄酒三者按照45%、45%、10%的比例混合后再加入适量的敌百虫溶液，然后放入茶园内诱杀害虫。②化学防治。以喷施化学农药为主，尽可能降低对茶叶品质的影响，要优选低毒、高效、无残留、广谱、绿色农药，控制好用药时间、方法、剂量，确保达到理想的防治效果，同时也避免造成污染。如防治茶芽枯病，优选50%多菌灵可湿性粉剂800倍液或70%甲基托布津可湿性粉剂1500倍液；防治茶炭疽病，优选75%百菌清可湿性粉剂100g/亩兑水喷施；防治茶饼病，优选20%萎锈灵乳油1000倍液或90%甲基托布津可湿性粉剂1000倍液；防治茶小绿叶蝉，优选15%茚虫威乳油3000倍液；防治茶尺蠖，优选0.6%苦参碱水剂1000倍液。喷药时应避开中午高温时间段，喷药后如果降雨，应再补喷1次，保证达到理想的喷药效果。③生物防治。利用天敌类益虫诱杀害虫，利用瓢虫可捕食害虫，减少害虫数量；利用苏云金杆菌、枯草芽孢杆菌等微生物制剂可杀灭鳞翅目、同翅目类害虫；利用苦参碱等植物源农药可防治茶园茶叶螨虫、茶蚜、小绿叶蝉等害虫；利用除虫脲、灭幼脲等生长调节剂，可抑制茶小绿叶蝉等害虫的生长。④农业防治。科学选种，优选高抗病性茶树品种，种子繁育进行浸种消毒处理后再播种；合理控制好种植时间、密度，避免过度拥挤；采用适宜的种植方法，山区茶叶种植以单行条栽法为宜；做好除草工作，减少杂草数量，破坏害虫的栖息场所，并配合中耕破坏茶园土壤中的虫卵，减少害虫基数；做好水肥管理工作，提升茶树抗性；做好修剪整形工作，及时修剪病虫害枝、老枝、弱枝。

苔藓

勐库大叶种茶树易感苔藓、地衣，荫蔽度大的茶园或者老茶园受害严重，许多茶树由于营养物质被耗尽而枯死，导致茶园严重缺株，可使用2%硫酸亚铁喷雾防治苔藓，沼气液刷涂防治地衣，并对清理枯死茶树后的空置地及时补植。秋末冬初翻耕土壤后封园是重点，冬耕可降低土中越冬虫蛹的成活率，清理枯枝、落叶，将其移出茶园，集中焚烧或者深埋还可清除存活在这些枝叶上的越冬害虫及病菌菌源。此外，使用45%晶体石硫合剂或

苔藓地衣

者0.6%～0.7%石灰半量式波尔多液药剂封园，对茶饼病、茶藻斑病、地衣、螨类等均有较好的防治效果。

四、修剪技术

茶树适时合理修剪有助于促进树冠的生长，使得芽叶数量增多，将病枝、残枝、弱枝及时筛选、剔除，能够缓解茶园病害、虫害问题。勐库大叶种茶园根据茶树的树龄、长势和修剪目的，采取的修剪方法有：定型修剪、分段修剪、轻修剪、深修剪、重修剪、台刈、弯枝法等。

定型修剪方法参照新茶园建设章节的“定型修剪”部分。轻修剪主要用于成年茶树，修剪深度在10～15cm左右，用修剪机或篱剪，剪去树冠表层枝叶，使树冠面成弧形或水平形，轻修剪多在秋茶结束后进行，可视树龄、树势、生态环境、管理水平和品种特性等情况每年或隔年修剪一次。深修剪主要用于成年茶树恢复树势，用篱剪或修剪机修剪，修剪深度为20～30cm，以剪去鸡爪枝为度，修剪时间多在5月中旬，修剪周期视肥培管理水平和采摘质量而定，一般为4～5年。重修剪主要针对未老先衰低产茶树的改造，适用于分枝稀疏、采面零乱、鸡爪枝多、芽叶瘦小、对夹叶多

茶园轻修剪

的茶树，用修剪机或锋利的弯刀与篱剪配合，剪去树冠高度的1/3～1/2，以离地30～40cm为宜，同一园中茶树高矮不一、修剪时就低不就高，注意保持全园茶树高度大体一致，重修剪多在5月中旬进行。剪后要加强茶园管理，增施有机肥与磷、钾肥，注意防治病虫害。当年新梢留养、打顶采，第二年在原剪口高度上提高15cm修剪，以养为主、留叶采摘，第三年在第二年剪口高度上提高10～15cm修剪。树高70cm以上时，即可按轻修剪与留叶采标准投入生产。台刈适用于树冠衰弱、枝干灰白、苔藓、地衣多、对夹叶比例高、产量低的衰老茶园。用台刈剪在离地面10～15cm处砍去所有枝条。乔木型大叶种茶树无明显休眠期，常先用“环剥”法，即在离地面20cm处用利刀环剥树皮圆周2/3，保留1/3、环剥宽约2cm，使营养物积聚在切口处，促进此处不定芽萌发，1～2个月后待新枝长至60～80cm时，再剪去剥环以上的老枝条，台刈一般在5—6月进行。台刈后管理是成败的关键，刈前增施有机肥，刈后加强培育管理。台刈当年在秋末打顶，翌年在离地面约40cm处定型修剪，以后逐年在剪口高度上提高10～15cm修剪，结合分批打顶采，树高70cm以上即按轻修剪与留叶采的标准投入生产。弯枝法适用于茶苗和台刈更新后的树冠培养。每丛选若干长势强的枝条，往茶行两边分开呈平卧状，并用竹签等物固定，待新枝长达40cm时打顶轻采，至3～4轮新梢后提高6～8cm轻修剪。分段修剪养蓬是大叶种茶树达到高产优质的一种手段。分段修剪须具备的条件是苗茎粗0.4cm以上，或生长叶7～8片，茎木质化或半木质化。在离地10～12cm处修剪，一年内能养成2～3层分枝，每次剪口提高8～12cm，中心枝强剪，侧枝轻剪，以压低主干、扩展树冠。每次剪去枝条总数的1/3～1/2。两年后树冠养成4～5层分枝，骨架枝粗壮、匀密、树高可达50cm以上，树幅80cm，经轻修剪后，即可留叶采摘。

茶园重修剪

茶园台刈

五、采摘技术

合理采摘是茶叶获得稳产、高产、优质的重要措施之一。采摘茶叶必须保证采摘手段的严谨性，进入采摘期后适时采摘更有助于茶树的健康生长，注意维系好采摘同养护、数量同质量之间的关系，尽量做到多采茶、采好茶。在茶叶小开面亦或中开面阶段是最佳的采摘期，夏茶在进入小开面时最适宜采摘，春秋茶则要在中开面时采摘，春茶的采摘可基于种植状况适时将采摘期提前。勐库大叶种茶叶要根据茶树品种、气候条件、树龄、生长势及不同肥水水平等因素，结合市场需求来采摘，采茶和留养结合，既能收获茶叶，又能保证茶树正常生长，达到持续高产优质的目的。勐库大叶种茶区一般2月上旬即可采茶，此时达到标准的先采，未达到标准的后采，一般在开采后10天便可进入旺采期。从开采次序上来说，一般是先采低山后高山，先采阳坡后阴坡，先采早芽种后采迟芽种，先采老丛后采新蓬。由于勐库大叶种茶区多为山地，因此采用手工采茶，手工采茶要求提手采，保持芽叶完整、新鲜、匀净，不夹带鳞片、鱼叶、茶果与老枝叶，不宜捋采和抓采。采下的鲜叶应存放在清洁、通风、阴凉的场所，不能暴晒、雨淋，防止变质。春茶每隔2～3天采一批，夏茶隔3～4天采一批，秋茶隔6～7天采一批。

鲜叶采摘标准

幼龄茶树在正常肥水管理条件下，经过两次定型修剪，在春茶后期树高可达45cm以上，经过第三次定型修剪，茶树高达60cm左右，均可采用“打顶留叶”的方法采茶。其采留标准是春茶留二三叶，采一芽一二叶，夏茶留二叶，采一芽一二叶，秋茶留一叶，采一芽一二叶。在幼龄茶树采摘过程中应注意“采顶养边、采高养低、采密养稀”的原则。经过三次定型修剪和打顶留叶采摘后的幼龄茶树，在树高达60～80cm，树幅达130cm左右时，即可用成年茶树采摘的措施管理。成年茶树的采摘原则是：“以采为主，以养为辅，多采少留，采养结合”，以延长丰产年限。一般全年应有一季留真叶采摘，通常采用夏留一叶采摘。更新茶树的采摘原则为：“以养为主，采养结合。”深修剪茶树要在修剪当年春、秋茶留鱼叶采摘，第二年轻剪后，即可按成年茶树正常采摘。重修剪的茶树当年夏茶留养不采摘，秋茶末期可打头采，第二年春茶末期打头采摘，夏茶留2叶采摘，秋茶留鱼叶采摘，第三年春留1～2叶采摘，夏留1叶采摘，秋留鱼叶采摘，以后即正常留叶采摘。台刈过的茶树当年夏茶留养不采摘，秋茶末期打头采摘，第二年春、夏茶末期分别打头采摘，秋茶留鱼叶采摘，第三年春茶留2～3叶采摘，夏茶留1～2叶采摘，秋茶留鱼叶采摘，第四年正常留叶采摘。

采下的鲜叶及时运到茶叶加工厂，经专人验收后尽快摊放在清洁阴凉的室内。运送鲜叶的容器采用透气性好、清洁的竹编筐，筐的容量以50～100kg为宜，运送途中避免挤压，减少损伤。一般要求鲜叶采摘后4小时内就要进厂，万一不能及时送到茶厂，一定要避免日晒雨淋，并在干净通风处摊放保鲜，然后尽快送往加工厂。

六、藤条茶管理技术

勐库大叶种核心产区勐库镇的地形为两山夹一河一坝，南勐河从勐库坝子穿流而过，东西半山屹立两旁，西边的为西半山，东边的为东半山。坝糯村是东半山的代表，是东半山最大的寨子，以盛产藤条茶而闻名，坝糯的藤条茶园现今还有1500亩左右，其藤条茶园的面积在双江为第一，双江县最古老、最大的藤条茶茶树就在坝糯。除了坝糯村，勐库镇的亥公村、那赛村、那蕉村，勐勐镇的同化村、章外村、彝家村，沙河乡的营盘村、邦木村、陈家村，忙糯乡的康太村、滚岗村、帮界村，大文乡的大文村、太平村、清平村，邦丙乡的岔箐村、南榔村等村寨均分布有藤条茶园，这种茶树叶片相对较少，主干和岔枝裸露可见，岔枝上长着几十根甚至上百根又细又软又长的细藤。细藤下段裸身无叶，只有藤条尖顶长着几个嫩芽和几片嫩叶，整棵茶树看上去带有一种柳树般柔软的姿貌。

藤条茶不是茶树品种，而是人为管理方式造成的，双江藤条茶的培养法可追溯到清朝时期。藤条茶要经过多年细心地采留、修整、培养才能长成。藤条茶使用“留采法”，或者说“留顶养标”，每年春茶发后，将每根枝条尖端发出的新芽只留下两个芽头，每个芽头下边留两片嫩叶，多余的芽和叶带梗连蒂全部抹去。每根枝条每年向上伸10～14cm。10～20年后，伸长的茶树枝又细又长，形似藤条，年岁越久藤条越长。又细又长的藤条弯来绕去，再加上人工塑形，形成蓬网状。茶芽主要长在每根主藤和岔藤的顶端，一根藤条上一般只留两个芽，每个芽头圆实肥硕。茶农采摘

藤条茶园

时一般只采一芽一叶，采下来的鲜叶很嫩很规整，晒干后芽头茸毛厚密、颜色银亮。

藤条茶采摘

藤条茶“留采法”初始目的是为了方便采摘，因为茶树长得太高，采茶需要爬树，很不方便，于是人们想出了“留采”这种方法，“留采”只让枝条伸展，不让茶树长高，采茶的时候，不需要搭梯站凳采茶，而只需随手将藤条拉下，顺着枝条一路“抹”，边采边修，极大地提高了采摘效率。通过枝条顶部留叶，侧部修枝，保证茶树的顶端优势，抑制茶树开花结果，保证每一棵茶树的每一根枝条和叶片都能均匀充分通风受光，极大地增加茶树的光合作用，同时又能够减少水分蒸腾，还有利于把养分集中供应到枝条的每个生长点，促进新梢芽叶肥壮。藤条茶树采留方式，既易于采茶，又利于栽培管理，便于修剪、翻土、施肥和剪除病枝等。藤条茶一年可采3～4轮，第一轮在春天采，叫头春茶；第二轮夏天采，叫二水茶，滋味较春茶淡一些；第三轮在秋天采，叫谷花茶，如果秋茶采得干净，冬天就不用费时管理。养得好、发芽好的藤条茶树，冬天还可以再采一次，叫阳春茶，又称冬茶，滋味、香气好，但不耐泡。藤条茶一年采摘一般不超过四轮，这样利于养好树。藤条茶主干壮、分枝匀、蓬面宽，枝叶多而不乱、密而不细、疏而不稀，利于光照、且雨露滋养，更能充分吸取土壤养分。这种采养结合的模式，非常适合云南的古茶树，能延迟茶树衰老周期，防止茶树过早进入衰亡期，并延长了茶树的成熟期，提高了鲜叶产量和产品品质。

藤条茶新梢

第五章

勐库大叶种茶叶加工

第一节

鲜 叶

一、鲜叶的主要化学成分

鲜叶是茶树顶端新梢的总称，包括芽、叶、茎。鲜叶又称生叶、茶青等。鲜叶经过不同的加工制造之后，便形成各种不同品质特征的成品茶叶。鲜叶是制茶原料，是形成茶叶品质的物质基础。茶叶质量的高低，主要取决于鲜叶质量和制茶技术的合理与否，鲜叶质量是形成茶叶品质的内在因素，制茶技术则是茶叶品质转化的外在条件。在制茶过程中，实质是在外因的加工技术条件下，通过鲜叶内的化学成分，发生一系列的物理与化学变化，而获得各种茶叶品质特征。因此，有好的鲜叶原料基础，采用合理的工艺技术才能制出品质好的茶叶。构成鲜叶的质量，主要有鲜叶的化学成分和鲜叶的物理性状两大方面。

红茶、绿茶、白茶、普洱茶汤色对比

茶树鲜叶中所含主要化学成分，经过分离鉴定的已知化合物约有500种，其中有机化合物有450种以上，构成这些化学物质的基本元素，已发现的有29种：碳（C）、氢（H）、氧（O）、氮（N）、磷（P）、硫（S）、钾（K）、铁（Fe）、铜（Cu）、钙（Ca）、镁（Mg）、铝（Al）、氯（Cl）、锰（Mn）、铅（Pb）等以及硼、锌、氟、硅、钠、钴、铬、镉、镍、铋、锡、钛、钒。其中氢和氧化合的水占鲜叶重量的四分之三。碳、氢、氧、氮等基本元素所构成的有机成分，在鲜叶干物质中占绝大多数。鲜叶中的化学成分可分为水分、无机物（灰分）、有机物等三部分组成。鲜叶中主要化学成分的一般情况列表于下：

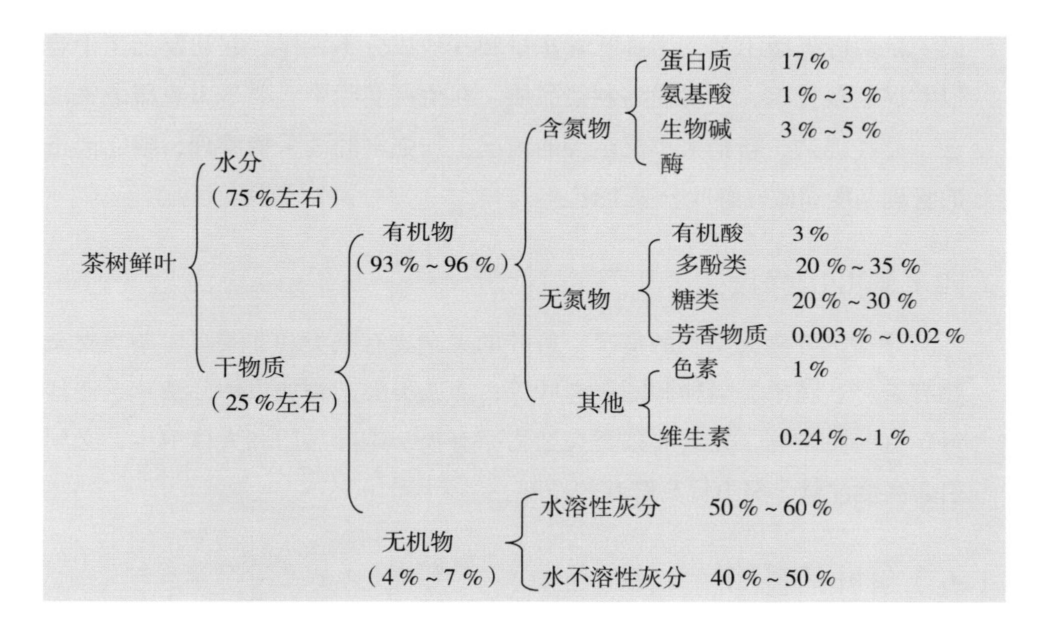

二、鲜叶的质量

（一）鲜叶的嫩度

是指茶叶发育的成熟度，是鲜叶品质好坏和鉴定鲜叶等级的主要指标。老嫩是鲜叶内在各种化学成分综合的外在表现，幼嫩鲜叶在生长初期所含有效成分含量高，而不利于茶叶品质的纤维素等含量则较少，因此，幼嫩的鲜叶在正常情况下，制出的茶叶形质兼优，而粗老叶子制出的茶叶品质则低次。鲜叶老嫩的区分主要看芽叶的数量、叶张大小、叶柔软厚实度等。一芽一二叶较嫩，一芽三四叶较老。

（二）鲜叶的鲜度

主要看叶色光泽新鲜或无光暗绿，叶梗、主脉脆断或失水萎软等程度，鲜叶下树以后，随着叶内水分不断散失，鲜叶内水解酶和呼吸酶的作用逐渐增强，内含物质不断分解转化而消耗减少，有效成分下降，影响品质，所以鲜叶应及时送厂，及时付制。进厂鲜叶应做好贮青工作，通风散热，时间不宜过长。

（三）鲜叶的匀度

是指同一批鲜叶均匀的程度，鲜叶老嫩均匀对茶叶品质关系很大，若同一批鲜叶老嫩不匀，则鲜叶含水量和其他成分不一样，在初制加工中难以掌握制茶技术，不易提高制茶品质。在生产实际中，要尽力克服老嫩混杂、品种混杂、新梢大小混杂等的情况，加强鲜叶的采摘管理，建立严格的管理制度和做好鲜叶分级工作。

（四）鲜叶的净度

是指鲜叶含夹杂物的情况，鲜叶的夹杂物有茶类和非茶类。茶类夹杂物有茶籽、花果、老梗和隔年老叶等；非茶类夹杂物如虫体、杂草、泥沙等。这些夹杂物，尤其非茶类夹杂物，有损于茶叶品质和人体卫生，必须引起高度注意，努力提高鲜叶的净度。

（五）鲜叶的色泽

芽叶色泽的差异与茶树品种、施肥、日照有密切关系。不同叶色的芽叶对茶类的适制性有很大区别，制成毛茶品质也不同。在群体茶园中，常有深绿色、绿色、黄绿色、紫色等不同芽叶色泽。如深绿色鲜叶，适制绿茶；而黄绿色鲜叶，适制红茶；紫色鲜叶，制茶品质较差。

（六）鲜叶的茸毛、大小、厚薄等

不同茶树品种的芽尖和叶背着生的茸毛不一，标志着鲜叶的老嫩。鲜叶越嫩，白毫就多，制出茶叶品质就好。

鲜叶小而细嫩的芽叶柔软，可塑性较好，制出的成品茶叶条索紧细，品质亦好。粗老叶子较硬，制出的成品茶叶条索松泡、品质较差。应根据制茶品质的特点，不同茶类，对鲜叶大小、厚薄、软硬等提出不同要求。

鲜叶从茶树采下后，呼吸作用仍在进行，鲜叶内部继续进行着一系列的生理活动和有机质转化、消耗。鲜叶下树后要及时送进厂，保持鲜叶的鲜度。在运送过程中必须注意：

1. 根据鲜叶下树先后不同，嫩度不同，品种不同，分别运送。

2. 装箩或运送途中防止阳光曝晒或雨淋；不能紧压等机械损伤。

3. 运输工具选用篾篮（通透性好），严禁使用塑料袋装运鲜叶。运送工具要清洁，经常清洗，除去陈宿叶。

4. 鲜叶不能堆捂，严防发热变红。

鲜叶进厂后要有专人验收，验收人员应根据鲜叶老嫩度、匀净度、鲜度及毛茶标准等因素，进行定级验收，分别按级归堆。如发现不符合采摘标准，老嫩混杂，发热变红，机械损伤，感染异味等劣变鲜叶，要酌情降级或废弃处理。

鲜叶进厂验收分级后，应立即进行付制。若客观条件限制，应做好贮青工作，时间不超过16～20小时。鲜叶贮青应选择阴凉、湿润、空气流通、场地清洁的地方。有条件时可设贮青室，每平方米20kg鲜叶计算，房子要求坐南朝北，防止太阳直接照射，室内保持较低温度。鲜叶摊放不宜过厚，一般15～20cm，雨水叶要稍薄，相隔一定时间，轻轻翻动，翻拌时，切勿踩踏叶子，以免机械损伤叶子而红变。

鲜叶分级指标

级别	芽叶比例
一级	一芽二叶占 70% 以上，同等嫩度其他芽叶占 30% 以下
二级	一芽二三叶占 60% 以上，同等嫩度其他芽叶占 40% 以下
三级	一芽二三叶占 50% 以上，同等嫩度其他芽叶占 50% 以下
四级	一芽三四叶占 70% 以上，同等嫩度其他芽叶占 30% 以下

三、鲜叶采摘

（一）采摘的原则

1. 采、养结合

茶树的芽叶是人们采摘的对象，而它本身又是树体进行光合作用的器官，过多地采摘有碍光合作用产物的形成和积累，即使是成龄投产茶园，在采摘的同时，也必须注意适当的留叶，保证在年生长期内有一批新生叶片留养在树上，以维持茶树正常而旺盛的生长势。

2. 量、质兼顾

茶叶是一种商品，竞争性强，不但要数量多，而且要质量好。而茶叶的采大采小，采嫩采老，采迟采早，是与茶叶的数量和质量密切相关的，因此采摘时要强调量、质兼顾，这是保证茶叶数量和质量的重要环节，只有这样才能持续不断地获得优质高产。

3. 因树因地因时制宜

茶树的不同品种、不同的树龄、不同的土地条件，它的生长发育状况是不一样的；而不同的茶类对茶树品种和鲜叶的要求又是不一致的，因此，从新梢上采下来的芽叶，应从茶类对鲜叶原料要求出发，结合茶树生长发育特性，根据当地的具体情况灵活掌握。

4. 与各项栽培技术措施相互配合

茶叶采摘作为一项栽培技术措施，只有在加强肥培管理，密切配合修剪的前提下，才能发挥出采摘的增产提质效应。同样，肥培管理、修剪技术等也只有在合理采摘的前提下，才能发挥它的应有作用，因此，合理采摘必须以各项栽培技术措施的密切配合为基础。

（二）采摘方法

1. 手工采摘

手工采摘是我国传统的采摘方法，其特点是：采摘精细，批次多，采期长，质量好，适于高档茶，特别是名茶的采摘，尽管手采法费工大，工效低，仍然是目前名优茶区应用最普遍的采摘方法，在今后相当长的一段时期里仍有一定的积极意义。

（1）打顶采摘法。待新梢展叶5～6片叶子以上或待新梢即将停止生长时，采去一芽二三叶，留下基部三四片大叶。一般每轮新梢采摘一二次，采摘要领是采高养低，采顶留侧，以此促进分枝，扩展树冠。这是一种以养为主的采摘方法，一般宜在一二足龄茶树和更新复壮茶树（更新后一二年）采用。

（2）留叶采摘法。当新梢长到一芽三四叶或一芽四五叶时，采去一芽二三叶，留下基部一片或二片大叶。留叶采摘法常因留叶数量和留叶季节的不同，又分为留一叶或留二叶采摘法等，其特点是：既注意采摘，也注意养树，采养结合，具体视树龄、树势状况分别掌握运用。

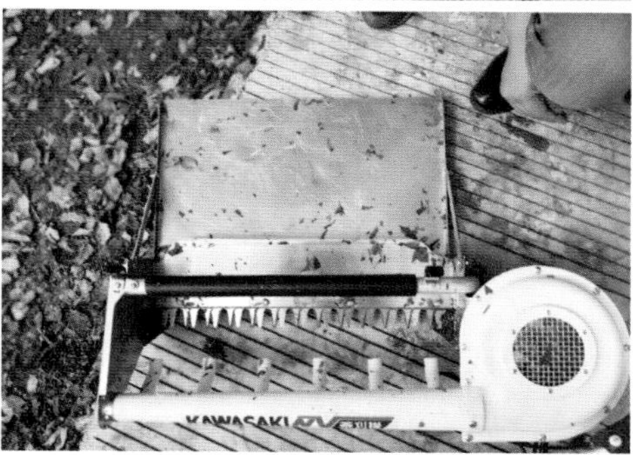

机械采茶

（3）留鱼叶采摘法。当新梢长到一芽一二叶或一芽二三叶时，采下一芽一二叶或一芽二三叶，只把鱼叶留在树上。这是一种以采为主的采摘法，是名优茶和一般红、绿茶的基本采摘方法。

2. 机械采茶

我国的采茶机研究于20世纪50年代末期开始，机器采茶已在部分茶区较大面积上试用。我国研制并已提供生产上试用、试验的机型有十余种。采茶机的基本型式有往复切割式、螺旋滚刀式、水平旋转钩刀式和拉割式四种。动力来源分机动、电动、手动三种。机采的生产效率一般要比手采高6 ~ 15倍，机采的质量以往复切割式为好。但使用机采茶树的树冠需进行必要的培养，以适应机械采茶。目前机采鲜叶的质量一般低于手工采的，一般只能做中档以下的茶叶。随着生产的发展和科技的进步，机械采茶将在实践中不断完善改进，今后一定能逐步以机采代替手工采摘，逐步实现采茶机械化，从而提高茶园经济效益。

采茶机能适应于红茶、绿茶、边销茶及乌龙茶等茶类的采摘，与传统的手采刀割比较，具有明显的优越性。具体体现在如下几个方面：

（1）提高工效，降低成本。如果是采摘边销茶和老青茶，机采比刀割能提高工效4 ~ 16倍。如果是采摘一般红、绿茶原料，双人抬采茶机全年平均工时生产率为46.2kg/（人·小时），而手采则为1.2kg/（人·小时），工效提高37.5倍。

（2）减少漏采，提高单产。机采对幼龄或重修剪、台刈后的茶树树冠养成有良好作用，在茶树树冠尚未封行之前，剪成水平状，由于压低茶丛中心枝，促进生长势向内侧转移，侧枝生长旺，因而树冠幅度增长较快，以利于采摘面的扩大和树冠提早形成，这是机采茶树提高单产的原因之一。此外，据测定，手采的漏采率一般在4成左右，高的达6成以上，而机采的漏采率仅为0.4成左右，能把合格的鲜叶绝大部分都采下。

（3）适时采摘，保证质量。一般手采的茶树，每轮茶采3～4批，每批相隔4～5天，每轮茶采摘期长达15～20天。但每轮茶最佳的采摘期只有6～7天，也是产量、品质最好的时期，如劳力不足，往往在这个时期出现滥采或漏采，使茶叶减产，品质下降，影响下轮新梢的萌发，这是当前生产上带有普遍性尚待解决的问题。而机采则能较好地解决这个问题。一台双人抬采茶机，每小时可采1.2～1.5亩，以每天实际工作6小时计算，若洪峰期为7天，可负担45～60亩茶园的采摘，也就是说在每轮茶最佳采摘期适时将茶采下，保证了鲜叶的自然品质和下轮茶的正常萌发。

第二节

普洱茶加工

普洱茶是以地理标志保护范围内的云南大叶种晒青茶为原料，并在地理标志保护范围内采用特定的加工工艺制成，具有独特品质特征的茶叶。

普洱茶（散）干茶、汤色及叶底

一、晒青茶加工

云南大叶晒青毛茶也称晒青绿茶或滇青，是制紧压茶、普洱茶的主要原料，是选用云南大叶种茶树鲜叶经杀青、揉捻后，采用太阳光晒干而成的绿茶。其品质特点是：外形条索粗壮肥硕，白毫显露，色泽深绿油润，香味浓醇，富有收敛性，耐冲泡，汤色黄绿明亮，叶底肥厚。

晒青茶初加工工艺：鲜叶→摊青→杀青→揉捻→解块→日光干燥→包装。

（一）鲜叶要求

选用优质云南大叶种茶树鲜叶为原料，主要采摘一芽二叶新梢为主的鲜叶及同等嫩度的单片叶、对夹叶。要求鲜叶不带马蹄、鱼叶、鳞片和其他夹杂物，且无劣变发酵、无病虫危害、无污染、无机械损伤的鲜叶。

（二）摊　青

鲜叶采收后进行适度摊青，厚度10～15cm，使青草气散发，芳香物增加，无表面水附着，鲜叶减重率达10%左右时即可及时进行杀青。

（三）杀　青

杀青是生产云南大叶种晒青毛茶的关键工序，采用平锅手工杀青和滚

手工杀青

筒杀青均可。手工杀青的铁锅直径60～75cm，杀青温度180～200℃，投叶5～8kg；滚筒杀青温度掌握在200～220℃。杀青主要掌握“杀匀杀熟”原则，做到“多透少闷、闷抖结合”，使茶叶失水均匀。杀青程度控制杀青叶含水量为60%～65%，杀青太嫩会产生较重的青涩味和红梗、红叶增加；杀青太重将导致焦味、焦片的增加，同时叶色会出现“死绿色”，不利于云南大叶种晒青毛茶适量酶活性的保存。杀青适度清香显露，色泽由鲜绿变为暗绿，手握茶汁微黏手，嫩茎折不断，无焦边和红梗、红叶。

（四）揉　捻

揉捻轻重程度以鲜叶特性及市场需求而定，追求清纯柔顺口感的茶叶可以适当轻揉，精制过程需分出长短、粗细、轻重、筛分、风选，甚至渥堆作业的茶叶就要求适当紧揉。晒青茶根据原料的不同可以机揉，也可以手揉。

机揉：有冷揉和热揉两种方法。所谓冷揉，杀青适度的原料，适度摊成厚度5～10cm左右，促使产生部分的湿热作用，水分重新分布均匀，至接近室温，开始揉捻。所谓热揉，就是杀青后趁热开始用手揉制，利用叶片还处于温软状态，使茶汁更易于被揉出。冷揉与热揉原则：“嫩叶冷揉，老叶热揉。”机揉的机型有45型、55型等，投叶量为自然装至揉桶容量的八至九成满。

手揉：团揉和搓揉结合，数量视手掌大小而定，把杀青叶往一个方向旋转，中途解散。主要表现为两种手法，一种是仿揉捻机的团揉法，优点是茶叶紧卷成条快，缺点是容易成团块，茶条不直，晒干时候必须理条；另一种是“八”字形或者“一”字形的推揉方法，此手法要注意前后的力度拿捏，推出时力度先小后大，揉出的茶条较直，紧结度不如团揉法。

手工揉捻

揉捻程度：茶汁揉出黏附于叶面，手捏成团，并有湿润黏手感。要求茶叶成条率在70%～75%为宜，尽量保持芽叶的完整性，避免茶汁过多把茸毛覆盖住。

（五）解　块

鲜叶揉捻完毕后，尽快将结成团块的茶叶分开，迅速降低温度，以避免产生闷味及干燥不足，产生闷酸现象。

（六）日光干燥

主要有室外自然光及晒房（PC瓦）两种。原则上要求用室外阳光通风晒干。茶叶揉好后，及时进行摊晒（俗称薄晒），摊叶厚度1～2cm，待干至六成干时（手握有刺手感，茎软、折而不断），即时归拢再晒（俗称厚晒），摊叶厚度5～8cm，干至茶叶含水量12%时及时收存（手搓晾晒茶条断碎，叶片成碎末，茎为碎粒状）。晒制时，需要注意：一是晒场要求空气自然清新，不可密闭，远离垃圾处理场、猪圈、牛羊圈、交通主干道；二是晒茶所用材质，以自然材质的竹制簸箕或大块正方形竹席为宜，有条件的可以让竹席离地保证竹席下可以通透自然风为好；三是晒制时需要关注茶叶的干燥程度，至手捏茶条成碎末时要求适时收存，以保存茶叶的清香，避免足干后继续暴晒成日晒臭。

日光干燥

与晒干质量相关的主要技术因素：阳光强弱，晾晒厚度、时间等。在天气不好时候可采用烘干机低于60℃的温度烘干。

（七）贮　存

贮存场地要求无异味、凉爽干燥、避光防潮、防灰尘，并有防虫、防鼠设施。乡村生态植被好，空气湿度大，为避免受潮，用内膜袋密封装箱保存。茶叶不宜常贮存在晒棚中，因为晒棚在受太阳光后不但温度高，而且晒棚材料在阳光下会降解产生异味。

二、普洱茶（熟茶）散茶加工

普洱茶（熟茶）是以符合普洱茶产地环境条件的云南大叶种晒青茶为原料，采用特定工艺，经后发酵（快速后发酵或缓慢后发酵）加工形成的散茶。其品质特征为：外形色泽红褐，内质汤色红浓明亮，香气独特陈香，滋味醇厚回甘，叶底红褐。

普洱散茶的工艺流程如下所示：

优质云南大叶种晒青毛茶→毛茶筛分（同规格茶）→渥堆→翻堆→干燥→分筛→拣剔→拼配成件→仓储陈化（普洱散茶）。

普洱茶审评

（一）原　料

优质云南大叶种晒青毛茶。

（二）毛茶付制

毛茶进入加工厂仓库按级归堆、付制，要求老嫩基本一致，在发酵前进行分筛，起到捞头、割脚的作用，以增进发酵的匀度。

（三）发　酵

普洱茶发酵是一个微生物及其酶性和非酶性氧化的缓慢过程，是形成普洱茶品质特色的核心。

1. 传统发酵

晒青毛茶一般含水量在9%～12%，必须增加茶叶含水量才能发酵，增加水分必须根据茶叶老嫩、气温、空气湿度、季节、发酵场地等不同情况，掌握发酵茶叶水分。一级、二级、三级毛茶发酵初潮水量至28%～30%，发酵中期20%～25%，发酵中后期（25±2）%，梅雨季节减少2%～5%的潮水量。晒青毛茶嫩度愈低，潮水量要相应增加，十级晒青毛茶发酵初期潮水量至35%～38%，发酵中、后期潮水量至30%～35%，发酵末期潮水量减至25%～30%。潮水宜用冷水发水，因普洱茶发酵是微生物和植物酶类缓慢综合发酵的过程，采用大堆发酵、潮水后堆高1.0～1.5m，每堆茶8～10t。发酵成堆后堆表面压水至透湿1.0～1.5cm，盖上湿布。增温保湿以利发酵的进行。

2. 控菌普洱茶固态发酵技术

准备发酵之前的3天，首先对进行发酵的发酵室进行清洗，并用紫外线消毒24小时，控制发酵室温度20～30℃，空气湿度80%以上。潮水后将含水量为30%～40%的晒青毛茶原料中接入重量百分比为0.05%～0.1%的普洱茶发酵剂，以后每次翻堆之前都添加发酵剂。

（四）翻　堆

普洱茶在发酵过程中，翻堆技术是影响普洱茶品质和制率的关键，必须掌握好发酵程度、发酵堆温、湿度及发酵环境的变化，进行适时翻堆。翻堆的掌握主要由发酵班、组负责人会同质检人员进行监控，以保证翻堆技术的正确实施。新发酵堆成堆第二天必须进行翻堆，俗称“翻水”，再成发酵堆，以使水分分布均匀。如第一天加水不足，第二天翻水时进行补足至需潮水量。一级、二级、三级青毛茶完成发酵需翻堆6～7次，青毛茶的嫩度愈低，发酵需翻堆的次数愈少，青毛茶10级翻堆次数可减至四次，翻堆以使所有的茶叶均匀受到湿热、微生物及植物酶的共同作用，达到自然氧化发酵。根据茶叶嫩度的不同，翻堆间隔5～10天，发酵前期5～7天翻一次，发酵中期7～8天翻一次，发酵末期8～10天翻一次，视发酵场地堆温、湿度及发酵程度而灵活掌握。要求翻堆使茶叶无团块，翻拌均匀。严格控制发酵堆温40～65℃，堆温达不到40℃或堆温超过65℃均应进行翻堆，经过几个翻堆周期后，当茶叶呈现红褐色，茶汤滑口，无强烈苦涩味，汤色红浓，香气具陈香时，即可通沟进行摊凉。

（五）干　燥

发酵翻堆结束后，为避免发酵过度，必须进行干燥，普洱茶干燥宜用室内发酵堆通光线法进行通风干燥，当茶叶水分含量20%以上必须每天通一次沟，茶叶水分含量14%～20%，每隔3～5天通一次沟，且按顺序通沟，顺序通沟结束后按反方向进行交叉通沟，如此循环往复至含水量14%以下即可起堆进行分筛。普洱茶干燥切忌烘干、炒干。晒干尽量少用，在万不得已时才用，因晒干可增加损耗达5%以上，且普洱茶品质也会有所下降。

（六）分　筛

分筛以定普洱茶各号头，筛孔的配置按茶叶老嫩而决定，即“看茶做茶”，根据筛网的配置把普洱茶分筛为正茶1、2、3、4个号头，副茶头子、脚茶两个号头，正茶送拣场待拣，副茶头子进行撒水回潮后，解散团块，脚茶经再分筛处理后制碎茶及末茶。各级别对样评定，进行分别堆码。

（七）拣　剔

对各级各号头茶进行拣剔，剔出非茶类夹杂物，拣净茶果、茶枝、茶花，拣剔结束后送到指定地点进行分别堆码待拼配。

（八）拼配成件

调配不同级别不同筛号品质相近的茶叶，以使茶叶达到样茶标准，然后按比例匀堆后成件、进行仓储或出厂销售。

（九）仓　储

因普洱茶发酵是微生物和植物酶类等综合发酵的过程，而发酵结束后是一个缓慢的酯化后熟过程，逐渐形成普洱茶特有的陈香风格，其陈香随后期酯化时间的延长而增加，因此存放时间越长的普洱茶，其陈香风格越浓厚，质量也越高，根据此特点，普洱茶成件后必须进行干仓储存，以利酶化作用的缓慢进行，且仓内温度不可骤然变化，如仓内温度过高，温差变化太突然，会导致茶叶品质下降。另仓内避免杂味感染，即力求贮放环境清洁无杂味。仓库内产品，应按不同品种分别堆码整齐，产品存放离地、离墙堆放。

三、普洱茶紧压茶加工

普洱紧压茶由云南大叶种晒青茶或普洱散茶经高温蒸压塑形而成，外形端正，松紧适度，规格一致。有呈燕窝形的普洱沱茶，长方形的普洱砖茶，正方形的普洱方茶，圆饼形的七子饼茶，心脏形的紧茶，以及各种其他特异造型的普洱紧压茶，如云南贡茶、金瓜贡茶等。加工工艺流程如图所示：

原料（云南大叶种晒青茶或普洱散茶）→拼配成堆→潮水→称茶→蒸茶→压茶→退压→干燥→包装→仓储陈化。

（一）原　料

普洱紧压茶原料系云南大叶种晒青茶或普洱散茶，品质正常，其水分含量必须保持在保质水分标准（12%～15%）以内，并堆放在干燥、无异味、洁净的地方，防止茶叶受潮或变质。

（二）拼配成堆

于拼堆前对已制好的各种茶坯对照标准样茶进行内质与外形的严格审评，决定适当拼配比例，采取拼配小样的办法，以检验拼配比例是否适度。拼堆时，将审评决定拼入的各筛号茶或各等级原料拼和均匀，使同一拼堆的原料品质一致。

（三）潮　水

潮水又称洒水，目的是促使压制紧结，增进汤色，使滋味回甜；洒水数量多少要因地制宜，视空气湿度大小而定，普洱散茶一般加水至茶叶含水量为20%～25%（云南大叶种晒青茶压制前不需潮水），洒水拌匀后堆积一个晚上，即可付制。潮水后的原料不能有劣变，即不能产生黑霉、酸馊味等。

（四）称　茶

称茶是成品单位重量是否合乎标准计量与原料浪费的主要关键，必须经常校正和检查衡量是否准确；称茶的斤两应根据拼配原料的水分含量按付制料水分标准与加工损耗率计算下称量，重量超出规定范围的均作废品处理。

$$称茶重量=\frac{单位成品标准重量\times(100-成品标准水分)}{(100-付制茶坯水分)\times(1-加工损耗率)}$$

生产时，产品的重量允许误差为标准的+1%和–0.5%。

（五）蒸　茶

蒸茶的目的是使茶坯变软便于压制成形，并可使茶叶吸收一定水分，进行后发酵作用，同时可消毒杀菌。蒸茶的温度一般保持在90℃以上。在操作上要防止蒸的过久或蒸汽不透面，过久造成干燥困难，蒸汽不透而造成脱面掉边影响品质。蒸茶适度的表现为蒸汽冒出茶面，茶叶变软时即可压制。

（六）压　茶

分手工和机械压制两种，在操作上要掌握压力一致，以免厚薄不均，装模时要注意防止里茶外露。

压制后的茶坯需在茶模内定型冷却，冷却时各茶间保持适当间距至茶坯表层晾到室温即可退模，退模后茶叶的内部温热有一定柔性，注意摆放平整，防止压制茶形状变形不合规格。压制茶内部的热气散发，表层与内部的水分平衡后，即可进行干燥。

（七）退　压

压制后的茶坯需在茶模内冷却定型3分钟以上再退压，退压后的普洱紧压茶要进行适当摊凉，以散发热气和水分，然后进行干燥。

（八）干　燥

有加温干燥、自然风干两种。加温干燥在烘房中进行，控制室温由低至高在40～60℃，超过70℃时就会产生表层剥落、龟裂或外干内湿、郁热烧心等现象，成品也会带有火燥感。干燥过程注意除湿换气。

风干干燥主要在冬春干燥气候下采用，耗时长，需要的场地大，自然风干常要100h以上才能达到标准干度。风干方式常受气候和场地的制约，茶叶干度不足。如空气的湿度超过了65%，或场地早晚有露时密闭不够。可以先风干一两天，再进烘房烘至标准干度。

（九）包　装

包装前首先是对成品水分、外形、重量的检查。茶叶包装做水分检验，保证成品茶含水量在出厂水分标准以内，生茶≤13%，熟茶≤12.5%。要求外形整齐、端正、压制松紧适度、各部分厚薄均匀、不起层脱面，分洒面、包心的茶，包心不外露。重量误差：500g以上片重正差2.5%，负差1.5%；500g以下片重正差5%，负差1.5%。

传统内包装用棉纸，外包装用笋叶、竹篮，捆扎用麻绳、篾丝。各包装材料要求清洁无异味，包装要求扎紧，成包的要端正，成件的要紧实牢固，外形包装的大小应与茶身密切贴合，不使松动，捆扎必须牢固，以保证成茶不因搬运而松散、脱面。包装成件后，存于干净、通风、阴凉的仓库内，让其自然陈化。

（十）仓储陈化

普洱紧压茶包装成件后，必须贮藏于干净、通风、阴凉的仓库内，让其自然陈化，以利酯化作用的缓慢进行。注意成茶的温、湿度的变化，保持室内温、湿度的相对稳定，保持茶叶品质稳定。

第三节

绿茶加工

绿茶是一种不发酵茶，鲜叶通过杀青，酶的活性钝化，内含的各种化学成分基本上是在没有酶影响的重要条件下，由热力作用进行着热物理化学变化，从而形成了绿茶的品质特征。绿茶要求高温杀青，适度揉捻，及时干燥。绿茶因干燥方法不同，有炒青绿茶、烘青绿茶、蒸青绿茶等之分。

绿茶干茶、汤色及叶底

一、烘青绿茶加工

烘青绿茶初制工艺流程：杀青→揉捻→干燥。

（一）杀　青

杀青是绿茶初制过程中的关键工序，对绿茶品质形成具有决定性作用，不仅决定香味的优次，而且对外形色泽、条索松紧，以及叶底嫩度和色泽也有重要影响。因此，杀青技术掌握的好否，是决定绿茶品质的关键。

1. 杀青目的

一是利用高温破坏鲜叶中氧化酶的活性，制止茶多酚的酶促氧化，避免产生红梗红叶，为形成绿茶“清汤绿叶”的品质特征奠定基础。二是散发青草气，挥发茶香，挥发低沸点芳香物质，高沸点芳香物显露出来。三是蒸发部分水分，使叶质变软，增强韧性，为揉捻成条创造条件。

2. 杀青要求

杀青应做到“三要三不要”，即一要杀熟，没有生叶或半生半熟叶；二要杀透，没有青草气味；三要杀匀，芽叶杀青程度均匀一致。一不要红梗红叶；二不要焦烟味；三不要水闷味。

3. 杀青中应掌握好三个原则

即“高温杀青，先高后低”；“抖闷结合，多抖少闷”，“老叶嫩杀，嫩叶老杀”；达到杀匀杀透杀熟和“老而不焦，嫩而不生”的目的。

4. 掌握好杀青的关键技术

影响杀青质量的因素有锅温、投叶量、时间、机型杀青方式等。它们是一个整体，互相牵连，相互制约，不能机械地加以分割。

锅温：鲜叶投进去有轻微炸声为宜，投叶前锅温度200～230℃，锅底白天灰白色，夜晚弱光下显微红色，即为锅温适度。

投叶量：根据温度高低和是否露水叶而定，一般投叶20～22.5kg，时长8～10min。露水叶投叶量要少，且提高温度。高温杀青标志是能迅速使叶温达到80℃以上，抑制酶活性。

5. 杀青程度的掌握

一是鲜叶色泽由鲜绿变为暗绿，失去光泽，不生青，不黄熟，不焦边，无红梗红叶。二是青草气基本消失，略有清香，无水闷气，无熟闷气，无烟焦气。三是手握叶子柔软，略带黏性，嫩茎折不断，紧握成团，稍有弹性。四是嫩叶失重40%左右，老叶失重30%左右。

（二）揉　捻

茶叶揉捻首先是运用力的作用，以利茶叶外形的形成。其次是适度破坏细胞组织，增加茶叶的水浸出物含量，同时各种内含成分发生一定的变化。

1. 揉捻目的

一是卷紧茶条，增进外形美观。二是适度破坏叶细胞组织，茶汁挤出附着叶表，便于冲泡和耐冲泡，增进茶汤浓度。

2. 揉捻要求

条索卷紧、匀整、苗直、不扁、不松、不弯曲、碎茶少（3%）；叶色绿润，不泛黄；香气清高而不闷。

3. 揉捻时间与加压

加压应遵循“先轻后重，逐步加压，轻重交替，最后不加压”原则。加压轻重应视叶子老嫩灵活掌握。较嫩的鲜叶，避免叶色变黄，中间适当加轻压。中等嫩度的鲜叶杀青后稍微摊凉，余热未散时（叶温约40℃左右）进行揉捻，以利茶条紧卷，其加压应以中压为主，中间适度重压。粗老的鲜叶投叶量要少，杀青后要立即趁热揉捻，既便于成条，又可促进内含物的转化，减少茶叶的粗老气味，其加压应以重压为主。

不同型号的揉捻机，其投叶数量分别为：40型为10kg；45型为15kg；50型为25kg；55型为30kg；65型为55～60kg。

4. 揉捻程度

同批叶的揉捻程度均匀，3级以上成条率要达85%以上；4～6级要达70%以上；叶内细胞扭曲变形率45%～65%；茶汁黏附于叶面，手摸有滑润粘手之感；条索卷紧不扁，嫩叶不碎，老叶不松。

（三）干　燥

烘干毛火温度为110～120℃，摊叶厚度1～2cm，每分钟上叶3～4kg，时间快速10min，中速15min，慢速约20min。出机后要立即摊凉1小时左右。

足火：足火温度在90～100℃，达到干燥要求程度，再经摊凉后装袋。

无论毛火、足火都要注意烘箱底部的脚茶，应经常清理，分开摊放装袋。

二、炒青绿茶加工

炒青绿茶是一种通过炒干方式获得的绿茶产品。它的加工过程主要包括杀青、揉捻和干燥3个主要步骤。炒青绿茶按照外形可以分为长炒青、圆炒青和扁炒青三大类。

长炒青由于在干燥过程中受到机械或手工操力的作用不同，成茶形成了长条形、圆珠形、扁平形、针形、螺形等不同的形状，按外形可分为长炒青、圆炒青和扁炒青三类。长炒青形似眉毛，又称为眉茶。

圆炒青外形如颗粒，又称为珠茶，有香高味浓、耐泡等品质特点。

扁炒青又称为扁形茶，成品茶扁平光滑、香鲜味醇。

（一）杀　青

炒青杀青的目的和方法与烘青绿茶基本相同。

（二）揉　捻

除制作碧螺春等手工名茶外，绝大部分茶叶都采取揉捻机来进行揉捻。即把杀青好的鲜叶装入揉桶，盖上揉捻机盖，加一定的压力进行揉捻。加压的原则是“轻—重—轻”。即先要轻压，然后逐步加重，再慢慢减轻，最后加压再揉5min左右。揉捻叶细胞破坏率一般为45%～55%，茶汁黏附于叶面，手摸有润滑黏手的感觉。

（三）干　燥

干燥的方法有很多，有的用烘干机或烘笼烘干，有的用锅炒干，有的用滚筒炒干。

1. 目　的

叶子在杀青的基础上继续使内含物发生变化，提高内在品质；在揉捻的基础上整理条索，改进外形；排出过多水分，防止霉变，便于贮藏；经干燥后的茶叶，都必须达到安全的保管条件，即含水量要求在5%～6%，以手揉叶能成碎末。

2. 方　法

又分锅炒和烘焙两种，锅炒二青的投叶量约2～3kg（即2～3锅杀青叶合并一锅炒），下锅温度120～140℃，炒时茶叶发出轻微的爆声，约炒5min左右，温度逐步下降，直到茶叶不太烫手时为适度。温度太高易产生泡点，太低叶子易闷黄，叶底也暗。炒二青的方法是手心向下，手掌贴着茶叶沿着锅壁向上推起翻炒，轻抖轻炒，但用力不可太大，否则易压成扁条，并注意随炒随解散团块，随着水分逐步散失，茶条开始由软变硬，用力也逐步加重，以炒紧茶条。炒至6～8成干时，即可出锅摊凉，以便辉锅干燥。

烘二青的方法是，用焙笼或土灶炉烘焙，烘炉以烧木炭最好，待烟头全部烧尽后，上盖一层灰，改成中间厚四周薄，使火温从四周上升，焙心受热均匀。烘茶前要把焙心烧热。初烘时焙心温度达到90℃时开始上茶，上茶时焙笼应移到托盘内，摊叶要中间厚四周薄，每笼摊揉捻叶0.5～1.0kg。烘焙过程中，每隔3～4min翻一次，大约经过5～7次，达到6～8成干时，即可下焙摊凉。

辉锅时以合并2～3锅二青叶做一锅为好，辉锅温度以80～90℃为宜，茶坯下锅后无炸响声，当茶条开始转为灰绿时，锅温下降至70℃左右，这时炒的速度应加快，用力宜轻，每分钟抖炒翻动约40～50次，当炒到茶香外溢时，手碾成粉末状，色泽灰绿而起霜，即为辉锅完毕。辉锅时间一般为30～45min，干毛茶含水率为4%～6%。炒茶中产生的茶末，应从锅中扫除，以免茶末烧焦，成茶产生焦味。

三、名优绿茶加工

名优茶是名茶和优质茶的统称，它包括进入流通领域的茶叶优质商品和名牌商品。它的产品质量包括产品实体质量、包装质量、销售后服务质量等。优质茶是具有品牌的茶叶的优质产品。名茶是优质茶中知名度较高信誉好的名牌产品。

名优绿茶加工方法多以手工为主，目前某些中档名优茶加工已实现机械化。不论手工还是机制，其制茶的原理和工序基本一致，主要包括杀青→揉捻→造型→干燥四个阶段。整个工艺重点突出在造型这一环节，通过不同的手法和造型机械可加工成不同形状的茶叶。

（一）鲜　叶

鲜叶标准为一芽一叶初展至一芽一叶开展，要求芽叶肥壮挺直、色绿、茸毛多、无病虫害，突出“早、嫩、鲜、匀”。

（二）杀　青

采用平锅杀青，开始温度150℃左右，后期应适当降低，每锅投叶量400～500g左右，用手翻炒，抛闷结合，多抛少闷，约炒5～7min，炒至叶质柔软，折梗不断，叶色暗绿，青气消失，不产生红梗红叶为适度。

30型滚筒连续杀青机杀青技术要点：应保持筒温稳定，投叶要均匀，应随时检查杀青程度并及时调节温度和投叶量。筒温可掌握在150℃左右。开始投叶量要多，未杀透青叶应返回重杀，直至杀青适度时转入均匀投叶，杀青时间掌握在15min左右，以叶质柔软、折梗不断、青气散失、清香显露，含水率55%～60%为适度。

（三）造　型

1. 针型茶

（1）手工造型：杀青叶出锅后，抖散水热气，轻轻揉捻，适当抖散解块，揉至芽叶成条即可锅炒造型。开始锅温80～90℃轻翻抖炒，略微干燥时，理直茶条，置于手中，双手掌心相对，轻轻搓条，边理边搓，到叶子不黏手时，锅温降至60～65℃左右，加大力量搓条，促使茶条逐步紧结圆直，达六七成干后，转入拉条，即茶叶沿锅壁来回拉炒，理顺拉直茶条，并进一步做紧、做圆，炒至八九成干后即可。

（2）机制造型：将摊凉后的杀青叶装入30型的揉捻机，采用轻压或不压，即使揉捻比较充分也不宜加重压，切忌一压到底，而只能适当延长揉捻时间；否则易造成茶条断碎，色泽暗黑，汤色混浊等弊端。然后将揉捻叶投入理条机内，主要是控制好理条机温度与时间，温度在不产生焦点爆点的前提下宜高不宜低。时间在达到理条要求前提下，宜尽量缩短，因为时间长会导致色泽暗褐，香气低沉，茶条过紧而不舒展。一般开始槽锅温度以100℃左右为宜，每槽投叶量100～150g，理条1～2min后降至70～80℃左右，理条时间在4～6min左右，以达到茶条外形要求，形状基本固定，烘干中不会变形为原则。

2. 卷曲型茶

（1）手工造型：待锅温降至80℃左右，在锅中揉捻，手握叶子沿锅壁盘旋热揉，使叶团在手掌和锅壁之间滚动翻转，滚动的方向要一致，不可倒转，每揉转3～4周解块一次，散发水分，防止结团和郁闷，炒揉10～15min左右，叶子不黏手时，锅温降至60～70℃左右。改换手法搓团，提毫，这是造型的关键阶段，搓团时将叶子分为两团，先抓一团在手掌中搓团，方向要一致，使叶子在手中团转，逐步卷曲成型和显毫，然后两团一道解块抖散，如此反复搓团解块，大约13～15min左右，茶条紧细卷曲白毫显露即造型结束。

（2）机制造型：揉捻机采用30型（揉捻方法与针型茶相同）。采用曲毫干炒机。正确掌握好温度，投叶量、炒板摆幅与摆速及做型时间。若温度高、叶量少、摆速快，则失水快、时间短，难以达到紧细卷曲的处形要求，若摆幅不当，茶叶难以翻转，则底部易产生焦茶。开始锅温度要在80℃左右，以后逐步降至60℃，每锅投叶量3～4kg，炒板摆幅在65°～70°，摆速以55～60次/min为宜。炒制时间40～50min，炒至茶叶螺旋卷曲状即可出锅。如若炒至含水率20%～25%时，转入平锅进行手工搓团提毫，则白毫显露，效果更佳。

（四）干　燥

造型后的茶叶，已失去大部分水分，一般达到了八成干，可采用足火烘干，温度不宜过高，掌握在80～90℃即可，将定型后的茶叶均匀薄摊在烘筛上，直至足干，烘干时不宜翻动，避免茶叶断碎，影响造型。

第四节

红茶加工

一、工夫红茶加工

工夫红茶品质特点：外形条索紧结、肥硕、金毫显露；色泽乌润。内质汤色红艳明亮；香气馥郁；滋味浓醇；叶底红匀明亮。

工夫红茶要求鲜叶细嫩、匀净、新鲜。采摘标准以一芽二三叶为主的同等嫩度的对夹叶和单片叶。鲜叶进厂后，严格对照分级标准分级验收归堆。工夫茶初加工工艺分为：鲜叶→萎凋→揉捻→发酵→烘干五道工序。

红茶干茶、汤色及叶底

（一）萎　凋

良好的萎凋是形成红茶优良品质的前提，萎凋要适度、均匀。萎凋适度的标志：

1. 叶面失去光泽，由鲜绿转为暗绿，无泛红现象。

2. 叶形萎缩，叶质柔软，嫩茎折不断，紧握成团松手后能慢慢弹散，无焦芽、干边现象。

3. 青草气基本消失，略显清香或花香、水果香。

4. 萎凋叶含水量一般在58%～65%。

萎凋方法有室内萎凋、荫处萎凋、日光萎凋、萎凋槽萎凋、萎凋机萎凋等五种，目前使用最多的是萎凋槽萎凋。一般情况下，萎凋槽摊叶厚度14~20cm，温度20~30℃，历时6~8h。

红茶萎凋

（二）揉 捻

在揉捻机上进行，揉捻程度比绿茶重，全程揉捻时间大约90~100min。要求成条率达90%以上，细胞破碎率越高越好，并要求保持芽锋完整，减少断碎，基本无扁条。

（三）发 酵

红茶发酵是多酚的酶促氧化作用，是绿叶变红的主要过程，对红茶品质起决定性作用。发酵的目的，是增强酶活性，促进多酚类化合物的氧化缩合，形成红茶色泽和滋味；使叶子变红，减少青气，形成浓郁的香气，增加茶汤浓度，减少苦涩味，形成红茶特有的色泽和香味。发酵均匀适度的标志是：对光透视，叶色呈黄红色或新铜色，青气消失，发出浓厚的果香或花香（主要是熟苹果香或玫瑰花香）。发酵摊叶摊放厚度根据叶子老嫩、揉捻程度等综合而定，一般是10~15cm，嫩叶宜薄，老叶宜厚。历时4~6h。

（四）干　燥

1. 毛火：应掌握高温快速的原则，迅速制止酶的活性，散发叶内水分。毛火温度110～120℃，时间从进茶坯到出毛茶坯大约12min。

2. 摊凉：毛火出来的茶坯，大约是八成干，但是存在着外干内湿，必须进行摊凉，使内外水分重新分布，干湿一致。茶胚摊凉厚度5～10cm，时间0.5～1h。

3. 足火：掌握低温慢烘的原则，温度100～110℃继续蒸发水分，散发茶香，至足干，手捻成粉末，色泽乌润，香气浓郁，含水量不超过6%为宜。

二、红碎茶加工

（一）红碎茶的花色

分为叶茶、碎茶、片茶、末茶四种。叶茶类呈条形紧细挺直；碎茶呈颗粒状紧结重实；片茶呈皱折木耳状；末茶重实如沙粒。四类花色规格差异明显，不同叶形茶叶不能混在一起。红碎茶外形油润乌黑，茶汤红亮，香味浓、强、鲜。

（二）红碎茶初制工艺

鲜叶→萎调→揉切→发酵→烘干五个程序。红碎茶初制工艺流程除揉捻改为揉切外，其余与工夫红茶相同。

1. 萎　凋

红碎茶萎凋的方法及要求与工夫红茶基本相同，但因碎红茶香味要求浓强鲜，萎凋程度适当宜偏轻。

2. 揉　切

先将萎凋叶揉捻成条，通过揉切机挤、压、切的作用，使叶细胞组织充分破坏，形成滋味浓强鲜爽、香气浓厚的品质特点。揉切后筛分，筛底发酵，筛头重切，经多次揉切后筛分，分别取料，划分品质。目前生产上揉切机主要以CTC为主。

3. 发　酵

红碎茶要求香气高锐持久，适当控制多酚类氧化程度，掌握嫩发酵是很重要的。要求发酵均匀适度，“宁嫩勿老”。因为还要考虑到贮运过程的后发酵。因此，只要茶坯消除青臭气；呈现绿黄色、橘黄色或初现红色即可。

4. 干 燥

毛火：烘干机进风口温度110～120℃，摊叶要均匀，摊叶厚度随原料老嫩、不同茶号而异。一般嫩茶比老茶薄，碎茶比尾茶薄，1号茶比2号、3号茶薄。烘至八成干即含水量为15%～20%，下机摊凉散热，切忌堆积过厚，使茶坯散发热和蒸发水分，使内外干湿均匀。冷却至室温后再进行足火。

足火：摊叶稍厚，进口温度100～110℃，烘至水分不超过5%，用手捏茶成粉末。足火下机后，应分级分号薄摊与审评，装袋入仓。

三、晒红茶加工

采用云南大叶种茶鲜叶为原料，经萎凋、揉捻、发酵、日光干燥、压制（或不压制）、包装等工艺加工制成。

（一）鲜 叶

为云南大叶种茶树新梢，应保持芽叶完整、新鲜、匀净、无污染和无其他非茶类物质，并符合相应的食品标准及相关规定。

（二）萎 凋

采用日光萎凋、室内加温萎凋等方法，都是用加温的方式来加速水分的蒸发和增强酶的活化性能。日光萎凋气温在25℃左右较为理想。室内自然萎凋的最适宜温度20～24℃；在低温高湿的情况下，进行加温萎凋既能提高生产效率，又可提高萎凋质量，但温度不宜超过38℃。否则，鲜叶失水太快，会造成细嫩芽叶的萎凋不匀，过早红变等现象。在调节温度时应掌握“先高后低”的原则，防止萎凋后期温度太高，影响品质。萎凋适度的叶子，老叶减重率为20%～30%，嫩叶减重率为30%～40%。

（三）揉 捻

掌握“揉捻加压轻一重一轻；嫩叶轻压短揉，老叶重压长揉”等原则。揉捻时间70～90min。同时，也应注意对特殊萎凋叶的压力控制，萎凋不足的或芽毫多的原料要适当轻压，以减少断碎；萎凋稍过度的，应适当重压，以利发酵。

（四）发　酵

发酵室温度应控制在22～24℃为适宜，最高不超过28℃。发酵室相对湿度应保持95%～98%，为保持高湿度，可在发酵室地面洒水。发酵叶的摊放厚度，要掌握“老叶适当摊厚，嫩叶适当摊薄”的原则。发酵时间以6～8h为宜。

（五）日光干燥

将发酵之后的红茶进行日光干燥，以自然材质的竹制簸箕或大块正方形竹席为宜，有条件的可以让竹席离地保证竹席下可以通透自然风为好。

（六）压　制

参照普洱紧压茶压制工艺，可压制成饼茶或者砖茶，节省空间，便于存放。

（七）运　输

运输工具应清洁、干燥、必须无异味、无污染。运输时应注意防雨、防潮、防晒措施；禁止与有毒、有害、有异气味、易污染的物品混装、混运。

（八）贮　存

原料、辅料、半成品、成品应分开放置，不得混放。产品应隔墙、离地贮存在清洁、防潮、通风、干燥、无异味的专用仓库，严禁与有害、有毒、有异味、易污染的物品混贮。

第五节

白茶加工

云南白茶主要由云南境内生长茶树的幼嫩芽叶，经过萎凋、干燥、拣剔、压制（或不压制）等特定工艺过程制成。其品质特点：具有花香、果香，滋味清爽、甘甜。按加工工艺及外观形态分为非紧压型白茶和紧压型白茶。

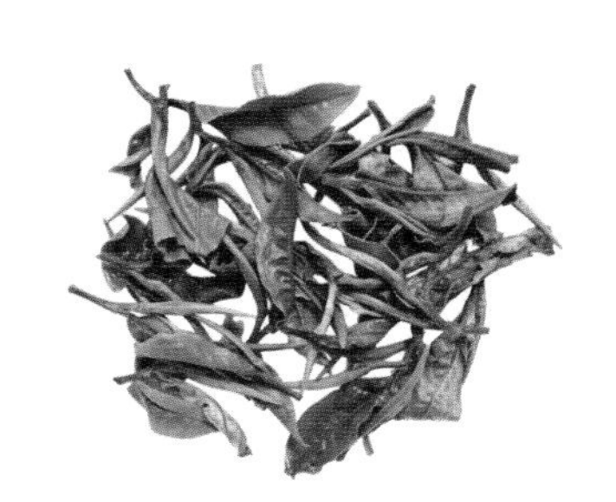

白茶干茶、汤色及叶底

一、非紧压型白茶

以云南大叶种茶树品种的单芽、一芽一二叶为原料，经萎凋、干燥、拣剔、拼配匀堆、复烘、压制、包装等工艺加工制成。根据原料要求的不同，分为白毫银针、白牡丹、贡眉和寿眉四种产品。

白毫银针：以云南大叶种茶树品种的单芽为原料，经萎凋、干燥、拣剔等特定工艺过程制成的白茶产品。

白牡丹：以云南大叶种茶树品种的一芽一二叶为原料，经萎凋、干燥、拣剔等特定工艺过程制成的白茶产品。

贡眉：以云南大叶种茶树品种的嫩梢为原料，经萎凋、干燥、拣剔等特定工艺过程制成的白茶产品。

寿眉：以云南大叶种茶树品种的嫩梢或叶片为原料，经萎凋、干燥、拣剔等特定工艺过程制成的白茶产品。

（一）鲜　叶

为云南大叶种茶树新梢，应保持芽叶完整、新鲜、匀净、无污染和无其他非茶类物质，并符合相应的食品标准及相关规定。

（二）萎　凋

1. 室内温度和湿度

春茶萎凋的室内温度为15～25℃，夏秋茶萎凋的室内温度为25～35℃。

2. 萎凋时间

自然萎凋在正常气候下的总持续时间为40～60h；加热萎凋的总时间为16～24h。

3. 萎凋的叶片

含水量在萎凋终点为18%～26%。

4. 萎凋程度

萎凋芽叶为银白色，叶色变为灰绿色或深绿色；叶缘自然干燥或卷曲，芽尖和嫩茎呈翘尾状。

白茶萎凋

（三）干　燥

白茶日光干燥

通过干燥，固定茶叶品质，发展香气，形成白茶产品。白茶干燥应选择低温干燥，温度应该控制在80～90℃。干燥过程中应该严格控制温度，温度过高，堆叶过厚容易造成茶叶红变，香气不正；如温度过低、湿度过大，则会产生毫芽黑变，使茶叶品质下降；火候过度则会产生毫色发黄，不利于成茶品相。

（四）拣　剔

在干燥结束后立即捡去鱼叶、黄片、红张、果皮、枝梗和其他非茶类夹杂物，捡剔时操作要轻，要保持茶叶完整无损，使毛茶匀净美观。

（五）拼配匀堆

根据各级成品茶加工标准样，对各批次白茶按一定的比例进行拼配，取长补短，调剂品质，达到规定的质量要求。

（六）复　烘

通过拼配匀堆的白茶进行再干燥，在散发水分的同时，也促进了茶叶品质的转化，使茶香气进一步提升，口感变得更加甜醇。温度一般掌握在60～80℃，烘干后茶叶水分在5%～7%。

（七）包　装

包装材料和容器应符合相应的食品安全标准和有关规定，封口严密，包装牢固。白茶装箱一般都有两层，第一层为复合塑料薄膜层，主要是隔绝空气和水分；第二层为锡箔袋，以阻碍光线对茶叶的影响，这种包装为白茶的长期存放提供了理想的条件。白茶装箱切忌重量过大，达到紧实即可，不能为了节省包装而过量装箱，使白茶大量断碎，影响白茶的外形和口感。

二、紧压型白茶

以云南大叶种茶树品种的单芽、一芽一二叶为原料制作的非紧压型白茶，经压制、包装等工艺加工制成。根据原料要求的不同，分为紧压白毫银针、紧压白牡丹、紧压贡眉和紧压寿眉四种产品。

紧压型白茶的压制工艺参照普洱紧压茶压制工艺，可压制成饼茶、砖茶等形状。

第六节

乌龙茶加工

乌龙茶是我国的特种茶类，乌龙茶香味独特，具天然花果香气和品种的特殊香韵。乌龙茶加工工艺流程主要有：鲜叶→萎凋→做青→炒青→揉捻→干燥。

乌龙茶干茶、汤色及叶底

一、鲜　叶

一般是嫩梢芽叶形成驻芽时，采下驻芽二三叶。

二、萎　凋

萎凋即指凉青、晒青。通过萎凋散发部分水分，提高叶子韧性，便于后续工序进行；同时伴随着失水过程，酶的活性增强，散发部分青草气，利于香气透露。

乌龙茶萎凋有别于工夫红茶的萎凋。红茶萎凋不仅失水程度大，而且萎凋、揉捻、发酵工序分开进行，而乌龙茶的萎凋和发酵工序不分开，两者相互配合进行。通过萎凋，以水分的变化，控制叶片内物质适度转化，达到适宜的发酵程度。萎凋方式包括晒青（日光萎凋）、凉青（室内自然萎凋）、加温萎凋和人控条件萎凋等。

晒青是乌龙茶工艺的一个特点。它利用光能热量使鲜叶适度失水，促进酶的活化，这对形成乌龙茶的香气和去除青草气有着良好的作用。晒青时根据具体情况或设晒青架，或设竹筛（俗称“水筛”竹席，然后将鲜叶均匀地摊放其上，摊叶厚薄以叶片不相重叠为宜。晒青时间短的10min，长的1h左右。晒的过程中叶子进行适当地翻拌1～2次。一般晒至叶片失去光泽，叶色较暗绿，顶叶下垂，梗弯而不断，手捏略有弹性感，为晒青适宜程度。

凉青是室内自然萎凋的一种方式。凉青一般并不单独进行而是与晒青相结合。它的主要作用，一是散发鲜叶热气，使梗叶内水分重新分布，恢复到近于未晒青前的状态，俗称“回阳”或“还阳”保持新鲜度；二是可以调节晒青时间，延缓晒青水分蒸发的速度利于保持晒青质量，便于连续制茶；三是起到补足晒青时叶子失水程度不足的作用。凉青适宜的程度：嫩梗青绿，叶态又恢复近于未晒青前的状态。

加温萎凋用于阴雨天或傍晚采回的鲜叶，无法进行晒青的场合。俗称“熏青”或“烘青”。加温萎凋方式有两种：一是萎凋槽内用鼓风机送入热风，一般风温控制在38℃以下，风量宜大，叶温不超过30℃为宜，摊叶厚15～20cm，每10～15min翻动一次，时间约1h；二是烘青房内上层铺设有孔竹席，摊叶2～2.5kg/m^2，温度不超过38℃，翻动1～2次，需1.5～2.5h。

三、做　青

做青是乌龙茶制作的重要工序，特殊的香气和绿叶红镶边就是做青中形成的。做青也称摇青，传统做法均用竹制圆筛手工摇青。手工摇青，水筛每次摇0.5～1.0kg，摇青筛4～5kg；现在多数用单筒或双筒滚筒摇青机或综合做青机。做青时将晒青后的鲜叶置于摇青机（或筛）中，使叶子呈波浪式翻滚，并且叶片之间不断摩擦、互相碰撞，从而促进酶促氧化作用，叶片由软变硬。再静置一段时间，氧化作用相对减缓，使叶柄叶脉中的水分慢慢扩散至叶片，此时鲜叶又逐渐膨胀，恢复弹性。摇青需要进行4～5次，经过有规律的数次动与静的过程，叶子内发生了一系列生物化学变化。叶缘细胞的破坏，发生轻度氧化，叶片边缘呈现红色。叶片中央部分，叶色由暗绿转变为黄绿，即所谓的“绿叶红镶边”。同时，水分的蒸发和运转，推动梗脉中的水分和水溶性物质，通过输导组织向叶面渗透、运转，水分从叶面蒸发，而水溶性物质则在叶片内积累，这有利于香气、滋味的发展。

四、炒　青

炒青是乌龙茶初制的一项转折性工序，它的功用与绿茶的杀青一样，主要是抑制鲜叶中酶的活性，控制氧化进程，防止叶子继续红变，固定做青形成的品质。其次，是挥发和转化低沸点青草气的香气物质，形成馥郁的茶香。同时通过湿热作用破坏部分叶绿素，使叶片黄绿而亮。此外，还可挥发一部分水分，使叶子柔软，便于揉捻。

炒青时间一般为5～7min。炒至叶面略皱，失去光泽，叶缘卷曲，叶梗柔软，手捏有黏性，青气消失，散发清香，叶色转黄绿，叶子含水量64%～65%为适度。

五、揉　捻

将炒青后的叶子，趁热经过反复的搓揉，使叶片由片状而卷成条索，形成乌龙茶所需要的外形，同时，破碎叶细胞，挤出茶汁，黏附叶表，使冲泡时易溶于水，以增浓茶汤。揉捻过程中，加压要“轻、重、轻”。揉好的叶子要及时烘焙，如来不及烘焙，应摊凉，不宜堆积，以免闷黄。

六、干　燥

乌龙茶干燥都是以烘焙的方式进行。其主要作用是蒸发水分和软化叶子，并起热化作用，消除苦涩味，促进滋味醇厚。有干燥机烘焙与烘笼烘焙两种。因各茶区所产茶揉捻结束后叶子的干度不同，有的分毛火和足火，有的实际上只是进行足火。

用烘干机干燥时，毛火温度160～180℃，摊叶厚度4～5cm，毛火经1～2h的摊凉，再足火。烘干机足火的温度120℃左右，摊叶厚度以2～3cm为宜，用中速约18min。

用烘笼烘焙时，毛火温度100～140℃，足火80℃左右。烘焙至茶梗手折断脆，气味清纯，即可起烘。

第六章

勐库大叶种茶文化

勐库大叶种茶核心产区位于双江拉祜族佤族布朗族傣族自治县。双江因水得名，“江流天地外，山色有无中”是对双江最为贴切的形容，北回归线横穿县境中部，因澜沧江纵流于东，小黑江横亘于南，两江交汇于县境东南而得名。双江正处在澜沧江中游地区，这一地区是世界茶树发源地，是最适宜茶组植物生长的地区，双江境内既有野生茶林，也有人工种植茶园。双江因茶而闻名，作为世界茶源地和勐库大叶种茶起源地，自古以产出的茶叶品质优良、味道纯正而闻名于世，如今更是云南普洱茶重要的核心产区，是临沧市产茶大县，是临沧市茶产业的冠上明珠。双江是全国唯一由拉祜族、佤族、布朗族、傣族共同自治的多民族自治县，千百年来双江各族人民与茶相依相伴，在种茶、制茶、饮茶的基础上创造了独特、灿烂的茶文化。拉祜族、佤族、布朗族、傣族等各民族在这方独特乡土上共生共荣，共同缔造了演绎生命之态、自然之姿的中国多元民族文化之乡。各民族生产生活与茶叶息息相关，茶文化渗透在各民族生产生活的方方面面，祭祀、议和、结盟、交友、红事白事都离不开茶，他们视茶叶为经济支撑、健康良药、友谊纽带、文明象征。由茶派生出了许许多多的文化，茶歌、茶舞、茶词、茶诗、茶对联、茶歌谣、茶乡赞、茶艺、茶俗，丰富多彩，形成了“以茶为生、以茶为饮、引茶入药、用茶做菜”的地域茶文化特色。

第一节

茶俗与茶饮

一、拉祜族茶俗与茶饮

（一）拉祜族茶俗

拉祜族被称为“猎虎的民族”，其古老悠久的历史文化，可追溯到古代氐羌族系。猎虎食其肉，以茶解油腻，茶与酒已成为拉祜族的主要饮品。从游猎民族过渡为农耕民族，再到自己种茶饮茶，拉祜族形成了烧茶、烤茶饮用的习惯。拉祜族人擅长种茶，也喜欢饮茶。饮茶是每天都少不了的，待客时，茶水也不能少。拉祜族茶谚语说道：早上起来不喝茶，有酒有肉难吃下；中午出工不喝茶，干活不有气渣渣；晚上回家不喝茶，一天劳累难歇下。在婚俗上，男方给女方的说亲礼、聘礼中，往往也要有茶。每年春季，拉祜族还要举行独特的祭茶仪式。

拉祜族有“敬神茶”。凡是有祭祀活动都离不开盐、米、茶、酒作为祭品，敬神时，把盐、米、茶、酒摆放在祭台上，同时还要泡一杯“干净茶”（指未喝过的茶），向神灵祷告敬茶。敬茶时，双手托茶杯，高举过头跪拜磕头三次，将茶水在祭台前滴三次。三滴茶水表示对天地神灵的尊敬。拉祜族有“祭猎神茶”。拉祜族民间相传，豹子、老虎、马鹿、麂子、熊、兔子等野兽动物是由拉祜族的茶神厄莎派仙童掌管，很难捕猎到，人们上山打猎时要用盐、米、茶、酒包成包祭猎神。用树枝搭秋千，树叶编箩筐，把好玩的秋千和好吃的食品放在树叶编的箩筐里，献给猎神。口念祈祷词：“厄莎啊，我们家养的猪、牛、羊、鸡得病了，好久没有尝鲜了，请您可怜可怜我们吧，把您养的牲畜给我一个吧，请您发发善心发发慈悲吧，我们把最好的茶叶和最好吃最好玩的敬给您。”这样就能感动厄莎，厄莎就让仙童去喝茶喝酒打秋千去了，忘了看管野兽，猎人们就可以顺利地捕到猎物了。拉祜族有“敬山神茶”。每个拉祜族村寨的坟地都有山神树，每当有人去世，安葬时都必须举行仪式敬山神树。拉祜族还有“献坟茶”。是祭拜死去家人的茶道，每年农历二月初八，拉祜族要为逝者扫墓祭拜，又叫“献坟”，首先家人要先到坟地的山神树前用盐、米、茶、酒祭拜山神，然后再清理坟地的杂草，最后再用盐、米、茶、酒祭拜逝去的亲人。

拉祜族自古就有以茶为礼的社交习俗。祜拉族有早晨上山劳作前喝茶的习惯，称为早茶。晚饭后有喝茶的习惯，称为晚茶。一般中午在劳作工地上搭窝棚住，窝棚里也备有小茶罐，可在劳作间隙时饮用。双江拉祜族的茶礼算不上繁琐，只要有邻居串门或亲戚朋友上门，先不问吃没吃过饭，而是问你会不会喝茶。如果客人说会喝茶，即便正在支锅煮饭，也要先把饭锅撤下来，烧开水泡茶后，再慢慢边喝茶边煮饭。将茶泡好或煨煮好后，找来茶碗、茶杯洗净，倒一点先自己尝一口，留一小口茶水轻轻倒向火塘边，以示无毒可口，天地可鉴，然后根据客人多少，将茶水一一倒入碗、杯中，端给老人和客人，最后才自己饮用。茶叶在拉祜族的婚姻习俗中也是不可缺少的。青年男女交往定情后，男方父母要先请媒人带上一些茶叶、米面、草烟、烧酒等礼物到女方家说亲。说亲时，媒人还要亲自在火塘边煨一罐茶，依次端给姑娘的父母、舅父及叔伯们喝。如果姑娘的父母喝了茶，则表示同意婚事，如不喝则表示拒绝。婚事确定后，男方要正式下聘礼，聘礼主要有米面、烧酒、猪肉、盐巴、茶叶、红糖、布匹、衣服，等等。拉祜族人常说："没有茶就不能算结婚。"结婚时，新郎由伴郎陪同，带上茶叶和烟草到女方家去，请女方寨子里的长辈和亲戚喝茶吸烟。这就是所谓的茶礼仪式。在这种场合，长辈们教育一对新人要尊老爱幼、夫妻和美。然后请新郎新娘同饮一碗清水，表示心地的纯洁，也有"君子之交淡如水"的意思。

（二）拉祜族茶饮

1. 拉祜族"雷响茶"

"雷响茶"是少数民族地区的人民在长期的生产生活中总结出来的传统茶饮，因其用料简单、泡制快捷，是许多少数民族喜欢的一种传统饮茶方式，其中尤以拉祜族最具代表性。泡制"雷响茶"选用勐库大叶种晒青毛茶和山泉水。泡制程序如下：①装茶抖烤：取一专用土陶罐，洗净后置于炭火之上，待几分钟后土陶罐烘干，取一撮勐库大叶种晒青毛茶放入陶罐之中，放在炭火上烘烤。烘烤是"雷响茶"最为关键的一个步骤，需要不时对陶罐进行翻抖，使陶罐内的茶叶受热均匀，因为需要不停地抖动，"雷响茶"又被称为"百抖茶"。待茶叶酥脆、叶色转黄，并略带焦糖香时为止。②沏茶去沫：用沸水冲满盛茶的小陶罐，然后将茶罐上部的浮沫抹去，再把烧开的山泉水冲入陶罐内，这时就会发出"滋……轰"的声响，水气冲天而上，由于响声大、雾气重，人们就叫它"雷响茶"。再煮沸3分钟后待饮。③倾茶敬客：将在罐内烤好的茶水倾入茶碗，奉茶敬客。④喝茶啜味：拉枯族人认为，茶叶香气足、味道浓、能振精神，才是上等好茶。因此，拉枯族喝茶，总喜欢热茶啜饮。烤得最好的上等"雷响茶"，倒入开水时响声不断，声如雷鸣，茶的颜色浓艳，清香扑鼻，令人垂涎欲滴。若开水倒入茶罐后没有响声，就称为"哑巴茶"，这种茶的色、香、味欠佳，一般不能用来待客。如客人来时烤出这种"哑巴茶"就要倒掉重烤，否则意味着对客人很不礼貌。"雷响茶"酥脆可口，入口后会有一种独特的口感。"雷响茶"由于泡制简单，能最大限度地保留茶叶的原始本味，茶汤色泽暗红，茶香浓郁，滋味醇厚。“雷响茶”还可以帮助消化、提神醒脑等，对人体有很好的保健作用。

2. 拉祜族“丁香茶”

“丁香茶”属药膳茶饮之一，是拉祜族人民敬茶、爱茶、用茶、祭茶的典型范例。因其用料颇多，工序繁杂，在平时生活中不常饮用，故又

拉祜族“丁香茶”茶艺表演

有拉祜秘茶之誉。泡制“丁香茶”要选用勐库大叶种晒青毛茶、丁香、芦子、野丁香花根、甘草、葛根、通管散等作为原料。泡制程序如下：①祭拜茶神。据当地民间流传，“丁香茶”源于拉祜族茶神厄莎所传，所以在泡制“丁香茶”前要祭拜茶神。祭拜茶神必须由一名拉祜族老者带领一对童男童女和泡制“丁香茶”的茶人，端一茶盘，盘内盛放一碗大米，一包茶叶，老者手中托一只红公鸡，口中念念有词，其大意为：“我们敬仰的厄莎茶神，是您赠予了我们茶叶，是您替我们消除病魔，您赐予的‘丁香茶’平心通气，提神健体，使我们拉祜族人得以世代繁衍生息，我们永远记住您——我们拉祜族人最崇敬的茶神厄莎。”祭拜仪式完成后才开始泡制“丁香茶”。②净手备具。③鉴茶亮具。④将土陶茶罐洗净后置于炭火上，烘干水分备用。⑤取3～4克勐库大叶种晒青毛茶，配以三粒丁香花和芦子综合入罐拌炒，炒至茶叶、丁香、芦子跳泡发黄，散发出香味。⑥倒入沸水进行煨煮，1分钟后放入丁香花根、甘草、葛根、通管散等中药材再稍煮片刻，弃之头泡，再用沸水冲泡，便可饮用。“丁香茶”色泽清澈淡黄，茶药相间，甘苦回甜，具有消食、健胃、调火、解毒、解渴之功效，同时也是健肾、提神的保健药膳茶饮。

二、佤族茶俗与茶饮

（一）佤族茶俗

佤族是最早利用野生茶和种茶饮茶的民族之一，早在1700多年前的东汉时期，佤族先民就从他们的祖先古代濮人那里传承了种茶饮茶的文化传统。在历史发展过程中，佤族形成了其独特的民族文化，茶叶作为佤族最喜爱的饮料，在漫长的历史发展过程中融合到了佤文化中，逐渐产生了一些茶礼、茶俗，演化形成了佤族特有的茶文化习俗。与其他少数民族一样，凡是客人来到佤族人家，男主人就会先煮茶，给客人敬上一杯香茶，然后才敬上水酒，以表示佤族人家的热情好客。由于佤族人民对饮茶的喜爱，婚礼中用茶为礼的风俗也在当地流传至今。佤族订婚，要送三次“都帕”（订婚礼）：第一次送“氏族酒”六瓶，不能多不能少，另外再送些茶叶、芭蕉之类，数量不限；第二次送“邻居酒”，也是六瓶，表示邻居同意并可证明这桩婚事；第三次送“开门酒”，只送一瓶，是专给姑娘母亲放在枕边晚上为女儿祈祷时喝的。茶叶作为祭品在佤族祭祀活动中也很常见。办理丧事时，茶叶作为祭品表示对死去亲人的思念之情。而在佤族的节庆日祭祀神灵时，一般有地位的富裕人家才会用一小撮茶叶作为祭品放在一碗米上用来祈祷神灵保佑吉祥如意，在这里茶叶还表示一户人家在佤族村寨的社会地位。

在佤族中还有“串姑娘”的习俗，指未婚青年男子夜晚到未婚姑娘家中，坐在姑娘家火塘边谈情说爱，这时姑娘就要煮茶，敬茶给小伙子喝。在佤族的习俗中，女人一般是不能煮茶敬给客人的，只有在佤族小伙子“串姑娘”的时候，才由佤族姑娘亲自煮茶给客人。另外，在节庆日的夜晚，佤族人会聚在一起，围坐火塘边，煮茶、饮茶、喝酒、聊天。由于佤族人能歌善舞，这时以歌舞助兴，表示喜庆吉祥。茶对阿佤人来说，与司岗里文化一脉相承，是通灵的圣物，通过茶，人们可以回到生命的源头。所以佤族饮茶习俗深远中透露着古朴与祥和，他们以茶为信、为令、为状，以茶待客、迎亲、送礼，以茶祭祖、奉神、驱邪。由此，他们又创造了竹筒、烤、铁板、火炭、生煮、煮鲜叶、过夜、嚼、盐咸茶9大茶俗，演绎了一套套古拙别致的茶饮技艺。

（二）佤族茶饮

1. 佤族“煮苦茶”

“煮苦茶”是佤族民间常用的饮用茶。该茶具有清凉解渴的作用，其汤色浓郁，尤如煨出来的中药汤，喝时虽然味苦，但喝后顿觉清凉。勐库大叶种茶区气候炎热，“煮苦茶”对远离寨子在田里劳动的佤族人民具有神奇的解渴作用。泡制“煮苦茶”的原料选用勐库大叶种晒青毛茶和山泉水。“煮苦茶”泡制程序如下：①涤罐温杯，土罐预热，烤干水分。②投茶：把一两左右的茶叶投入罐中。③注水煨煮：把山泉水倒入土罐茶叶中煨煮，一般像煮菜一样慢慢地煮，把茶叶煮透，直到茶水煮得只剩下三五口为止，所剩这几口就是苦茶。④分茶：把茶水一一倒入茶杯中。⑤敬茶。⑥品茶。佤族煮苦茶，一般是在中午和晚上。中午在田边地头，喝上一碗苦茶，能解渴去乏。晚上围坐在火塘边，喝上一碗苦茶，能提神醒脑。有的佤族同胞，喜欢每次往砂罐中投入50克左右的勐库大叶种晒青茶进行熬煮，水不多放，直熬到茶汤黑红为止，其浓度远超过哈尼族的煨酽茶。沧源一带的佤族，新煮出来的茶水，浓得几乎成了茶膏，喝上半口也就足够解渴了。

佤族“石板烤茶”茶艺表演

2. 佤族“石板烤茶”

“石板烤茶”是双江佤族人世代沿袭的一道待客茶饮，自古有言：“石板烤茶解胸闷，三七入味好心情，提神补体振士气，阿佤人家世代传。”“石板烤茶”泡制简捷、工序简单、其味独特、用料较少，是一道地道的佤族家常茶饮。“石板烤茶”配料：勐库大叶种晒青毛茶中精选的茶梗、“三七”花叶。泡制程序：①净手备具。②涤具温杯，鉴茶亮具。③将土陶罐洗净烤干备用。④取一青石板洗干净后置于火塘上烘烤（预热），待石板发热发烫。⑤取适量的晒青毛茶茶梗稍炒片刻，加入七粒晒青“三七”花叶，用手不停地翻炒，直至茶梗跳泡发黄，“三七”花叶缩筋成卷，发出阵阵浓烈的香味。⑥将翻炒好的茶叶和“三七”花叶投入陶罐中，加入沸水稍煮片刻，将头道茶水稍稍倾出茶罐，洒于地上（表示祭奠祖先，让神灵先饮之意）。⑦分茶。⑧敬茶。“石板烤茶”色泽明亮、暗里透红，其味苦中带涩、涩中回甜，是一道提神补气、解疲开胸、健体美容的佤家礼仪茶饮。

三、布朗族茶俗与茶饮

（一）布朗族茶俗

布朗族是我国最早种茶、制茶、饮茶的民族之一，是我国最擅长种茶的民族。世代生活在澜沧江流域的布朗族人在远古时期就将茶叶用于宗教祭祀活动。布朗族竜神崇拜的产生至少在三千年以前，而茶叶进入他们的生活还要早于这个时间。茶叶在布朗人的观念中被视为圣洁之物，可供献祖宗、崇拜神佛，是重要活动及礼仪的必备品。布朗族的衣食住行、婚丧嫁娶、宗教礼俗都有茶的参与。相对于其他民族刻意去培养人们对于生灵、自然的敬畏，布朗族就显得尤为生动与自然。最能凸显布朗族人对茶的难舍难分还要属茶在布朗族人生活中的功用。对于大多数人来说，茶只是比较高雅的消遣，而布朗族人却是以茶为食、以茶当菜、以茶为饮、以茶为药、以茶为礼。在悠久的茶文化长河中，布朗族总结出了茶的不同品饮方式和药用价值，积淀了不少茶礼茶俗。布朗族早期用茶是为了治病，随之就是用来祭神，再后来由于自己学会了种茶，茶叶多起来后，人们“饮茶成习”，“一日不可无茶”。布朗族用茶形式多样，内涵丰富。

在布朗族人的心目中，茶是圣洁之物，可以通神，凡有重要事情，要用茶祈神保佑。布朗族青年在恋爱中有充分的自由，青年男女在“串姑娘”和其他场合中，找到了自己情投意合的人后，便开始进入恋爱阶段。如果双方确认感情可靠，可以结为夫妻，白头到老，男方便告诉自己的父母，这时就可以向女方父母“问媳妇”了。“问媳妇”时，男方的父母会请年龄更长的老人带一包茶叶、一篮香蕉，并带些烟叶、红糖、酒等前往女方家，向女方父母求亲。女方父母若同意，就收下这些东西，然后把香蕉和烟叶分送给所有的亲戚。于是亲戚们便知道姑娘已定了终身。布朗族在婚庆中用酸茶桶报喜，当一对新人喜事将成，迎亲请客的日子已定下，寨子里不发请帖，也无专人逐户通知。而是请两队清秀的童男童女，扛着酸茶桶，走遍村头寨尾，各家各户门前高声报知：“某某与某某，某天办喜事请客了，敬请老人光临赐福，大人小孩做客。”布朗族过去常用酸茶汁兑蜂蜜治疗皮肤莫名肿痛、脓疮、干裂等症。在布朗族的茶礼茶俗中，糊米香茶、酸茶、竹筒蜂蜜茶最为典型。

（二）布朗族茶饮

1. 布朗族糊米香茶

糊米香茶是布朗族世代相袭的一道待客的传统茶饮之一。其配料有糯米、扫把叶、红糖和勐库大叶种晒青毛茶以及甘甜清澈的纯天然山泉溪水。其泡制程序为：①将土制茶罐烘烤备热。②放入糯米，将其炒至发出浓烈的糊香味。③加入晒青毛茶和适量的红糖以及扫把叶进行拌炒，炒至茶梗发黄、发泡。④倒入沸腾的山泉溪水，稍煮片刻，即可饮用。布朗族热情好客，每到一户布朗人家，自有若上宾般的待遇。糊米香茶，只有在茶山上朴厚情浓的布朗族茶民家里，才得一饮，往往只需泡制一罐糊米香茶，就可围炉夜话，畅叙茶情。糊米香茶素有头泡献天地，二泡敬宾朋之说。糊米香茶其味清香甘甜，色泽暗红浓郁，是一道具有消炎、解疲、消食健胃等功效的药膳用茶，也是一道布朗民族敬奉宾客的礼仪茶饮。

2. 布朗族酸茶

冲泡品饮，是如今人们习以为常的用茶形式，但最初茶叶的使用方式是药用，其次是食用，最后才发展成品饮。“神农尝百草，得茶而解之”是茶作为药用的最早证明，而布朗族的“酸茶”，则是茶作为食用的例证之一。酸茶在布朗语中叫“缅”，是布朗族自食、招待贵客或作为礼物互相馈赠的一种腌菜茶，也是他们最有特点的茶品。“酸茶”的制法是：①每年的五六月份，采集茶树上较粗老的叶子，放在开水中煮大约40分钟到1小时，等茶叶完全熟软之后捞出。②放在阴凉处晾干。③将晾好的茶叶放进已准备好的竹筒中，一边舂竹筒中的茶叶，一边慢慢多次少量加入水，使茶叶和水互相融合。舂茶叶的目的是破坏茶叶的外部纤维，便于茶叶后期的发酵。④用芭蕉叶将竹筒密封。为了使密封效果更好，在芭蕉叶上面再加湿土放置一天后埋进土中。⑤过几个月或几年后，遇上喜庆诸事或客人来访时，将竹筒挖出，取出茶叶，拌上辣椒、撒上盐巴来款待客人，也可以从竹筒内取出茶叶直接嚼食。为了使茶叶充分发酵，布朗族人会将竹筒埋在地下八到十个月，甚至更久，因为它与普洱茶一样，也是“越陈越香”。布朗族的妇女喜欢把酸茶当作零食吃，在她们眼中，酸茶是越嚼越上瘾的零嘴，不仅能去油腻，还开胃健脾。布朗族酸茶酸涩、清香，喉舌清凉回甜，助消化、解口渴，是上等的茶食佳品。

布朗族“糊米香茶”茶艺表演

四、傣族茶俗与茶饮

（一）傣族茶俗

傣族是云南古老的民族之一，饮用茶的历史约500年左右。尽管傣族饮用茶的历史不长，但富有生命力的茶文化也很快渗透到傣族人民生产生活的方方面面，傣族同其他兄弟民族一道不仅认识了茶叶、应用了茶叶，还逐步大量地种植和发展了茶叶，创造了灿烂的茶文化。自从认识茶、开始种茶，傣族人民就爱茶、嗜茶、品茶。茶与傣族的生产生活密不可分。傣族祭祖先、祭神灵要用茶，婚丧嫁娶请客、待客也离不开茶。傣族信奉小乘佛教，每年都要到缅寺进行多次“赕佛”等宗教活动，同时要听经祈福，并求风调雨顺、粮茶丰收。“赕佛”时，茶叶是重要的“赕品”之一。傣族有自己独具特色的茶俗茶礼。傣族人民以茶为礼、凡事必有茶。傣族人的茶礼套路不多，无论是火罐茶还是冲泡茶，无论使用什么茶具，泡出的第一道或第一杯茶水，必须先敬长者或德高望重的老人，其次是敬客人，最后才倒给自己喝。敬茶时，必须双手递敬，一只手递敬，傣族人认为有失恭敬。泡茶待客时，只要老人、客人不离开，就要一直不断地添茶倒水，慢慢品啜，直到老人和客人离开为止。这体现了傣族人民尊敬长辈、尊敬客人的传统美德。

傣族同胞在漫长的生产生活实践中总结了不少茶叶的药用方法，主要有：①迎喜茶。每逢婚事，男方女方家都要备一壶茶水，敬给讨亲、送亲的队伍。即茶叶酌量，与红糖、生姜、核桃仁混煮，当接亲送亲队伍到达入座后，每人必须喝上一杯，以示苦尽甘来，喜结联姻。②明子茶。患轻度感冒，就用土罐煮浓茶兑明子、生姜服用，一两个时辰后，感冒症状就会得到缓解。③腰酸背痛腿抽筋时，煮浓茶兑猪油，喝两碗就会冒汗，经络畅通，可以帮助疾病好得更快。④冲泡好的茶水兑两滴清风油，能对偶发性头痛产生很好的效果。⑤用茶叶、石榴尖、骂梨果树尖混煮服用后，能治好慢性肠胃病。⑥茶叶、糯米、红糖炒糊后混煮服用，对急性腹泻疗效明显。⑦用老茶树根煮服或制成干泡服，对高血压、高脂血症、冠心病有一定疗效。⑧肚热眼赤，用鲜茶叶或干青茶泡水冲洗眼睛，并将茶叶糊在眼眶上撤火，能较大程度缓解症状。

（二）傣族茶饮

1. 傣族竹筒茶

竹筒茶是傣族人民世代相袭的一道待客的传统茶饮。其配料有：勐库大叶种晒青毛茶或新鲜茶叶、野生蜂蜜以及甘甜清澈的纯天然山泉水。其泡制程序为：①装茶：把晒干的春茶，或经初加工而成的毛茶，装入刚刚砍回的生长期为一年左右的嫩香竹筒中。②烤茶：将装有茶叶的竹筒，放在火塘三脚架上烘烤，约6～7分钟后，竹筒内的茶便软化。这时，用木棒将竹筒内的茶压紧，然后再填入茶叶继续烘烤。如此边填、边压、边烤，直至竹筒内的茶叶填满压紧为止。③取茶：待茶叶烘烤完毕，用刀剖开竹筒，取出圆柱形的竹筒茶，以待冲泡。④泡茶：先掰下少许竹筒茶，放在茶碗中，冲入沸水至七八分满，大约3～5分钟后，即可开汤饮茶。⑤饮茶：竹筒茶既有茶叶的醇厚滋味，又有竹子的浓郁清香，其色金黄透亮，非常可口，饮用起来有耳目一新之感。傣族同胞不分男女老少，人人都爱喝竹筒茶。竹筒茶具有生津止渴、健体美容之效，是一道傣族同胞敬奉宾客的礼仪茶饮。

傣族“竹筒茶”茶艺表演

2. 傣族糯米香茶

糯米香茶是在大叶晒青茶内掺入一种野生植物“糯米香”的叶子精制而成。“糯米香”原产于西双版纳，是一种森林覆盖下的草本植物，高约30cm，枝丫上长着像薄荷一样的绿叶，叶如指甲盖大小，具有浓郁的糯米香味。傣族人喜欢喝糯米香茶，于是在竹楼四周种上“糯米香”，以便随时采摘。糯米香茶水的具体泡制过程：首先用茶罐将勐库大叶种晒青茶进行烘烤，再将糯米香叶5～10片烘烤，不能烤糊，最后将烤好的茶叶和香叶以大约10∶1的比例混合装入茶罐内，及时冲入开水，即可热茶啜饮。此时，屋子里充满着芳香扑鼻的糯米香味，糯米香茶汤色金黄，品尝一口，清亮香甜、爽口神清、回味无穷、心旷神怡。糯米香茶具有解热、解渴、生津、去病、明目、助消化、养颜等功效，还具有清凉解毒作用，对治疗小儿疳积和妇女白带等疾病有较好的功效。糯米香茶喝起来过瘾，也容易上瘾，深受傣族人民和客人喜爱。

第二节

茶诗与茶歌

一、茶　诗

茶叶这片绿色的精灵，不仅与中华文化紧密相连，在漫长的岁月中，它更是一种生活的享受、心灵的寄托、文化的传承。茶源于自然，却融入了人文的精髓。在每一片茶叶中，都蕴藏着大自然的韵味和生命的活力。煮茶、点茶、泡茶，每一个过程都凝聚着人们的情感和智慧。人们在品味茶香的同时，领悟生活的哲理，并将这些情感和智慧化作文字，让人们在品读文字的同时，感受到茶的魅力，领略到生活的韵味。茶是和谐的象征，也是友谊的纽带。它能够让人们暂时远离尘嚣，回归自然，品味生活的真谛。在茶文化诗歌中，我们不仅能够欣赏到诗人对茶的赞美和感悟，还能够感受到他们对生活的热爱和对自然的敬畏。这些诗歌，不仅是对茶的描绘更是对生活的写照。在现代社会，茶是健康的良药、文明的象征，文化的享受。茶诗歌在历经几千年的情愫中，沉积了太多生命的力量。双江勐库聚居着拉祜族、佤族、布朗族、傣族、基诺族、彝族、白族、德昂族等23个少数民族，生态文化的交响曲在这里常奏常新，回荡在山河的旧梦里。

1. 赞勐库茶乡（作者：王其智）

富饶美丽的边疆，

我们的故乡，勐库茶乡。

青山染四季，茶园绕山岗，
蔗田似地毯，粮食堆满仓，
南勐河啊母亲河，
大雪山啊母亲山，
甘甜乳汁滋润万物长。
茶乡的象征，勐库的骄傲，
富庶的源泉，发展的希望。
三万各族好儿女，
团结、同心建“四化”，
为您流血汗，为您换新装。
齐声歌唱赞美您，我们的故乡，
勐库茶乡。

2. 勐库茶赞（作者：夏健强）

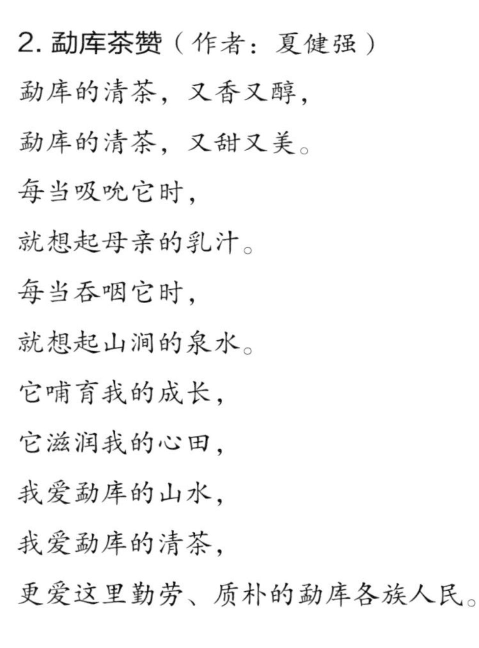

勐库的清茶，又香又醇，
勐库的清茶，又甜又美。
每当吸吮它时，
就想起母亲的乳汁。
每当吞咽它时，
就想起山涧的泉水。
它哺育我的成长，
它滋润我的心田，
我爱勐库的山水，
我爱勐库的清茶，
更爱这里勤劳、质朴的勐库各族人民。

3. 浪淘沙·咏勐库茶（作者：周安访）
堪羡勐库茶，誉满中华，精工细制品味佳。
科学栽培生碧叶，万众恒夸。
春暖沐茶花，艳映朝霞，清源正本传天涯。
健体强身增寿域，名济千家。

4. 赞普洱茶（作者：王其智）

玉液入腑芳香气，

润脑浸心似神仙。

啜饮普洱歌苑艺，

天造地竖老寿星。

5. 采茶（作者：杨国汉）

枝条好似琴键，音符便是嫩芽。

指尖跳动敲打，弹得翡翠回家。

6. 采茶（作者：刘涛）

小妹生来在茶乡，妙龄十八上山岗。

好花惹得蜜蜂至，茶女只恋种茶郎。

银毫细细小姑采，送给情哥好春尖。

饮在口中双回味，不放红糖笑甜甜。

7. 勐库茶（作者：李正华）

邦马山区云雾罩，云雾山下产名茶。

名茶首推勐库种，天下渴客称正宗。

8. 赞歌–勐库茶叶配制厂投产（作者：梦奇）

佳宾庆典酒难却，功勋千秋一代夸。

故国且得新火试，新茶诗兴趁年华。

改革开放大潮涌，竹木复苏景色新。

百花竞放蜂蝶舞，锦秀江山如画屏。

9. 茶的自述（作者：杨富学）

我的祖宗难查考，传说好像在冰岛，

不知他们从哪来，也许专家会知道。

天地生我貌不全，万物当中我不美，

观赏植物少地位，可我从来不自悲。

生在这里真自豪，冬天寒气离去早，

春风暖雨按节到，儿孙代代成长好。
劝君薅锄莫误时，采摘别留藤条枝，
科技采管最重要，为国为君多献宝。

10. 早春的茶园（作者：杨仕云）
像刚下了一场绿色的雨，
清晨，满坡茶树都成了滴翠的玉，
晶莹的露珠从叶尖上滚下，
缕缕晨曦带着金丝想慢慢把它串起。
碧空嵌着海兰色的天幕，
空气也飘着浓绿的云翳，
伴山依云的茶园是那样的秀丽，
叶片上荡漾着绿色的小溪。
晨风拂过，茶香飘溢，
带着茶农昨日的艰辛耕耘，
还有对明天的热切憧憬，
在青山，绿水间徐徐飘去，
飘去……

二、茶 歌

听觉和触觉是歌唱的祖先，歌唱是语言的祖先。自人类诞生开始经历衍化进程，声音也已出现，自然界中，柔、强、轻、重、缓、急的发生在人类繁衍过程中随处可见。双江勐库聚居的少数民族有着丰富的历史、文化和故事，在大量优秀的文学作品中，风格独特的茶歌谣尤为经典，在突显茶文化的同时，弘扬地方文化精神，传承传统文脉，使茶叶声生不息，呈现一派灿烂的茶文化底蕴。最能代表中国茶音乐的内涵和发展特点的是茶歌，茶歌也是茶音乐的主要形式。茶歌创作的源泉多是生产生活实际，也涵盖了很多历史典故。早年间，布朗族、拉祜族、佤族等民族在品茶饮茶时，都是歌舞助兴，在不同的音乐中品茗，打歌唱调，交友赠茶必不可少。历史悠久的茶歌，将当代茶农的生活情景作为歌词的创作内容，对歌曲原来的歌词进行了改编，十分符合当代人们的欣赏标准，内容通俗易懂，歌曲韵律欢快，如今依旧受到广泛的欢迎。

1. 双江十二月茶歌（罗恒高收集整理）

正月采茶是新春，采茶姑娘穿新衣；
姊妹双双唱茶调，春回大地气象新。
二月采茶天气好，惊蛰春风节令早；
拉佤小妹干劲增，修沟挡坝备春耕。
三月采茶茶正发，科学采摘分枝芽。
一芽一叶价钱好，明前春尖价更高。
四月采茶是清明，姑娘小伙不得闲；
布朗傣家泼水节，节令催人快泡田。
五月采茶季节变，采茶撒种又栽秧；
上午采茶天气凉，下午栽秧水汪汪。
六月采摘二拨茶，采完二拨又再发；
夏茶卖得好价钱，小康致富快脱贫。
七月忙采谷花茶，早谷早米等着拿；
女采茶叶男收谷，同心协力抓收入；
八月采茶天转凉，采得青叶揉成条；
饼茶做得圆又圆，茶伴美酒喜洋洋。
九月采茶九月天，孝敬长辈莫偏心；
重阳节令闹重阳，香茶美酒待贵宾。
十月采茶十月冬，采回老茶味还浓；
茶树休眠来过冬，中耕施肥保高产。
冬月采茶茶不发，科学管理修枝杈。
十冬腊月农活少，男女恋爱商量好；
腊月茶园等萌发，姑娘等着要出嫁；
小小青棚客满堂，两杯香茶敬爹妈。

2. 双江–太阳转身的地方（薛丽琼 词，杨伟 曲）

双江，双江，神奇的双江，
太阳转身的地方，
太阳转身的地方，
百山之中三分坝，
一东一南两条江。

仙人昂首凝思绪，
望江石郎情不休。
温泉吐珠串串明，
珍奇动物结伴行。
千年古茶何人种，
神秘石刻何人留。
这就是双江，双江，
太阳转身的地方。

3. 大叶茶香（张龙明、禹崇全 词，吴渝林、业原 曲）
一条澜沧江，会唱歌的江，
这里是一个太阳转身的地方。
一条小黑江，会跳舞的江，
这里的茶山，播种千年的梦想。
阿依呦，大叶茶香，阿依呦，我的故乡。
茶香里飘过马铃声声响，
那是古道三千年沧桑。
阿依呦，大叶茶香，阿依呦，我的故乡。
茶香里飘过岁月星光，
这就是种茶人充满神奇的向往。
一条澜沧江，温暖和谐的江，
这里是一个生长茶歌的地方。
一条小黑江，母亲乳汁的江，
这里的茶歌，唱着茶祖的期望。
阿依呦，大叶茶香，阿依呦，我的故乡。
茶歌里伴着马蹄声声响，
那是茶乡三千年兴旺。
阿依呦，大叶茶香，阿依呦，我的故乡。
茶歌里诉说岁月时光，
这就是种茶人充满美好的向往。
阿依呦，大叶茶香，阿依呦，我的故乡。

4. 勐库茶源（胡剑 词，魏子成 曲）

你是一个传奇，千年蕴衍的精灵，
你是一个故事，万年不变的话题。
神农尝百草，茶圣品香茗，
勐库大叶种，天下韵味浓。
悠悠古道，马蹄声声，
生熟两届，唯你独尊。
茶源勐库，大叶之根，
天赐地赋，万物泽丰。
你是一个，一个传奇，
让岁月回味着，你茗香的甘醇。
你是一个，一个故事，
让世界呈现在，你谦幽的面前。

5. 普洱茶（冯磊 演唱）

晒一晒，蒸一蒸，湿一湿，干一干，热一热，冷一冷，
要喝上一口好茶你还得等一等。
北回归线穿越过原始的大地，
神奇的赤红土壤白色山茶花。
澜沧江带着茶香奔流向远方，
这人间天堂她的名字叫作云南。
茶马古道的沧桑冻结了时光，
马帮们浩浩荡荡护送着希望。
喝完了一壶米酒忘记了忧伤，
号子声响亮不怕虎豹和豺狼。
他们护送着一种叫作普洱的茶，
一种一开始其貌不扬的滇青茶。
在茶马古道上经历了太多风沙，
尝尽了苦辣笑看人世的铅华。
普洱茶的水分一路上慢慢蒸发，
包容了多少风流多少历史变化。
只为到最后亲吻寻常人的嘴巴，

咽下一口茶回忆某年某月某日的潇洒。

6. 行走山水间（陈迅 词，熊兴军 曲）

是谁煮沸阿爸的土茶罐，是谁擦亮阿妈的古车坊，
是谁播撒古茶的芬芳，是谁在兄妹分手的地方凝望，凝望；
行走山水间，行走山水间，用脚步丈量每一寸，每一寸土地，
行走山水间，行走山水间，用心灵触摸每一次感动。
是谁点燃拉祜的火塘，是谁挥舞阿佤的梦想，
是谁拨动布朗的三弦，是谁在美丽富饶的傣乡守望，守望；
行走山水间，行走山水间，用脚步丈量每一寸，每一寸土地，
行走山水间，行走山水间，用心灵触摸每一次感动。

7. 采茶求亲调

男（唱）：哥家住在勐库坝，
采茶缺个勤快人。
诚问阿妹心可愿，
嫁到哥家来采茶。
女（唱）：妹采茶来哥背箩，
贴心话儿互相说，
想采茶花莫怕刺，
上门提亲请媒婆。

8. 歌谣（1）

春茶发芽满山青，
阿哥阿妹上茶山。
妹身穿的士林布，
哥身穿的漂白裳。
妹采茶来哥背箩，
贴心话儿互相说。
回家分开情心挂，
明日采茶再相约。

9. 歌谣（2）

春茶萌发如马跑，
三天不采就放老。
早采三天是个宝，
晚采三天变成草。

10. 歌谣（3）

小茶芽，嘴嘟嘟，
姐不来采哭苏苏。
五天不采穿叉裤，
七天不采变老叶。

第三节

茶人与茶文

一、茶　人

1. **罕廷发**（1458—1528年），傣族，耿马土司罕真发之子，双江土司罕氏始祖。据《双江傣族简史》载，自明成化二十年（1484年）始，罕廷发领导推动了勐勐（今双江县）、勐库等山区各村寨种茶，他是勐库大叶茶种茶树种植发展的奠基人。1480年，罕廷发到勐勐当属管，管理勐勐。此时的勐勐刚刚经历了战争，田地荒芜，人烟稀疏，生产萧条，一片荒凉。年轻的罕廷发看到很是心疼，但他没有因眼前的困难而气馁，反而激发了他管理好勐勐的决心。他开始组织人员登记人丁、丈量田亩、向灾民发放粮种，恢复生产，鼓励百姓开沟挖渠，垦荒置田，扩大种植，免交赋税，与民修身养息，使其度过难关。并迎请南传上座部佛教佛爷入勐勐，修建佛寺，传授傣文，培养人才，成为政教合一的始点。在任期间，罕廷发派人引种训化茶树，发展茶园。训练地方武装，强化村寨管理，维护地方稳定。视异族百姓为同族，平等对待。罕廷发的亲政爱民深受地方百姓拥戴。勐勐很快从战争的萧条中走出来，百姓安居乐业。罕廷发管理勐勐四十八年间，由于他所实施的爱民体民政策，各民族内部和民族与民族之间从未出现过大的纠纷和冲突。社会稳定，勐勐得以长期发展。部分地方已出现夜不闭户、路不拾遗的安宁景象。临终时，罕廷发叮嘱子孙们："我死后一定要关心百姓疾苦，像对待家中成员一样看待别的民族，当官才会得到百姓的拥戴。"这一临终遗嘱影响了他之后的五代子孙约一百三十六年，对勐勐社会经济的发展起到了非常重要的作用，勐勐不仅没有发生过战乱，而且逐步走向强盛。明万历四十一年（公元1613年）谢肇淛所著编的《滇略》中有"顺宁附境有勐缅（今临翔区）、勐撒（今耿马自治县勐撒镇）、勐勐（今双江县），谓之三勐，勐勐最强……"的记载。

2. 彭锟（1854—1928年），缅宁（今临沧）人，清末驻防勐勐（今双江县）的管带官。1904—1950年间，双江茶业最大的推动者、倡导者、最有贡献的人。1903年，勐勐（今双江县）发生了一场大战乱，拉祜族、佤族的起义军攻入了傣族聚居地勐勐坝和勐库坝，两个坝子的傣族村寨、佛寺被烧大半。此场战乱宣告了勐勐傣族土司政权的结束，战争带来的灾祸致使大量傣族迁离勐勐，从那以后傣族人口数量在双江各个民族中降为最少，比布朗族人口还少。1904年，五品管带官彭锟平息少数民族起义后，招抚参与起义的乡民回家，划给土地、发送粮种、食盐、茶籽，规劝各族乡民安居下来发展生产，推广种植茶叶，双江县至今还有近百个村寨保存有百年以上的古茶园，其面积不少于15000亩，据考证，这些茶地至少有三分之一是彭锟时代种植的。彭锟掌管勐勐时，在双江县沙河乡营盘村发展茶园，号召山区百姓多开荒地、多种茶，推行开街市促交易……推动双江成为云南声名很高的产茶大县。在有关云南西南部边疆的临沧市、普洱市和西双版纳州的文献中，常常可以看到有关清末至民国初年中缅边疆"边防三老"的记载，比如文献中有关缅宁地方士绅彭锟的记载："在边疆治军严格，公正廉明，团结土司，对人民宽厚，深得各族人民敬仰，几十年间，澜、双、缅、耿地方安定，与澜沧石玉清、思普柯树勋被称为'边防三老'。"1937年，双江县政府为彭锟设立专祠祭祀，云南省民政厅为此题赠匾额"沿边三老，天表一人"，表彰他开辟双江县，"功在国家，德重边民，彪炳千秋，汉夷景仰"。

3. 彭肇纪　彭锟的二儿子，从彭肇纪记事起，就知道父亲彭锟一直在双江推广茶叶种植和发展茶业。1918年，一家叫"中和茶庄"的茶叶商号在昆明开业，开业当天，云南各地数位茶业届有名的同行前来贺喜，一时间，新茶庄内人头攒动、喜气洋洋。茶庄的主人，正是清末驻防勐勐（今双江县）的管带官彭锟的二儿子彭肇纪。彭肇纪是临沧第一个在昆明开茶庄的人，而且，中和茶庄只卖双江勐库茶，当时的双江茶，在省城昆明已经很有名气，加上彭肇纪自身的影响力，开业后中和茶庄一直生意红火，也把更多的勐库山头茶卖到了省内外。

4. **宋美诚** 男，汉族，河南省林县人，中共党员，1930年5月生。1947年参加中国人民解放军，参加过“淮海”“济南”“渡江”等战役，进军大西南，英勇善战，荣立双一等功一次，一等功一次，小功一次。1951年参加人民解放军武装工作队到了双江，1952年转业到勐库工作。曾任武装部长、军管小组长、大队支部书记，勐库茶叶站副站长、党支部书记、双江县茶厂总支副书记等职。一生勤勤恳恳、兢兢业业、任劳任怨，在历任工作中起模范带头表率作用，对双江茶产业发展起到推动作用。

5. **程光斗** 男，白族，大理市人，中共党员，茶叶助理工程师，1931年2月生。1950年在下关茶厂参加工作，1953年2月调到临沧茶叶支公司，任临沧茶叶收购组组长。1954年到双江从事茶叶工作，任茶叶中心收购组组长。1956年后任双江茶叶站站长，农产品采购局副局长。1974年筹建双江县茶厂，并担任副厂长、厂长。1986年至1988年任县茶叶学会理事长。1991年退休后开始从事地方志撰写工作，曾撰写《勐库大叶茶志》。工作兢兢业业、认真负责，是建国后开辟双江茶业的主要人员，对双江茶叶发展做出了重要贡献。

6. **王万全** 男，白族，大理市人，中共党员，1930年2月生。1951年4月在下关茶厂参加工作后调到凤庆茶厂。1952年3月作为第一批人员，被凤庆茶厂派到双江收购茶叶，长期从事茶叶收购、初制所建设、经营管理、毛茶审评工作。曾任勐库茶叶收购组组长，县茶厂副厂长，县外贸局副局长，县茶厂总支书记等职，是中华人民共和国成立后到双江开辟茶叶工作的四人之一，对双江茶叶事业发展做出了重要贡献。

7. 方春义 男，汉族，云南省祥云县人，中共党员，茶叶农艺师，1937年5月生。1962年从大理农校茶叶专业毕业后被分配到双江县茶叶站工作，一直从事茶叶专业工作。1974年10月到1977年1月被选派到非洲马里共和国，为茶叶专家组成员，圆满完成了国家交给的茶叶外交援外工作任务。1984年至1990年，任双江县一中茶叶教师，倾心培养茶叶专业技术人才，为双江茶叶事业发展贡献了毕生的精力。

8. 王其智 男，临沧市临翔区人，中共党员，1938年12月出生，1955年10月参加工作，1959年参与勐库“云南省临沧专署茶叶科学研究所”建设，1962年4月，根据中国农业科学院茶叶研究所通知，与宫继奇等人到公弄、小户赛调查采集勐库茶种样品，并根据茶树叶片形状、大小、色泽等，将勐库茶种分为勐库大绿叶茶、勐库大黑叶茶、勐库大长叶茶、勐库大圆叶茶、勐库小黑叶茶五类，完成了勐库茶种不同材料细分的第一次命名。先后任勐库茶叶站、茶试站副站长、站长，勐库镇副镇长、党委副书记、镇长等职，为县政协第三、第五届委员，县人大十一届常务委员，1992年获地区劳动模范称号。在从事茶行业三十余年间，先后撰写《勐库茶乡》《勐库历史资料》《家语》《天道酬勤》《茶乡故事》等，编著《双江县茶叶志》等，在《云南茶叶》《临沧茶讯》等杂志发表多篇诗文，为双江茶叶宣传推介及茶产业的发展做出了重要贡献。

9. 杨则勋 男，汉族，临沧市临翔区人，中共党员，1942年8月生。1956年5月参加工作，经短期培训后分配到临沧茶叶公司，同年8月到双江茶叶中心组工作，后调入勐库茶叶站。1957年赴凤庆学习红茶加工，学成后加入双江红茶初制技术推广大队，作为主要技术负责人，参与了邦木、丙山、大户赛、公弄等50余个红茶初制所筹备建设，见证了双江茶叶加工由人力向畜力、水力、电力、机械化的转变和发展。1982年调入县茶厂生产技术科任科长，负责初制机械化推广。1985年至1993年任厂长，兼任双江县茶叶局局长、双江县茶叶学会会长，在任期间利用世行贷款组织实施了滚岗、南协、邦章垭口、下巴哈、大梁子五个万亩高优生态茶园建设，为双江茶叶高质量发展奠定了基础。

10. 张远来 男，汉族，宣威市人，中共党员，高级农艺师，1954年3月生。历任国营双江农场场长、县茶叶局局长、县茶厂厂长、县经贸委副主任、县茶办主任等职，从事茶叶工作三十年。任职期间，他参与组织实施2万多亩高优生态茶园、2000亩无公害茶园、8000多亩密植丰产茶园基地建设、老茶园改造和1000多亩勐库大叶种茶综合试验示范基地建设。为全县茶农增收、企业增效、财政增长发挥了作用。1996年，他组织生产的“勐库牌”功夫红茶出口到俄罗斯，荣获俄罗斯和蒙古国“国际精品奖”。

11. 王绍忠 男，汉族，双江县人，中共党员，1959年10月生。初中毕业后到勐库拖拉机站任出纳员。1982年初，王绍忠带头承包邦马茶叶初制所，为巩固茶叶初制所，解决茶叶增产与加工能力不足的矛盾，全县茶叶初制所承包经营探索了道路。1985年共青团中央授予他“优秀边陲儿女”称号。

12. 戎加升 男，汉族，临沧市圈内乡人，1946年6月生。农业产业化国家重点龙头企业——云南双江勐库茶叶有限责任公司创始人。1983年创建茶叶初制所，1992年创办勐库茶叶配制厂，1999年7月购买双江县茶厂，成立“云南双江勐库茶叶有限责任公司”。先后荣获2001年临沧市市级劳动模范，2007年感动临沧人物，2008年汶川地震抗震先进个人，2009年改革开放三十年“影响中国农村改革的三十位中国三农先锋”，2010年中国茶叶行业年度经济人物，2013年度重教兴教先进个人，2015年云南省优秀民营企业家，2017年云南省劳动模范、中国茶叶行业终身成就奖，2018年云南省普洱茶传承工艺大师、脱贫攻坚“社会扶贫模范”，2019年“勐库大叶种茶复兴者”等荣誉。

二、茶　文

1.《茶祖居住的地方——云南双江》

《茶祖居住的地方——云南双江》是2010年由云南科技出版社出版的一本图书，是詹英佩老师继《古六大茶山》《普洱茶原产地——西双版纳》之后的又一力作。詹英佩，女，昆明人，1986年毕业于云南广播电视大学经济系，云南政协报《观察周刊》记者，云南省茶业协会、昆明民族茶文化促进会会员。自2000年以来，一直致力于云南普洱茶历史、古茶山历史和茶马古道的研究和考察。

本书从地理与人文两方面出发，详细介绍了澜沧江流域古茶区双江（勐勐）近600年来茶叶发展的历史轨迹。是迄今为止最全面、最客观、最详细介绍双江茶叶历史的书。这本著作从尊重历史出发，首次提出，勐勐土司罕氏对双江（勐勐）明清时期茶叶发展有重要贡献，清末民初双江最重要的历史人物彭锟对双江民国时期的茶业发展有不可忽抹的功绩。本书对勐库万亩古茶山形式的历史背景做了详细介绍，八十年前在双江茶叶生意做得有影响的人物全部在本书中亮相，几十个鲜活的人物回放出双江茶叶往昔的兴盛。本书对中外茶人进双江考察、旅游、看古茶山、购茶有参考指点作用，书中用了大量文字和图片详细地介绍了双江60多个古村寨保留下来的古茶园情况，并对进山看寨购茶的道路情况及路程公里有详细介绍。

2.《茶叶边疆·勐库寻茶记》

《茶叶边疆·勐库寻茶记》是2017年由华中科技大学出版社出版的一部具有地域文化特色的旅行读物。作者是周重林，他是著名茶人、茶文化学者、云南大学茶马古道文化研究所（中心）研究员、《普洱》杂志创始人之一、执行主编。主要作品有《茶叶战争》《茶叶秘密》《茶叶江山》与《云南茶生活百科全书》等。他创办的自媒体《茶业复兴》是茶界影响力最大的自媒体之一。 2014年，周重林入选《生活》月刊“文艺复兴百人集”，2015年，获得《中华合作时报》“新媒体营销推广个人奖”，2016年，获得中国国际茶文化研究会“兴文强茶”杰出贡献奖。

本书作者以亲身走遍勐库，探索并阐述当地茶文化的方方面面。作品融合了地理、历史和文化的元素，引人入胜。勐库茶乡是一个神圣的地方，茶不仅是生意，更是生命，这本书生动而鲜活地描绘了当地人的生活：“勐库茶园里有生生不息的种茶人、制茶人、卖茶人，他们相互影响，共同迈进。很多勐库茶人的格局在发生改变，他们不仅从商业的角度看勐库，还在考虑如何保护和经营好这个地方。”这本书不仅展现了勐库的自然风景、茶乡土地、茶叶种植、采摘、制作等完整的过程，而且还展现了作者在当地交游的体会和对文化的深度挖掘，在读书过程中领略不同于城市文化的另一种美丽。本书能带领读者深入勐库茶乡、深入体验傣族等民族的茶文化，让读者能够领略到这个远离城市喧嚣、纯朴、宁静、美丽的茶乡，品尝到茶乡茶叶鲜活的生命力。同时也展现了勐库人、茶、风景、文化的生态面貌。

3.《云南双江勐库古茶园与茶文化系统》

《云南双江勐库古茶园与茶文化系统》作为《中国重要农业文化遗产系列读本》中的一册，于2017年由中国农业出版社出版，主编为袁正、闵庆文、李莉娜。双江勐库古茶园与茶文化系统是茶树种质资源和生物多样性的活基因库。珍贵的古茶树资源与周边地域一起，构成了茶树起源、演化，被人类发现利用、驯化栽培的完整链条，具有极为重要的科研和保护价值，并一直在为广大农户提供生计来源。

本书以图文并茂的形式，力求科学性与通俗性相统一，系统阐述重要农业文化遗产的起源与演变、生态与文化特征，分析其历史与现实价值和保护与利用现状，提出可持续保护与管理对策，以进一步提升遗产地人民的文化自觉性与自豪感，提高全社会保护农业文化遗产的意识。《中国重要农业文化遗产系列读本：云南双江勐库古茶园与茶文化系统》共分为六部分，主要内容包括：自然天成，山民选择；土司后院，茶农家园；生态屏障，斑斓王国；人情之美，物意之阜；历久传承，大巧若拙；变迁之痛，面茶而思。

4.《双江的茶业》

《双江的茶业》发表于1939年3月出版的《西南边疆》第5期，作者为彭桂萼。彭桂萼（1908—1952年），集边疆教育实践家、学者、爱国诗人三重身份于一身，是彭锟的族侄彭应聪的孙子。其论著共有《双江一瞥》《西南边城缅宁》《边地之边地》《收回双江勐勐教堂运动》《天南边塞耿沧澜》《耿马改县雏议》等六部。另篇《勘定滇缅南段界务后整理云南西南边务建议书》发表在南京《边事研究》。《西南极边六县局概况》《双江的茶业》《云南西南缅宁》《顺镇沿边的濮曼人》和《耿马土司地概况》等发表在昆明《西南边疆》。

作为知名学者，彭桂萼关于云南地方史和民族文化研究的论著具有重要的学术价值，是后人理解临沧历史文化与茶叶经济的一把钥匙。1935年，双江先贤彭桂萼先生感慨道，像双江这样的边地情形，我们居然不如外国人知道得透辟，写边地问题，反而要去参考外国人写的书。于是他写下了《双江一瞥》与《双江的茶业》。在《双江的茶业》一文中，彭桂萼首先介绍了双江县的基本情况：双江是云南西南角上的一个边县，原是罕氏土司地，1928年成立县。全境由两山两坝合成，两山即上改心和四排山，两坝为勐库坝和勐勐坝。在勐库坝和勐勐坝生息的是傣族，而住在上改心和四排山两山的有汉族、拉祜族、佤族、布朗族和彝族等。双江县的政教机关有县政府、傣族缅寺、美国教堂和省立双江简易师范学校。接着，彭桂萼对双江茶业从采产、播种、移植、铲草、剪枝、除害等种植情况方面做了详细介绍，本书能帮助读者更好地了解双江茶业的历史和发展情况。

5.《双江勐库野生大茶树考察》

《双江勐库野生大茶树考察》发表于2003年《中国茶叶》的第2期，作者为虞富莲。虞富莲，男，江苏省昆山市人，出生于1939年1月，中国农业科学院茶叶研究所研究员，全国农作物品种审定委员会茶树专业委员。虞富莲1961年从浙江农业大学茶叶系本科毕业后，在中国农业科学院茶叶研究所从事研究工作，曾任该所育种研究室主任。主要从事茶树种质资源研究，曾在滇、桂、川、黔、鄂等地考察和征集了大批茶的野生资源和近缘植物，发现了一些新种。主持建设国家种质茶树长期保存圃，保存了近3000份种质资源，数量和种类之多居世界之首，已筛选出一批优质资源供利用。合编著有《中国农作物遗传资源》《作物品质育种》《中国茶经》《中国古茶树》《茶叶大典》《茶树良种》等十余册。曾获国家科技进步二等奖1项，农业部科技进步二等奖2项，三等奖2项。先后被中国农业科学院评为院先进工作者、“七五”期间院先进工作者。

《双江勐库野生大茶树考察》主要报道了2002年12月5—8日由双江县政府组织的考察队在大雪山古茶树群落考察的结果。文章从野生大茶树的地理位置和生态环境、野生大茶树的分布密度和形态特征、野生大茶树的利用价值、保护和开发野生大茶树的浅见几个方面进行了具体阐述。文中有这样的文字描述：“20世纪80年代以来，云南各地相继发现了野生大茶树或野生大茶树群落，尤其双江周边地区的临沧、耿马、永德、凤庆、澜沧、镇沅等地。然而，地处上述诸县中心地域且生态条件相似的双江县却一直未见有关野生大茶树的报道，这引起了人们的疑惑，是野生大茶树在这里出现了真空，或是还没有被发现？这一问题直到1997年才得到了答案。”这里的答案指的是双江勐库大雪山万亩原生古茶树群的发现。本文可以帮助读者走入勐库大雪山深处，科学探究古茶树的秘密。

6.《茶宫殿——双江普洱茶记》

《茶宫殿——双江普洱茶记》于2023年8月由云南人民出版社正式出版。主编为雷平阳。雷平阳，当代诗人，散文家，书法家，1966年生于云南昭通，现居昆明，一级作家。“四个一批”人才暨“全国文艺名家”，享受国务院特殊津贴专家，云南有突出贡献专家，中国作家协会全委会委员、诗歌创作委员会委员，云南师范大学硕士生导师，云南省作协副主席。出版诗歌、散文集四十多部，曾获鲁迅文学奖、人民文学奖、人民文学年度诗人奖、诗刊年度大奖、十月文学奖、华语传媒大奖诗歌奖、钟山文学奖、扬子江诗歌奖、花地文学排行榜诗歌金奖、屈原诗歌奖金奖等众多国家重要奖项。

本书分为“大雪山上的茶祖”“在邦丙乡的阳光下”“大文的恩养”“忙糯的香炉”“沙河乡煮茶记”“勐勐：白鹭翅膀上的茶香”“勐库记”等七个章节，在谋篇布局和篇章结构上做了精心设计，不同的章节、内容，写作方式和语言风格，犹如建盖宫殿时预备的石料、砖瓦、柱梁、砂灰、颜料、花木，娴熟的技艺和虔诚的心……它们同为宫殿的组成部分，是宫殿的雏形，也是它伟岸和庄严的载体。本书描绘了双江的茶山风云和茶民族命运，阅读过程中，不同的读者会有不同的感知和体认——茶农能重温祖辈和自身的命运，茶商能审视茶业的兴衰起伏，学者能思考民族迁徙和交融历史。本书是一份充溢着茶香的礼物，是我们感知双江普洱茶文化的一座桥梁。

第四节

茶 旅

伴随国家“一带一路”的倡导，茶及茶文化的宣传推广达到了一个新的高度，以茶与茶文化为核心主导元素，结合其他产业，共享资源，为茶行业带来了更多机遇。茶原产地与旅游的结合成为一个热门话题，茶山旅游成为旅游行业的新宠，在旅游中放松身心，同时感受茶与茶文化的魅力，亲近茶、感受茶，将口中品饮的这杯茶上升到远方高山觅好茶。勐库大叶种茶区具备了良好的茶山旅游基础，借助旅游行业，可促进当地茶产业和经济发展。

一、双江古茶山国家森林公园

双江古茶山国家森林公园，位于临沧市双江拉祜族佤族布朗族傣族自治县，由古茶山片区、森林湖片区（原大浪坝省级森林公园）、冰岛湖片

区三部分组成，总面积5412hm^2。古茶山森林公园的保护与利用价值极高，得到了中国国家林业局实地考察和评审专家的一致认可。这里是北回归线上的自然奇观，是澜沧江—湄公河国际河流的重要生态屏障，是世界野生古茶树起源中心的核心区域，是完整真实的多元民族文化聚居地，同时还拥有独具民族特色的生态茶文化、国内罕见的森林湖群等高级别的重要森林风景资源。双江古茶山国家森林公园里，生态系统完整，生物多样性丰富，是养生休闲的天然氧吧、净化心灵的立体花园，森林公园内的中山温性常绿阔叶林，物种丰富，是真正的原始类植物，树干枝桠上布满了苍翠欲滴的苔藓、蕨类等附生植物。森林公园内珍藏着国家一级重点保护植物须弥红豆杉和长蕊木兰、国家二级重点保护野生植物中华桫椤和水青树。走进这片森林，各种千姿百态的古木奇树映入眼帘，大茶树、小茶树与其他树木交错生长着，大树藤条相互缠绕，伸展开来的繁盛的枝叶如碧绿的云，把蓝天遮得严严实实，涓涓流水声和着林间划过的鸟鸣，令人心驰神往、陶醉其中，是旅游探秘的理想之地。

二、双江万亩原生古茶树群

双江万亩原生古茶树群坐落在双江县城西北部的勐库大雪山，是孕育勐库大叶茶的摇篮，主峰海拔3233.5m，从县城所在地远远望去，重峦叠嶂，形成了一道面向西北方向的绿色屏障。古茶树群落就分布在大雪山海拔2200～2750m的山腰上，这里年均温度低于11℃，年降雨2000mm左右，这里的自然条件是茶树生长的天堂。1997年8月，勐库大户赛群众在勐库大雪山中上部一带发现了大面积的野生古茶树群落，2002年12月5—8日，由中国农业科学院茶叶研究所、中国科学院昆明植物研究所、云南省农业科学院茶叶研究所、云南大学、昆明理工大学、云南省茶叶协会、云南省临沧市茶叶协会等单位专家组成的野生古茶树考察组，深入勐库大雪山，对野生古茶树群落进行了实地考察和论证，得出了科学的鉴定意见。专家们一致认为："勐库大雪山的古茶树群落面积12000亩，海拔2200～2750m，是目前国内外已发现的海拔最高、面积最广、密度最大、原始植被保存最完整、抗逆性最强的世界第一野生古茶树群落。"古茶树整个群落是原生的自然植被，且保存完好，未受人类破坏，自然更新力强，生物多样性极为丰富，在云南省内保存如此完好原始植被实属少见，具有极为重要的科学和保存价值，是珍贵的自然遗产和生物多样性的活基因库，是科考、探险、生态观光旅游的极好之地。

三、冰岛古茶园

冰岛古茶园位于双江县勐库镇冰岛村，冰岛傣语意为“长满青苔的水塘，富饶之地”，是勐库地区海拔较高的傣族寨。这里气候宜人、风景优美，海拔1650m左右，土壤肥沃，水源充足，2013年8月，冰岛村被列入具有重要保护价值的第二批中国传统村落名录。冰岛村辖冰岛、地界、糯伍、坝歪、南迫5个自然村，东北与临翔区南美乡接壤，西面与耿马县大兴乡相邻，海拔1400～2500m，年平均气温15℃。冰岛（当地人也称“丙岛”）是双江著名的古代产茶村，据史料记载，冰岛是今云南省临沧市最早种植茶树的地方，以盛产冰岛大叶种茶而闻名，国家级茶树良种之一的勐库大叶茶种最早就是从这里向外传播的，是双江最早有人工栽培茶树的地方之一。该地产茶的历史悠久，有文字记载的时间为明朝（1485年前后），而无文字记载的传说却早于明代。千百年来，冰岛人从长期种茶、制茶、饮茶实践中积累形成了独具魅力的茶文化，冰岛茶更是以其独特的品质享誉国内外，博得了广大消费者的青睐。冰岛茶是典型的云南勐库大叶种乔木，特大叶、叶色深绿色，叶质肥厚柔软、茶香浓郁，回味悠长。冰岛茶树植株高大，性状整齐，树姿开展，自然生长情况下树高可达8.2m，树幅4.6m，主干明显。历经岁月的洗礼，如今最老的冰岛茶树已经500多岁，被誉为茶树驯化和规模种植的“活化石”，是极为珍贵、独特的生物资源和茶文化景观资源，因此，冰岛古茶园拥有巨大的科学价值、景观价值、文化价值和产业提升价值。

四、神农祠

神农祠位于临沧市双江县勐库镇北部南勐河上游，勐库大雪山万亩野生古茶树群落山脚的古茶谷中心地带。陆羽的《茶经》里记载：“茶之为饮，发乎神农氏。”所以双江县修建了神农祠，纪念神农氏为普天下民众所做的贡献。每年春茶开秤前，茶农们都会到这里来举行相应的祭祀活动。祠内塑有一尊采用雪花白石雕制而成的炎帝神农塑像，于2005年10月奠基新建，2006年4月竣工，炎帝神农像高9.5m，意为九五之尊，基座长9m、宽4m。神农塑像前方两侧对称建有两间传统民族风格的房屋，左为茶展馆，以茶之源、茶之魂、茶之歌三个方面为主题，用54张图片展示双江勐库大叶茶原生地形象和茶叶产业发展情况。右为茶艺馆，墙体上精心绘制着一幅反映双江拉祜族、佤族、布朗族、傣族饮茶习俗的壁画，长13.8m，高2m。塑像基座四周及中心广场共铺贴大理青石板530.9m²，从神农祠牌坊至炎帝神农塑像共有69级台阶。神农祠依山傍水，绿树成荫，两河交汇，环境优美，是游客休闲度假、朝拜茶祖神农之圣地。

五、公弄布朗古茶文化园

公弄布朗古茶文化园位于双江县勐库镇公弄村。2022年10月，公弄村入选第四批全国乡村旅游重点村。近年来，公弄村积极推进茶旅一体化发展，围绕古茶谷、观云台、千亩古茶园、名木古树等进行开发，合理布局茶产业，科学植入茶文化，促进山水风光和秀美茶景深度融合，目前已开发出景点27个。完善公弄布朗古茶文化园国家AAA级旅游景区基础设施，把茶融入科普、休闲、养老、度假等特色旅游体系中。大力整合古茶园、传统民俗等特色资源，初步建成一批乡村茶旅精品线路。加大茶旅农家游、生态游、田园游、民俗游等特色项目开发力度，打造一批集观光、体验、休闲、度假、养生于一体的茶旅融合产业区，满足游客的多样化需求。为游客提供了亲近自然、沉浸式体验民族文化的选择。公弄村是布朗族的世居地，是勐库最古老的村庄，是茶祖濮人生活过的地方，距勐库镇政府8km。坐落在勐库大雪山野生古茶树群落的一条小山脉上，面向丰饶富美的勐库坝，境内山体多样、水源充足、气候凉爽、植被浓密、千年古树成林、环境优美。住在古茗之巢半山酒店，坐在露台的长椅上，就可以欣赏着巍峨的邦马大雪山，感受茶山的静谧和惬意。与此同时，当地茶农抓住机遇，在家门口发展起农家乐、餐馆、民宿等第三产业，将“茶”字抒写得越来越精彩。

六、冰岛湖风景区

冰岛湖风景区位于临沧市双江县，依托南等水库而建，景区面积23km²，其中水域面积1.668km²，属于水库型水利风景区。南等水库是集防洪蓄水、农田灌溉、工业用水、补水发电等多种功能为一体的中型水库。

景区山水澄碧，自然生态环境较好。近年来，景区通过持续开展退耕还林、水土保持等生态保护和环境整治措施，区内生态环境质量得到了进一步提升。景区处于勐库镇北部万亩野生古茶树群落中心地带，是闻名遐迩的冰岛茶产地，拥有源远流长的茶文化历史，景区以冰岛湖、冰岛茶村、神龙祠等为核心资源，充分挖掘、打造茶文化主题，并与水文化和边疆少数民族文化相互交融，具有独特的文化内涵和自然风貌。冰岛湖地处南勐河水源头，湖水清澈见底，可见鱼儿畅游其间。游览冰岛湖风景区可以走玻璃栈道、乘坐游船，两岸茂密的古茶树，绿意盎然，冰岛湖的青绿能让人尽情享受天然氧吧的无限魅力，感受山水之大美。

七、戎氏永德茶文化庄园

戎氏永德茶文化庄园位于临沧市永德县，距县城德党4.8km，占地面积125亩。永德自然风光秀丽，山山相连、林竹相依、溪河相通、云雾缭绕、鸟语花香，身临其中好似仙境一般。庄园于2019年11月被评为国家AAA级旅游景区。庄园按照“三馆两区一平台”理念规划建设，三馆是指戎氏永德茶文化体验馆、餐馆、旅馆；两区包括现代化茶叶生产加工区和古树茶园观光区；一平台是戎氏永德茶文化平台。戎氏永德茶文化庄园兼具茶文化体验、茶叶品鉴、手工制茶体验、餐饮住宿、小型会议、旅游团队接待等功能。庄园内三座白族风格的三合院以“品”字排开，白墙灰瓦、木雕门窗、青砖门楼、照壁靓丽。白族屋坐北朝南，北山绿树葱葱，南边小河潺潺，农田油绿，远远望去，就像一幅优雅的山水画。在茶舍正厅，用勐库老树鲜叶为原料压制成的14根万两茶柱矗立四周，散发出透骨的古茶香，真可谓未品茶前人自醉。在古茶树群移植馆区栽种有200多株勐库大叶种古茶树，古茶树的叶片有宽、有窄，叶色有深绿、浅绿、黄绿，树型有乔木、灌木，株株古茶树带着岁月的印记，稳重地展现在人们的面前，彰显着自然之美。在加工体验区，人们可以到古茶树园子里去采茶、到体验馆里去做茶，最后，在内飞上签上自己的名字，压在茶饼上带回家留作纪念。在庄园内的竹编小桌边坐下，就可也小酌一杯老树茶，还可以品尝到风味独特的布朗族竹筒蜂蜜茶、佤族烤茶和酸茶等各色民族茶品。吃茶餐时间一到，嫩茶炸排骨、滇红豆瓣鱼等用茶烹饪的菜肴就会一一摆上桌，鲜美的食材配上茶叶的清香，让人久久回味。

八、荣康达乌龙茶生态文化产业园

荣康达乌龙茶生态文化产业园是国家AAAA级旅游景区，是目前世界最大的有机乌龙茶种植基地，位于双江县沙河乡陈家寨村，距双江县城13km，产业园海拔1600m，年平均气温16.8℃，年日照时间1975.6小时，年降水量1020mm，占地3000多亩，是融合乌龙茶种植、生产、加工、销售和茶文化休闲旅游多种功能为一体的综合性绿色茶文化产业园。秉承人与自然和谐、绿色发展的理念，荣康达乌龙茶生态文化产业园以“农业+工业+旅游+民族文化”的发展思路，建设了云顶筑巢茶庄园精品酒店、游客接

待中心、七星池、观茶栈道、景观大道、停车场等旅游基础设施，园区还建设有茶文化主题馆、茶品展示厅等茶文化设施，集中展示茶叶文化的历史和现代发展历程。走进荣康达乌龙茶生态文化产业园，云雾袅娜、鸟鸣啁啾，茶山绵延起伏，幽幽茶香扑面，不禁让人心旷神怡，仿若置身世外桃源。踏上1.9km长的柚木实木搭建的室外茶园栈道，漫步于海拔高、面积大、品质佳、无公害绿色乌龙茶园以及从冰岛村移栽种植的古树茶园，游客可以一边品茶，一边欣赏茶园美景，同时，也能体验景观游泳池、运动健身、室外烧烤、茶园旅拍等项目，还可以参观乌龙茶制作的完整过程，亲自体验制作高山乌龙茶饼，享受休闲慢生活的茶文化之旅。

中国·双江
CHINA SHUANGJIANG
|勐|库|大|叶|种|茶|

第七章

勐库大叶种茶企及品牌

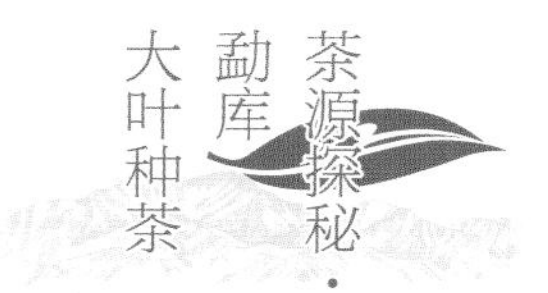

第一节

勐库大叶种茶叶企业

一、国家级龙头企业（共1户）

云南双江勐库茶叶有限责任公司

【综述】云南双江勐库茶叶有限责任公司（简称：勐库戎氏）诞生于世界茶源地——临沧市双江拉祜族佤族布朗族傣族自治县。1935年开启家族制茶事业，1999年创牌勐库戎氏。勐库戎氏始终以戎氏家训“易物与人，诚信为本”作为文化根基，以“传承戎氏茶，做好戎氏茶”作为企业使命，以“不辜负每一叶自然好茶，制好茶才是硬道理”作为制茶理念，以“与喝茶者共享好茶，与茶农、员工共同致富，与合作伙伴共创百年生意”作为企业价值观，三代传承，恪守本分，躬身茶园，本味制茶。勐库戎氏分别在双江县、永德县、临翔区建立产品加工生产基地，现有400余名制茶技师、科研人员42人，设1个云南省专家工作站，3个科研平台，茶叶生产品控能力行业领先。双江总公司占地面积700余亩（含戎氏茶文化庄园），加工厂房面积近15万平方米，年生产加工能力5000余吨；永德子公司占地面积105余亩，加工厂房面积近2万平方米，年生产加工能力5000余吨，是勐库戎氏重要的普洱茶熟茶生产基地；临沧子公司通过规划2万亩有机茶园及2000t茶叶生产加工园区建设，带动茶乡旅游，将一二三产有效融合，在临翔区大光山建成一个集接待中心、民宿酒店、茶文化体验、农耕文化体验和茶园观光等为一体的新型农业综合体。

【公司荣誉】勐库戎氏经过多年努力，现已发展成为一家集茶叶科技研究、茶树种植、茶园管理、初精制生产加工、普洱茶仓储、茶叶销售等一二三产融合发展的农业产业化国家重点龙头企业。获得“联合国粮农组织有机茶示范基地”、首批国家级农村产业融合发展示范园项目单位、中国茶业百强企业、中国茶业十佳企业品牌、中国茶业最具创新力品牌、国家知识产权优势企业、云南省普洱茶十大影响力企业、云南省绿色食品20佳创新企业、云南省百户优强民营企业、云南省绿色食品牌“10大名茶”“云南省专精特新小巨人企业”等荣誉。勐库戎氏先后被云南省人民政府授予“云南省企村结对共建新农村先进单位”，被云南省扶贫开发领导小组表彰为“扶贫明星企业”，被临沧市委、市政府表彰为“社会扶贫先进集体”。

【科技兴茶】勐库戎氏与中国农业科学院茶叶研究所持续合作21年，以“戎氏本味制茶法”为核心，创新创造“大规模集中初制”“全天候晒场”“箱式熟茶发酵法”“高台石磨压制”“博君熟茶发酵法”等一系列行业创举。

【茶叶生产】勐库戎氏公司充分履行龙头企业的责任与担当，积极投入脱贫攻坚和乡村振兴，组织引导和带动双江县乃至全市贫困村发展茶叶产业，为全市贫困群众收入持续稳定增长，探索出了一条民营企业参与帮村脱贫、助力乡村振兴的创新之路。通过“公司+基地+协会+农户”的模式，突出特色建基地，为茶农脱贫致富打基础。整合优质茶园面积6万余亩、自有产权优质茶园面积2万亩、有机认证茶园面积1.6万余亩，实现了茶园基地标准化管理。辐射带动了农户18360户55780人，其中覆盖脱贫户1688户，茶农人均增收7600元以上。2022年，云南双江勐库茶叶有限责任公司收购鲜叶5279t，收购金额12965.50万元。加工各类普洱茶2387.98t，实现工业总产值49903.03万元，实现工业增加值20697.28万元。销售成品茶1990.81t，实现营业收入34839.26万元，实现利润总额5246.37万元，实现净利润4459.42万元。上缴各种税费599.96万元，延缓应缴170.64万元。

【产品选介】勐库戎氏生产普洱茶、红茶和白茶产品，公司50余个产品荣膺国际、国内金奖等荣誉称号，2018年戎氏本味大成、2020年博君熟茶、2021年“勐库”牌普洱茶、2022年“勐库”牌普洱茶分别荣获“云南省10大名茶”。勐库戎氏生产的普洱茶先后被中国茶叶博物馆、中国农业科学院茶叶研究所和云南省茶叶博物馆永久收藏。

【乡村振兴】勐库戎氏在茶区茶农的脱贫致富道路上发挥了重要作用，带领茶农摆脱了昔日的贫困，实现了脱贫致富目标。探索茶旅融合发展，开辟乡村振兴新路径。勐库戎氏在临翔区圈内乡建设“临沧市临翔区农村产业融合发展示范园”项目，示范园以炭窑村委会大光山为核心区，覆盖农户3476户13187人。目前已完成土地流转、种植茶园基地2万亩，涉及农户712户，农户获得收益621.02万元。项目为圈内乡提供了4000多个临时性工作岗位，每年解决农户务工收益306万元。2019年起，解决圈内乡农户临时务工收入2000余万元。

【公益事业】勐库戎氏热心公益，反哺社会，积极投身光彩事业。近年来，合计捐款2200多万元资金，专项用于茶叶专业村道路、人居环境等基础设施建设及教育、医疗等公益事业。疫情期间，勐库戎氏累计向武汉、镇康县、临翔区、双江县捐赠茶叶价值470余万元。2022年起，每年定向资助大学生7人，年资助费用近6万元。2023年资助职工子女大学生7人，资助费用近6万元。

二、省级龙头企业（共4户）

（一）双江津乔茶业有限公司

【综述】云南省双江津乔茶业有限公司（简称津乔茶业）成立于2008年，前身为1962年建的勐库国营茶厂，总部位于临沧市双江县勐库镇，是一家集茶园管护、茶叶加工、产品研发、仓储服务、品牌运营、文化传播为一体的垂直领域全产业链代表茶企。总部占地面积50余亩，拥有业内一流的“匠作空间”茶叶生产线，总投资超过1亿元。专业制茶车间1.2万m^2，下辖1个专业茶仓，12个茶叶初制所，3个标准化制茶厂，3个主题茶空间，1家茶主题酒店，拥有以“冰岛”为代表的优质古树茶基地十余块、优质生态古茶园2600多亩，专职工艺师及员工达150余人，是云南省农业产业化重点龙头企业、临沧十大名品企业，云南打造世界一流“绿色食品”品牌省级产业基地，临沧茶产业旅游观光考察点。60年来，津乔茶业始终坚持“匠心传承，品味纯粹”的品牌理念，致力于发挥产区优势，遵循企业独创的“津制工艺”制茶标准，以“传承经典，工于至善”为制茶理念，沿袭普洱茶传统制作技艺，加入现代化制茶的要求，并融合津乔品牌的精细化标准，将“纯正原料、传统工艺、现代设计”完美融合，打造了津乔茶业的差异化竞争优势，铸就了品质普洱茶典范品牌和临沧茶区代表性优质品牌。

【公司荣誉】2014年11月，津乔茶业在第五届昆明旅游行业“魅力营销十佳艺师”职业技能大赛中被授予优秀“组织奖”。2015年，董事长杨绍巍先生被昆明诚信文化促进会授予“云南省优秀诚信企业家”称号。2015年，经昆明诚信文化促进会综合评定，被授予“省AAA企业”荣誉称号。2015年，在中国国际旅游交易会中被授予“最佳展台奖”。2016年双江津乔茶业有限公司被列为第十一批云南省农业产业化重点龙头企业。2017年1月，荣获“云南十大生态普洱茶企业”荣誉证书。2017年，在澳门中国茶业精品展中被评为“最受港澳茶客欢迎中国茶企业”。2019年10月，公司选送的“一念间古树晒红”被中国茶叶流通协会确定为2019秋季红茶超级单品。2019年，被授予“云南省诚信100强企业”荣誉称号。2021年8月，3款产品由云南省档案馆永久收藏。2021年12月，获得临沧市“十佳名优农产品加工企业”称号，“津乔”牌冰岛正寨获得临沧市“十大名茶”。

【科技兴茶】津乔茶业成立了津乔产品研发中心、津乔勐库大叶种陈化研究中心；购置薄片茶、小圆环、袋泡茶等不同形制的自动旋转压制机械进行产品形态开发；购置自动压制、自动包装机；购置绿茶、红茶等各茶类产品生产线，置办行业最新的萎凋机、杀青机、揉捻机等生产设备。

【茶叶生产】目前津乔茶业已成功研发生产出10个系列共50余款茶产品，与30多家单位签约成为合作伙伴，并在全国20多个城市开设专营店，拥有100多个销售点。2022年，双江津乔茶业有限公司精制茶产量达110.3t，生产总值达2998.86万元，总销售达99.27t，销售额2661.52万元，其中线下销售额2262.3万元，线上销售额399.22万元。

【产品选介】津乔茶业创立于有“天下茶尊”之称的云南省临沧市，是双江县勐库冰岛茶区具有深厚历史的专业制茶企业。津乔品牌秉承企业60余年制茶历史，及茶人杨国成先生制茶经验，致力于全链制作专业精品好茶，引领现代茶尚生活。

冰岛壹号：津乔茶业深耕冰岛古树茶十余载。其中冰岛壹号11年不间断传承，2010年及2011年冰岛壹号曾获双江拍卖会标王、亚军，以高级甜韵赢得一片赞誉。每一叶冰岛壹号都是核心古树，每一杯都是顶流名山的代表作，但凡品味，不竭追求。

印象：津乔茶业高端古树茶代表产品，始于2010年，高端选料，金奖品质，已畅销十余年。勐库大叶种茶历史悠久，最早可追溯至八百年前的布朗族、拉祜族村落。为了展现勐库大叶茶的历史魅力，津乔茶业倾力投入，甄选遗留在茶山的稀有古树茶，制作出此款堪称完美的极品生茶。它是勐库古树茶的传承之作，也是勐库茶人代代努力的精华之作。

津乔叁伍柒：七子饼“357克”的形成过程，是茶马古道发展的一部活历史，津乔通过对“357”的深入研究和追溯，各个时期茶人的坚韧和风骨让我们感动，这是“357”真正的经典所在。津乔叁伍柒来自云南核心大叶种产地，是津乔经典标杆级配方茶品。创制灵感源于普洱茶经典克重“357”，3重筛检、5大产区、7道传统工艺，产品历经10年传承，呈现出了云南大叶茶的“味觉标尺”。

百年老树：2008年，第一代“百年老树”由津乔茶业创始人杨国成先生创制。多年来，每一代“百年老树”均甄选勐库大叶种春季古树作为原料，呈现出“耐泡度高、韵味饱满、转化活性好”等重要特征，成为津粉认可的口碑茶和口粮茶，至今也是品牌广为流传的经典作品之一。

【乡村振兴】近年来，公司与农户在自愿、平等、互利的前提下，通过签订管理、购销等协议，形成了稳定的原料购销关系和利益共同体，建立了“风险共担、利益共享”的新机制，为农户制定了不低于市场平均价格的保护价，农户向公司指定收购点提供原料，使企业有了稳定可靠的原料来源，同时，也使农户的利益有了切实保障和提高。以“公司+基地+农户”的经营管理模式，与农户签订收购合同，明确了双方职责，成立定点原料收购点，要求农户严格按绿色、有机产品生产操作规程及标准进行生产，并明确监管措施。公司与茶农签订采摘、管理和购销等合同，让公司获得了稳定放心的原料，使茶农的利益得到保障。公司年收购鲜叶210t，均价36元/kg，收购毛茶175t，均价160元/kg，收购农产品原料总值3564.8万元。茶区涉农2986户8958人从事茶叶种植生产，带动茶农户均增收1.2万元。

【公益事业】作为茶尚生活方式倡导者，津乔茶业始终坚持履行企业的社会责任。2014年开始组织公益足球赛，为临沧地区学校捐赠学习用品；2015年开始创办“寻茶季”“茶学堂”“茶友培训计划”等茶文化体验活动，传播茶文化，培养更多爱茶人士；2017年由津乔茶业总经理杨绍巍先生和茶学者周重林先生共同编著出版《茶叶边疆》一书，对勐库大叶种等重要茶文化进行弘扬宣传；2019年疫情期间，津乔茶业担负企业使命，为武汉地区捐赠茶叶，价值104.32万元；2022年向双江县忙糯乡泥石流灾后重建捐赠10万元。

（二）双江县勐库镇俸字号古茶有限公司

【综述】双江县勐库镇俸字号古茶有限公司前身为双江勐库金木茶

坊，始创于2006年。2014年8月注册为双江县勐库镇俸字号古茶有限公司（以下简称“俸字号”），位于云南省双江县勐库镇冰岛村委会冰岛组61号，法定代表人俸健平，从事古树茶精制生产加工与销售。公司古树茶基地约2000亩，其中，与农户固定合作基地1500亩，公司自有基地500亩，年生产300年以上的古树茶原料70t左右。俸字号在冰岛老寨建有冰岛村唯一获得SC认证的普洱茶精制加工生产线。有少数民族制茶师及员工50余人。俸字号立足冰岛，依托自身古茶园资源优势，以古茶树保护和开发利用为核心，以绿色有机为主线，以基地建设、品牌推广打造为抓手，通过区域公共品牌、企业品牌培育，进一步提升勐库大叶种茶、冰岛茶的品牌优势，把品牌效应转化为经济优势。秉承“得益于种茶之先祖，造福于爱茶之同仁”的精神，以勐库大叶种茶和冰岛茶资源优势为依托，根据“普洱茶”的定位和消费群体状况，运用市场营销组合，采取各种策划和手段，占据目标市场，让广大普洱茶爱好者品尝到优质的勐库大叶种茶、纯正的冰岛茶。俸字号成功推出“冰岛王子”“冰岛纯料”“冰岛金条”“冰岛皇”“冰岛臻淳”等普洱生茶经典产品，以优异的品质，得到国内外普洱茶爱好者的热捧。

【公司荣誉】俸字号参加2013年秋季中国（广州）国际茶叶博览交易会名优茶叶评选活动，选送的产品“冰岛流金”获得金奖，“小户寨”获得金奖，“昔归忙麓山”获得银奖。在2015年宁夏（首届）中阿国际茶博会上“冰岛普洱生茶”获得优质产品奖。2016年成为云南省茶叶流通协会理事单位。2017年在第七届河北国际茶业博览会上荣获“消费者最喜欢的茶品牌”称号。在中国·双江第三届（2016年）、第四届（2017年）勐库（冰岛）茶会勐库大叶种茶拍卖会上，冰岛俸字号推出的“冰岛王子”普洱生茶，连续两年蝉联拍卖会“标王”。2017年1月被认定为临沧市市级农业产业化重点龙头企业。2018年11月推出的“冰岛老寨”荣获2018中国（广州）国际茶业博览会全国名优茶质量竞赛金奖。2019年4月“冰岛四星”“冰岛五星”“冰岛六星”产品获得云茶产品质量保荐证书。2019年12月俸字号冰岛茶（冰岛金条）被评为“临沧市十大名茶”。2019年12月被认定为云南省农业产业化省级重点龙头企业。2021年12月俸字号冰岛茶（非遗冰岛）被评为“临沧市十大名茶”。

【科技兴茶】俸字号积极向员工及合作茶农普及生态茶园种植理念，教授传统的制茶技艺，推广新技术新设备，指导茶农增收致富。公司法人俸健平作为科技特派员，向茶农进行茶园管理专业技术输出，对合作社进行茶叶初制加工指导，最后由公司定点帮扶收购。从鲜叶源头到生产加工再到茶叶销售，茶农和合作社都有明确的生产目标，不用担心产品销售。收购到的茶叶原料，在农药残留物、卫生、茶叶品质等方面达到自身产品的各项要求，保证了作为基地原料公司，能够向全国提供安全、优质、稳定的茶叶。

【茶叶生产】截至2022年末，俸字号生产普洱茶68.42t，达成产值3236.82万元，实现主营业务收入2635.37万元，净利润223.52万元。

【产品选介】“冰岛四星”“冰岛五星”“冰岛六星”是俸字号首创将冰岛老寨茶树以地块、树龄进行分级的产品。三款产品对应三个不同树龄阶段的茶树混采，是茶友认识冰岛茶、深入了解冰岛老寨茶不同树龄口感特点的绝佳产品。

冰岛四星：采用冰岛老寨核心产区中小树（树龄50~100年）春茶，以少数民族传统手工杀青制作。茶香浓郁、滋味纯正、黏稠顺滑、生津回甘快速而强烈。

冰岛五星：采用冰岛老寨核心产区老树（树龄100年以上）春茶，以少数民族传统手工杀青制作。茶汤清扬，浓郁且独特、滋味甘甜、生津快速而强烈，气足韵长；叶底肥厚富有光泽，弹性柔软、匀整、油润。

冰岛六星：采用冰岛老寨核心产区古树（树龄300年以上）春茶，以少数民族传统手工杀青制作。茶汤细腻，饱满，入口柔软顺滑、滋味纯正、生津回甘快速而强烈，叶底肥厚富有光泽，有弹性、柔软。

【乡村振兴】多年来，公司积极举办“茶山游学”“茶山行”等茶文化体验活动，对边疆地区特有的少数民族茶文化的弘扬、少数民族山头旅游、乡村开发起到了积极作用。基础设施建设方面。自公司成立以来，多次对我县各自然村乡村道路、桥梁建设进行捐款，诸如坝歪自然村桥梁建设、小户赛自然村道路修建等。农户带动方面。截至2022年12月31日，公司通过向农户采购鲜叶、签订合同向农户租赁茶园并返聘农户作为茶园基地管理者等合作模式，累计向农户收购茶叶原料价值共计2143.77万元，带动当地农户1123户，户均增收19089.67万元，人均增收约6363.22万元。

【公益事业】2015年俸字号为双江地震灾区捐款50000元，2016年为双江县人民政府脱贫攻坚工作捐赠80000元。2017年将“冰岛王子”拍卖所得11.9万元全部捐赠给双江县人民政府支持脱贫攻坚工作，向勐库镇人民政府脱贫攻坚工作捐赠3000元，向云南省第九届农民运动会捐赠5000元，捐赠云南绿色环保基金会古茶树保护基金10万元，2019年捐赠贫困生助学资金2000元，2020年为驰援全国新冠病毒疫情防控，主动作为、勇于担当，踊跃奉献爱心，捐款捐物。在保证安全生产的前提下，提前复产复工，积极组织生产，捐款2000元，捐赠茶叶2100套（饼），价值53.34万元。为布朗族居住的邦丙乡丫口完小捐赠价值2万元的食堂设备。2021年捐赠双江县“见义勇为”活动基金1万元。

（三）双江勐傣茶业有限公司

【综述】双江勐傣茶业有限公司成立于1996年，是一家集茶叶种植、加工、生产、销售、文化、体验为一体的专业茶企。现有生产建筑面积20000m^2。勐傣茶业自诞生之日起，便秉承“以科学的管理，做健康有价值的普洱茶”之理念，专注生产云南临沧地区普洱茶，立足于家乡的古树鲜叶资源，致力于为爱茶之人奉上最香醇的勐傣茶。2020年，公司被认定为云南省农业产业经营化重点龙头企业，并于同年全面通过HACCP食品管理体系、ISO9001质量管理体系以及ISO22000食品安全管理体系、IQNET等国际体系的认证，严格管控茶叶生产加工的各个环节，保证全程安全、卫生、可靠。2022年底，共收购鲜叶约130万kg，分别来自小户赛、大户赛、梁子寨、帮读村、那焦村、章外村、公弄村等地，生产晒青毛茶约320t，通过加工精制而成的茶叶产品有三十余种约300t。2022年销售额达7000余万元，共缴纳税款300余万元。公司在全国范围内拥有123家品牌专营服务商，授权销售点达700余家，每年保持稳定上新产品的数量多达30余种，多款产品深受全国消费者喜爱，先后荣获各类专业茶行业评选的金奖、特别金奖等荣誉。

【公司荣誉】勐傣茶业生产的“宫廷金芽”荣获第15届中国（深圳）国际茶业博览会金奖、“冰岛茶魂”荣获第15届中国（深圳）国际茶业博览会金奖、“大雪山”荣获第八届国际鼎承茶王赛特别金奖、“忙肺”荣获2018中国（广州）国际茶业博览金奖、“冰岛母树”荣获第九届国际鼎承茶王赛金奖、“勐傣母树茶”荣获2008年广州春季茶业博览会金奖、“勐傣冰岛老树茶”荣获2008年广州春季茶业博览会金奖、“乔木王”荣获2008年广州春季茶业博览会金奖、“勐傣冰岛茶魂”荣获第十二届国际名茶评比金奖、“勐傣小户赛”荣获第十二届国际名茶评比金奖、“勐傣昔归古树”荣获第十二届国际名茶评比金奖，同时多次受邀为华巨臣茶业博览会大会指定用茶。

【茶叶种植】勐傣茶业采用“公司+基地+农户”的种植加工模式，由农户独立安排茶叶种植、管理、采摘、生产、销售，公司按统一标准、市场价格收购后统一加工。为确保茶叶种植落实到位，确保鲜叶原料保障，在做好种植示范、技术指导的基础上，公司对种植农户采取了扶持措施。技术指导：公司技术人员直接对农户进行技术指导及培训，聘请相关专家进村开设技术培训指导，提高广大农户的种植水平。订单收购：与农民签订种植收购合同，实现农户鲜茶叶“不愁卖”。现金收购：公司实行全额收购不打白条，现货现款。

【茶叶生产】勐傣茶业在生产方面建立了统一采购、统一工艺流程、统一产品质量、统一包装、统一销售运行机制。按照标准要求，统一采购标准，源头抓质量。要求所有购进公司加工的茶叶必须符合统一的商品标准，即不得收购病虫叶、雨水叶、霉变叶原料等。统一加工工艺流程。公司在各山头统一建有茶叶初制所，包括坝糯、冰岛、昔归、大户赛、邦马大雪山等地。由专人负责该区域的鲜叶收购质量，为后续产品生产提供保障。统一产品质量标准。公司的产品质量控制，由专门的技术人员按照规定技术指标参数对各个生产环节进行监测、监督，实行全程监控，保证产品质量达到优质标准。统一品牌包装，统一外包装的视觉形象，包括标准色彩、文字、图形等企业的共同特征，增强了品牌识别度和形象一致性。统一产品销售。公司主要通过代理商模式、特许加盟模式以及天猫、淘宝、阿里巴巴、京东、卫星等网络方式进行统一销售。

【质量管理】勐傣茶业在勐库、临沧、普洱、勐海等各茶区均建设有初制所，配备相应的管理人员，从源头把控鲜叶质量。鲜叶管理：建立《鲜叶验收制度》，明确各山头初制所的责任人，确保每年各个产地鲜叶收购的质量及数量。车间管理：根据HACCP和ISO国际标准，建立工艺纪律管理制度，形成各加工环节的操作手册及参数记录。仓储管理：公司所有产品的入库、出库、领料以及损耗制度均已形成，仓库设置与分类均已实现HACCP标准。人员管理：全体部门均已实现记录文件化标准管理，并形成各类人员的岗位操作和工艺要求，按照制度规范生产。全程可控可追溯：公司根据实际运营情况，自筹自建专属于勐傣的溯源平台系统。自2020年起，公司出品的每一款产品都配有一个专属溯源码，用于记录产品加工的各项工序过程、生产信息及成品质检信息。

【产品介绍】勐傣普洱茶采用世界驰名的勐库大叶种茶为原料，滋味浓郁，经久耐泡，鲜爽回甜，色、香、味俱佳，深受广大客户的青睐。产品主要销往云南各地及广州、上海、北京、西安等地，并在昆明、广州、深圳、西安设立四大营销中心，为更好地开拓和服务市场做强了后备。

冰岛茶魂：作为勐傣茶业最顶尖的冰岛产品，精选冰岛老寨树龄300年及以上古茶树的春季茶箐精制而成，用料至臻至纯，每年产量有限。冰岛茶魂的饼面圆润周正，条索肥硕匀整且泛有光泽；芽头肥壮，润泽显毫，色泽墨绿，颜色油润；茶汤细密醇厚、入口醇滑润甜、韵味十足，回甘生津迅猛持久。冰岛茶魂因其卓越的口感和稀缺的价值深受全国市场喜爱，在第十二届中国（深圳）国际茶产业博览会茶王赛和第十二届国际茗茶评比中获金奖，并于2022年被云南省档案馆收录成为永久藏品。

冰岛春尖：冰岛春尖产品的生产原料精选自冰岛古茶园中树龄在100~300年的春季古树茶菁，坚持一芽二叶的采摘标准，运用传统制茶工艺精心制作而成。冰岛春尖不仅饼形光滑、松紧适度、条索肥壮，而且茶汤黄亮通透，汤质浓稠顺滑，拥有高扬的香气，回甘生津迅猛，蜜香浓郁，滋味浓厚甘醇。冰岛春尖在中茶杯国际鼎承茶王赛评比中，获茶王奖。

冰岛大家风范系列便携茶：大家风范1便携茶，选用勐傣冰岛老寨鲜叶基地中树龄超过一百年的古树鲜叶，条索清晰，芽叶肥壮，色泽墨绿。茶汤香甜滋润，带着纯净的绵密、醇滑和新茶独有的清新味道，回甘生津绵绵不绝。饮后喉咙部位渐渐有股凉气漫涌上来，清凉阵阵，沁人心脾，是冰岛独有的韵味。本品荣获“中茶杯”第十三届国际鼎承茶王赛（秋季赛）普洱生茶-纯料组金奖。大家风范2便携茶，选用勐傣冰岛老寨鲜叶基地中树龄超过200年的古树鲜叶，条索肥硕圆润，匀整显毫，油润且泛有光泽。茶汤金黄清澈，晶莹剔透。汤体稠厚，泛光圈。茶香柔和，与茶汤相生相伴，花果香浓郁持久，存放后蜜香突出，持久而不张扬。

【乡村振兴】公司通过收购农户种植的鲜茶叶，进行深加工，提高农产品商品率和附加值，从而提升农民种植加工茶叶的信心。2020年直接带动农户2000余户，推广种植基地达2800亩，亩产达95kg/亩，辐射带动600余户，农产品亩产值约为5700元。2022年采购茶叶交易额2600万元，合同、入股及合作方式采购原料值占原料采购总值比例100%。勐傣茶业在长期发展过程中，稳定帮扶的农户数量有1800余户，平均每年带动农户增收达400

余万元，并且能提供长期就业岗位140余个。勐傣茶业长期帮扶建档立卡户共830户，年更新产品数量50余种、在售产品300余种。随着公司生产规模的扩大，直接带动农民就业30余人，通过辐射间接带动100余人。

（四）云南双江存木香茶业有限公司

【综述】云南双江存木香茶业有限公司于2011年由拉祜族妇女罗成英女士创立，是一个独具拉祜族特色的企业，注册资本金1000万元，拥有独立注册商标“存木香”。主要经营绿茶、红茶、普洱茶、紧压茶加工销售。现建设有精制茶厂1个（位于原双江老林化厂内）和5个茶叶初制所。茶园基地分别位于勐库镇冰岛地界、忙糯乡邦界大必地、勐勐镇同化村、邦迈村、沙河乡陈家寨，有机茶园面积达3358亩。拥有临沧机场、沧源机场、临沧维也纳酒店、双江华耀民族街、双江景亢民族文化体验馆、上海静安区帝芙特茶城、深圳福田区、西安高新区、西安航空酒店等 9个实体门店及线上京东、淘宝、天猫等14个网店。公司一直以“用给自己做茶喝的心态给世人做好茶”的初心，坚持“精心做茶、精细做茶、精制做茶”的原则，采用拉祜族传统手工艺制作，结合“互联网+公司+合作社+茶园”新型发展模式，现已是双江县乃至临沧市较为规范、标准的茶叶生产企业之一，公司年生产精制茶叶规模可达1000t。

【公司荣誉】存木香茶业2019年获得临沧市人民政府颁发的临沧市农业产业化重点龙头企业、2021年云南省档案馆颁发的品牌普洱茶收藏证书，2022年经云南省农业产业化经营协调领导小组认定为农业产业化省级重点龙头企业。存木香“拉祜寨”古树茶荣获2014年中国（上海）国际茶业博览会中国名茶评选金奖、“西岭藏问”古树茶荣获中国（上海）国际茶业博览会2015年中国好茶叶质量评选金奖、“羊茗天下”古树茶荣获中国（上海）国际茶业博览会2015年中国好茶叶质量评选金奖、“拉祜寨”古树茶荣获2019年第二十六届上海国际茶文化旅游节中国名茶金奖、“拉祜印象”古树纯料生茶荣获2020年中国昆明国际茶产业博览交易会生茶组金奖和中国名茶金奖、“古树滇红”红茶荣获2020年中国昆明国际茶产业博览交易会“中普茶杯”云南第二届少数民族风情斗茶大赛红茶组金奖、“冰岛地界”普洱茶生茶荣获2021年中国国际（昆明）茶产业博览交易会“中普杯”第三届民族风情斗茶大赛生茶组金奖、2021年在两岸斗茶茶王赛中，选送茶样荣获普洱茶生普优质奖、2021年存木香取得危害分析与关键控制点体系认证证书和质量管理体系认证证书。

【科技兴茶】存木香采用“产业+科技”模式来提升产业发展。产业发展离不开科技创新的支撑，经过不断的探索，公司根据勐勐镇邦迈村茶叶品质的特点，投入研发经费近320万元，用于研发理条红茶的生产加工工艺，解决了邦迈村近380多户茶农的茶叶滞销问题，邦迈村茶农户均增收达6000元。

【茶叶生产】2021年存木香在勐勐镇同化村的820亩基地取得有机产品认证证书，2022年邦迈村2538亩基地取得有机产品认证证书。2022年资产总额2572万元，工业总产值8319万元，主要工业产品产量59.63t，营业收入2058万元，利润总额84万元，上交税金37万元。

【产品选介】云南双江存木香茶业有限公司生产的普洱茶原料源自双江县勐库大叶种茶，生长在海拔1500～2400m的山岭中，汲取了纯净的山泉水，沐浴着丰富的阳光能量，历经大自然沉淀，铸就了卓越的品质。勐库大叶种茶不仅仅是一种饮品，更是一种传承、一种文化、一种精神。

金款拉祜寨古树普洱茶（生茶）紧压茶：以云南双江大叶种古树茶核心茶区的纯料古树茶为原料，坚守好茶源，并经长期居住于此的拉祜族人传承手工工艺精制而成，缔造古树经典。该茶条索肥壮，芽头完整均匀；茶汤幽香如兰，有花蜜香甜，汤汁较为醇厚，汤色金黄，明亮剔透，苦涩味较轻，齿颊留香，回味悠长；茶香为果蜜花香，清扬甜蜜；叶底柔韧鲜活。拉祜族人以古朴的传统手工古法再现古树茶经典品味。

冰岛地界古树普洱茶（生茶）紧压茶：选用双江勐库冰岛地界的大叶种茶为原料，茶条索肥壮厚实，光泽油润，多为黑条白芽，芽叶上茸毫凸显，整体均匀如一；香气浓郁而低沉，偏野果蜜香；汤色酒红透亮、通透，入口即甜，回甘生津及喉韵苍劲有力，尽显阳柔之气；茶汤稠、甜、纯、润又不失绵柔，其果香绕于口腔异常舒服，经久耐泡，回味悠长。

冰岛地界古树普洱茶（熟茶）紧压茶：选用勐库冰岛地界村300年以上大叶古树茶为原料，经传统手工工艺精制而成。茶条索肥壮均匀秀丽，白芽黑条；茶香清扬持久，以花果香为主，香味优雅，有独特兰花蜜香；茶汤金黄透亮，汤质细腻，厚滑饱满，喉韵凉爽，回甘生津显著绵长。叶底柔韧鲜活，呈长椭圆形、肥厚、匀整。是一款集香、甜、醇厚为一体的茶中极品。

【乡村振兴】存木香以“公司+党支部+茶园基地+专业合作社+农户

+贫困户”模式开展帮扶助推乡村振兴举措。利用产业带动促进村集体增收。租赁双江县勐勐镇同化村闲置的厂房、设备，盘活村集体资产，提高厂房、设备利用率，每年给村集体增加12.6万元的收入；投资260万元建设勐勐镇邦迈村茶叶振兴合作社，租赁邦迈村茶叶加工设备，每年给村集体增加3万元的收益。存木香在开学季准备了30万元助学资金，通过预付茶农鲜叶款，次年茶农用茶叶鲜叶来抵扣的方式，让家庭经济困难的学生不因此辍学失学。另外，存木香投资116万元建设了茶叶精选车间、辅助生产车间，聘用了9名家庭困难人员或身体残障人员到公司就业，以就业帮扶助力困难家庭增收。为农村剩余劳动力提供岗位，让农村少数民族妇女到茶园进行人工除草、清沟、采摘鲜叶等工作，助力农村少数民族妇女群众增收。近几年来，每年投入7万～8万元购买食用油、大米、棉被到少数民族山区、产茶区开展冬季送温暖活动，给少数民族群众的困难家庭、空巢老人、留守儿童、残障人员送去企业的爱心。

【公益事业】存木香主动参与脱贫攻坚同乡村振兴有效衔接、社会慈善事业、公益事业等社会活动。在突如其来的疫情中，公司先后向抗疫一线地区、边境的防疫一线捐款捐物100余万元，在家乡抗洪抢险中捐资捐物3万余元。积极参与东航集团“消费帮扶”活动，2020年提取爱心扶贫款13.67万元、2021年提取爱心扶贫款8.38万元捐赠给双江县慈善会。2021年为支持疫情防控工作，公司通过双江县红十字会捐赠东航双江茶叶产业扶贫基地同化村“勐库大叶春红”套装3000 套共计86.4万元支持沧源县疫情防控工作。2020至 2022 年三年间，每年从公司净利润中提取10%作为帮扶资金捐赠到双江县民政局，助力地方公益事业发展。

三、市级龙头企业（共10户）

（一）云南双江勐库原生大叶茶厂

茶厂成立于2005年12月，由法人吴云生投资578万元创建。厂区位于双江县勐库镇，占地面积为12亩，其中厂房建筑面积为10000m²。企业以勐库大叶茶为原料精心制作普洱茶，注册商标“文化经典”，现有生产一线工人23人，均有10年以上普洱茶加工制作从业经验。建厂以来，企业视产品质量为企业生存之根本，把打造著名品牌作为追求目标，并在这个理念下不断提高产品质量以应对变化无常的市场，努力将企业的品牌打造成茶叶品牌中的名牌。

（二）双江富昌勐库秘境茶叶有限公司

双江富昌勐库秘境茶叶有限公司注册资本金400万元，茶厂占地面积约32.5亩，建筑面积24600m^2，茶厂总投资1600万元，厂房6幢，机器8台，生产线2条，现有职工31人，其中：管理人员4人，技术人员5人，化验人员1人，内设总经理办公室、厂长室、财务室、原料采购室、销售部、审评室、化验室。公司投资建成年产1500t精制普洱茶生产线，目前该厂加工精制普洱茶生产能力达到1000t，可加工原料约2000t。公司走“公司+基地+农户”和“产、供、销”一条龙服务经营的路子。战略发展品牌“峦谷天境”是以普洱茶为主，涵盖高端红茶、绿茶，以产品、茶礼、茶具等周边产品为综合，以中华茶文化为传播的综合型商业品牌。

（三）云南双江拉祜族佤族布朗族傣族自治县勐库镇丰华茶厂

双江勐库镇丰华茶厂位于勐库大叶种茶的故乡，云南双江勐库镇。丰华茶厂的前身是于1979年成立的双江勐库茶叶试验站，属国营企业，以茶叶加工、试验示范、推广良种为主。茶厂于2004年完成企业改制，是集原料种植、产品初制、精制、研发和销售为一体的综合性民营茶叶企业。厂区占地8亩，厂房面积约3300m^2，拥有年加工普洱茶1000t、红茶1000t的生产线各1条。产品经各级质量监督部门抽检，均符合国家食品质量安全标准，并于2006年8月通过食品生产许可认证（QS），2007年3月通过国际质量管理体系ISO9001：2000认证。丰华茶厂秉承“完美品质源于真诚缔造”的企业精神，坚持用品质说话，以勐库民族茶源为根据地，不断传承和发扬民族茶文化，在企业发展的同时，积极带动茶农脱贫发展，为勐库大叶种茶走向更广阔的市场不断努力。丰华茶厂旗下拥有“大富赛”“拉佤布傣”等子品牌，针对不同消费市场进行产品的开发，始终坚守优良产品品质，多年的运营使“大富赛”一度成为广东区域颇具知名度的普洱茶品牌，“拉佤布傣”也以独特的少数民族茶文化优势，在全国各地赢得了茶友的广泛认可。

（四）双江荣康达投资有限公司

双江荣康达投资有限公司于2010年注册成立，注册资金3000万元，现有员工120人。目前，公司已发展成为云南农业大学普洱茶学院实习基地、林业省级龙头企业、云南省文化创意与相关产业融合发展示范基地、云南名牌农产品、AAAA旅游景区、云南省唯一的阿里巴巴太极禅苑文化驿栈，公司建成了目前世界上最大的有机乌龙茶园。公司成立多年以来，按照云南省建设高原特色农业、临沧市建设“世界佤乡、天下茶尊、恒春之都、大美临沧”的目标要求，不断做实绿色基地、培育绿色工业、打造旅游产业。大力推进“农业+工业+旅游+民族文化”的生态文化产业园建设，启动实施了荣康达乌龙茶生态文化产业园、高档红木家具厂、国家AAAA级景区3个项目，项目计划总投资8亿元。目前，累计完成投资4.5亿元。2017年生产的荣康达牌乌龙茶被评为“云南名牌农产品”，同时，争取阿里巴巴太极禅苑文化驿栈在公司庄园落户，促进双江民族文化、茶文化创意产业的发展，进一步拓展双江茶产业发展空间，全面提升双江旅游文化和民族文化产业的发展水平，为传承和弘扬民族文化做出了贡献。

（五）临沧聚云茶业有限责任公司

临沧聚云茶业有限责任公司诞生于拥有悠久历史的传统茶马世家，祖辈世代以茶为生，是一家承载着传统民族茶文化复兴使命的年轻茶企。公司位于双江县勐库镇忙那村委会向阳组洗菜河梁子路，成立于2018年1月，注册资本300万元，法定代表人是杨廷光。临沧聚云茶业有限责任公司依托家乡世界茶源产地古茶山资源，本着“品质第一，诚信至善”的原则，以“聚云茶之力，扬生态云茶，为开创出具有时代特色和民族印记的世界级茶艺术品牌而努力”为使命，秉承挖掘传承少数民族传统制茶技艺，深耕于高山云雾，代代承创，血脉相传，确保真、正、纯，打造茶山、茶人、茶企命运共同体全产业链服务体系，为民族茶业发展而奋斗。公司一直致力于茶山原产地资源品牌的保护，团结和带动茶山、茶坊、茶人，以“茶山联盟”的模式，承创古法制茶技艺，传播弘扬民族茶文化，公司集“基地→科研→初制→精制→销售→服务”为一体，形成一套集“茶园管理→手工制茶技艺→石磨压制→干仓储存”等一系列科学管理及加工仓储体系；做勐库地道民族茶企，争创临沧特色民族文化企业，打造茶山全产业链服务体系，为推进家乡茶事业贡献力量；立足源头种质资源优势与云南农业科学院茶叶研究所、西南林业大学开展科技合作，制备茶叶标准样，参与科研项目的研究，建设数字化和可视化茶园；关注茶树健康，专注茶园土壤营养结构，关心古茶树保护和可持续利用，挖掘民族茶文化价值。企业发展理念得到广泛认可，产品荣获“特别金奖”，企业法人获得“制茶工程师”证书。

（六）双江县勐库镇茂伦达茶叶有限公司

勐库茂伦达生态茶叶初制所于2012年成立，2013年开始种植发展上千亩茶园，同时在冰岛茶区承包数片优质古茶园，在勐库镇建有多个自营的高标准初制所。随着初制所的不断发展壮大，于2017年5月12日注册成立了双江县勐库镇茂伦达茶叶有限公司，注册资本260万元，公司位于双江县勐库镇公弄村豆腐寨一组27号。业务范围包括茶园茶树管理、茶叶初制加工、精制加工、品牌定制销售；致力于中、高端精致传统茶系列产品及其他茶叶快销系列产品的开发、生产及销售。企业愿景：以保“真”为根本，小品牌大制作，做优茶产品，做活茶市场，做响茶文化，富裕种茶人，增加政府税收。企业行动：产品溯源，做到一饼一码，每一批原料经村委会盖章批准使用，每个环节都精工细作，全身心专注于品质保“真”生产，立志把勐库大叶种茶做到更好。下步打算：筹备运行勐库大叶种茶微型博物馆，依托冰岛湖水、勐库茶山优势资源，通过建设勐库大叶种茶微型博物馆，大力弘扬勐库大叶种茶文化，多层次多角度展示勐库大叶种茶的魅力。

（七）纳濮茶业（双江）有限公司

纳濮茶业（双江）有限公司根植原产地百余年，被评为“云南省科技型中小企业”“省级星创天地培育建设单位”“临沧市农业产业化经营市级龙头企业”。茶农世家，遵循传统，历经三代深耕，有着深厚的资源积淀，以产品质量为核心挖掘和保护古茶树臻品，依托云南·双江普洱茶核心原产地区域优势，专注于原产地茶料资源整合，为更多合作商提供包括普洱生茶、熟茶、红茶、白茶等原料供应与定制服务。目前，公司拥有包括冰岛五寨在内的古树茶基地12个、有机茶园基地1个3000余亩、合作古茶园面积达1.8万余亩，纳濮专业合作社1个、初制所6个及占地10余亩的精制厂1个。纳濮，传承先辈世代种茶、制茶的传统，感恩热爱家乡，根植于家乡双江勐库这块丰沃的土地，聚合每一个茶农、每一片茶叶的能量，将濮人种好茶、制好茶的传统继续发扬传承。秉承“用心制好茶”的核心，以“一家人·一件事·一起拼搏”的理念和“实实在在做人·地地道道做茶”的宗旨，不忘初心，笃定前行。2021年，公司升为规上企业，逐步走向规范化管理，秉承“实在人，地道茶”，规范管理，诚信纳税，励志用心制好茶，做好优质原料，扩充销售渠道。建立起规范标准初制加工、发展多元化产品、带动乡村旅游为核心的总体规划。引进专业经营管理公司，打造茶叶源头品牌。充分发挥村集体力量，建立茶叶专业合作社和集体茶叶基金，通过不同形式增加茶农就业，带领茶农共同致富，并积极投入到国家乡村振兴战略，为双江的乡村振兴添砖加瓦。

（八）双江县勐库镇大富寨无公害古树茶厂

双江县勐库镇大富寨无公害古树茶厂始建于2005年，厂址位于双江县勐库镇大户赛自然村。厂区环境优美、交通便捷、设备齐全、区位优势明显，是勐库镇目前面积较大、技术较全面的茶叶初制所。茶厂累计投资560万元，总占地面积13580m²，拥有茶叶初制厂两家，年产毛茶260t。自有无公害茶叶基地400亩，合作收购基地16000余亩，位于勐库镇西半山，海拔1300～1800m，全年温差较小，树龄40～600年不等，所加工的茶叶品质较高。2007年普洱茶风波给整个茶叶市场带来了巨大的伤害，多数茶叶初加工厂关门倒闭，大富寨无公害古树茶厂凭借优质的原料、精良的制茶工艺和多年积累的口碑平安度过了危机，且市场占有率越发地壮大。目前茶厂已经和省内外多家知名茶叶品牌达成战略合作协议，成为多家知名品牌的指定原料供应商。在做精做细原料的同时，企业也在布局自己的品牌，于2014年注册了“勐峰号”商标，推出了自主品牌产品，为企业的发展壮大奠定了坚实的基础。

（九）双江旧笼茶叶初制加工专业合作社

双江旧笼茶叶初制加工专业合作社位于双江县沙河乡邦协村委会旧笼大寨组，于2012年11月14日注册成立，主要从事茶叶种植、加工、销售、贮藏等经营活动。合作社与省内多家一流大茶企建立长久合作关系，通过联农、带农、助农的方式，实现茶农收入增加和茶园统一规范管理；有旧笼、小勐峨、邦协等3大生态藤条茶园基地，面积13800亩，其中旧笼基地2000.85亩已通过有机认证；有3个初制所，位于双江县沙河乡邦协村委会旧笼大寨组、邦协村委会小勐峨组、忙开村委会新村组；合作社在双江县具有丰富且优质的茶山资源、有机毛茶及各级别毛茶资源，基于优越的自然条件及周边环境，致力于严格的茶产品生产加工流程管控，从茶叶采摘到成品加工的各环节严格执行茶产品生产相关要求，建立健全合作社管理体系，产出优质茶产品以满足客户及市场的需要。

（十）云南腊源茶业有限公司

云南腊源茶业有限公司位于临沧市双江县勐库镇城子村新寨组，是一家集茶叶收购加工、技术培训、文化体验、旅游观光、餐饮民宿购物为一体的公司。公司成立于2019年，资产总计1000万元。实行“公司+基地+农户”的经营模式，以茶叶为核心元素，以茶叶基地建设、生产加工、农业技术培训、成品展销、文化体验、旅游观览、餐饮住宿、购买农产品为抓手，展示公司茶文化和民族品牌特色。云南腊源茶业有限公司经过几年的实践，树立了以“诚”“信”二字为内涵的企业文化核心，做抱诚守真、信以为本、不断进步的优秀企业。企业愿景:发展农业，推广生态理念，引领茶叶产业发展。经营理念:市场为大、客户为天;质量为根、服务为本。企业使命:发展农业，专注茶叶，构建客户与茶农联系平台;共同成长，成就合作伙伴和家乡父老乡亲。目前，公司拥有“腊源春”“瑞濮冠”两个品牌，在天津设有分公司，在昆明机场别墅区和百事特贵宾厅开设实体店，经销商大多来自北京、上海、珠海、海口等各大城市。”

四、规上企业（共17户）

（一）云南双江勐库茶叶有限责任公司

云南双江勐库茶叶有限责任公司于1935年开启家族制茶事业，1999年创牌勐库戎氏。公司分别在双江县、永德县、临翔区建立产品加工生产基地，现有400余名制茶技师、科研人员42人，设1个云南省专家工作站，3个科研平台，茶叶生产品控能力行业领先。双江总公司占地面积700余亩（含戎氏茶文化庄园），加工厂房面积近15万m^2，年生产加工能力5000余吨；永德子公司占地面积105余亩，加工厂房面积近2万m^2，年生产加工能力5000余吨；公司经过多年发展，现已成为一家集茶叶科技研究、茶树种植、茶园管理、初精制生产加工、普洱茶仓储、茶叶销售等一二三产融合发展的农业产业化国家重点龙头企业。获得“联合国粮农组织有机茶示范基地”、首批国家级农村产业融合发展示范园项目单位、中国茶业百强企业、中国茶业十佳企业品牌、中国茶业最具创新力品牌、国家知识产权优势企业、云南省普洱茶十大影响力企业、云南省绿色食品20佳创新企业、云南省百户优强民营企业、云南省绿色食品牌“10大名茶”“云南省专精特新小巨人企业”等荣誉。先后被云南省人民政府授予“云南省企村结对共建新农村先进单位”，被云南省扶贫开发领导小组表彰为“扶贫明星企业”，被临沧市委、市政府表彰为“社会扶贫先进集体”。通过“公司+基地+协会+农户”的模式，整合优质茶园面积6万余亩、自有产权优质茶园面积2万亩、有机认证茶园面积1.6万余亩，实现了茶园基地标准化管理。辐射带动了农户18360户55780人，其中覆盖脱贫户1688户，茶农人均增收7600元以上。公司生产的50余个产品荣膺国际、国内金奖等荣誉称号，2018年戎氏本味大成、2020年博君熟茶、2021年“勐库”牌普洱茶、2022年“勐库”牌普洱茶分别荣获“云南省10大名茶”。公司生产的普洱茶先后被中国茶叶博物馆、中国农业科学院茶叶研究所和云南省茶叶博物馆永久收藏。

（二）双江富昌勐库秘境茶叶有限公司

双江富昌勐库秘境茶叶有限公司注册资本金400万元，茶厂占地面积约32.5亩，建筑面积24600m^2，茶厂总投资1600万元，厂房6幢，机器8台，生产线2条，现有职工31人，其中：管理人员4人，技术人员5人，化验人员1人，内设总经理办公室、厂长室、财务室、原料采购室、销售部、审评室、化验室。公司投资建成年产1500t精制普洱茶生产线，目前该厂加工精制普洱茶生产能力达到1000t，可加工原料约2000t。公司走“公司+基地+农户”和“产、供、销”一条龙服务经营的路子。战略发展品牌“峦谷天境”是以普洱茶为主，涵盖高端红茶、绿茶，以产品、茶礼、茶具等周边产品为综合，以中华茶文化为传播的综合型商业品牌。

（三）云南双江布朗山茶叶商贸有限公司

云南双江布朗山茶叶商贸有限公司成立于2014年8月，前身是成立于2006年的云南双江布朗山茶厂，注册资本10万元，坐落在双江县沙河乡沙河村。随着企业发展的需要，在2009—2014年间，向双江县沙河乡南布村沙平组村民购买土地18.6亩，并于2014年8月成立云南双江布朗山茶叶商贸有限公司，注册资本增加到2186万元。主要经营范围：茶叶初制、精制加工销售、旅游项目和旅游产品投资、其他农副产品经营。公司成立以来，本着“产品质量高于一切、全员参与、满足顾客、持续改进”的质量方针，为打造“冰岛湖”品牌各类茶系列产品而不断努力，所生产的茶叶采用世界驰名的勐库大叶种茶作原料，生产滋味浓郁，久经耐泡，鲜爽回甜，色、香、味俱佳的独特产品。通过“工厂+基地+农户”的运行机制，生产加工流程执行严格的HACCP质量体系控制标准，获得SC认证，标志着公司具备食品质量安全的生产市场准入。

（四）双江七彩茶业有限公司

双江七彩茶业有限公司成立于2012年，由具有60年历史的双江沙河乡尾帕村茶叶初制所改制而成。公司法人李祖权先生自家拥有2500亩百年古树茶园，家族从事茶叶行业有近60年的历史。为充分发挥自家古茶园和调动勐库万亩古茶园优势，于2012年投资1200万元新建年产600t普洱茶精制厂，同时成立双江七彩茶业有限公司。公司主营普洱茶，三代匠心，古法工艺传承，以最传统的方式、追寻最自然的味道。其茶叶均选用双江县的勐库大叶种茶为原料，对产品的高品质有着近乎苛刻的要求，公司产品均通过国家有关部门的检测认证，无任何添加、无农残，产品在市场上的认可度极高。公司与多家零售商和代理商建立了长期稳定的合作关系，品种齐全、价格合理，企业实力雄厚，重信用、守合同、保证产品质量，以多品种经营特色和薄利多销的原则，赢得了广大客户的信任，公司始终奉行“诚信求实、致力服务、唯求满意”的企业宗旨，全力跟随客户需求，不断进行产品创新和服务改进。

（五）双江灵农茶叶商贸有限公司

双江灵农茶叶商贸有限公司于2017年4月6日注册登记，属自然人独资企业，注册地址：云南省临沧市双江拉祜族佤族布朗族傣族自治县沙河乡允俸村忙孝小学对面，注册资金为人民币500万元，法定代表人：陶佳忠。经营范围包括：茶叶种植、初制加工、精制及销售；蔬菜、茯苓种植及销售；牛、猪、鸡养殖及销售；农副产品收购及销售。公司占地5.6亩，建筑面积2000m^2，大力推行“公司+合作社+基地+农户”的运行机制，在双江县忙糯乡滚岗村、康太村等地拥有30亩古树茶园基地，2018年，在忙糯乡滚岗村建成面积约4700m^{2}的茶叶初制厂，设备齐全，做到从源头到成品层层把控，为打造安全、性价比高、消费者放心的产品奠定了坚实的基础。

（六）云南双江存木香茶业有限公司

云南双江存木香茶业有限公司于2011年由拉祜族妇女罗成英女士创立，是一个独具拉祜族特色的企业。主要经营绿茶、红茶、普洱茶、紧压茶加工销售。现建设有精制茶厂1个、茶叶初制所5个，有机茶园面积达3370亩。公司结合“互联网+公司+合作社+茶园”新型发展模式，年生产精制茶叶规模可达1000t。2019年获得临沧市人民政府颁发的临沧市农业产业化重点龙头企业、2021年云南省档案馆颁发的品牌普洱茶收藏证书，2022年经云南省农业产业化经营协调领导小组认定为农业产业化省级重点龙头企业。存木香“拉祜寨”古树茶荣获2014年中国（上海）国际茶业博览会中国名茶评选金奖、“西岭藏问”古树茶荣获中国（上海）国际茶业博览会2015年中国好茶叶质量评选金奖、“羊茗天下”古树茶荣获中国（上海）国际茶业博览会2015年中国好茶叶质量评选金奖。公司采用“产业＋科技”模式来提升产业发展。投入研发经费近320万元，用于研发理条红茶的生产加工工艺，解决了邦迈村近380多户茶农的茶叶滞销问题，邦迈村茶农户均增收达6000元。2022年资产总额2572万元，工业总产值8319万元，主要工业产品产量59.63t，营业收入2058万元，利润总额84万元，上交税金37万元。

（七）双江津乔茶业有限公司

云南省双江津乔茶业有限公司成立于2008年，前身为1962年建勐库国营茶厂，总部位于临沧市双江县勐库镇，是一家集茶园管护、茶叶加工、产品研发、仓储服务、品牌运营、文化传播为一体的垂直领域全产业链代表茶企。总部占地面积50余亩，拥有业内一流的“匠作空间”茶叶生产线，总投资超过1亿元。专业制茶车间1.2万m^2，下辖1个专业茶仓，12个茶叶初制所，3个标准化制茶厂，3个主题茶空间，1家茶主题酒店，拥有以“冰岛”为代表的优质古树茶基地十余块、优质生态古茶园2600多亩，专职工艺师及员工达150余人，是云南省农业产业化重点龙头企业、临沧十大名品企业，云南打造世界一流“绿色食品”品牌省级产业基地，临沧茶产业旅游观光考察点。2015年，董事长杨绍巍先生被昆明诚信文化促进会授予“云南省优秀诚信企业家”称号。2015年，经昆明诚信文化促进会综合评定，被授予“省AAA企业”荣誉称号。2015年，在中国国际旅游交易会中被授予“最佳展台奖”。2016年双江津乔茶业有限公司被列为第十一批云南省农业产业化重点龙头企业。2017年1月，荣获“云南十大生态普洱茶企业”荣誉证书。2019年，被授予“云南省诚信100强企业”荣誉称号。2021年12月，获得临沧市“十佳名优农产品加工企业”称号，“津乔”牌冰岛正寨获得临沧市“十大名茶”。2022年，双江津乔茶业有限公司精制茶产量达110.3t，生产总值达2998.86万元，总销售达99.27t，销售额2661.52万元，其中线下销售额2262.3万元，线上销售额399.22万元。以“公司+基地+农户”的经营管理模式，与农户签订收购合同，并明确监管措施，公司年收购鲜叶210t，均价36元/kg，收购毛茶175t，均价160元/kg，收购农产品原料总值3564.8万元。茶区涉农2986户8958人从事茶叶种植生产，带动茶农户均增收1.2万元。

（八）双江勐傣茶业有限公司

双江勐傣茶业有限公司成立于1996年，是一家集茶叶种植、加工、生产、销售、文化、体验为一体的专业茶企。现有生产建筑面积20000m^2。2020年，公司被认定为云南省农业产业经营化重点龙头企业，并于同年全面通过HACCP食品管理体系、ISO9001质量管理体系以及ISO22000食品安全管理体系、IQNET等国际体系的认证。勐傣茶业生产的“宫廷金芽”荣获第15届中国（深圳）国际茶业博览会金奖、“冰岛茶魂”荣获第15届中国（深圳）国际茶业博览会金奖、“大雪山”荣获第八届国际鼎承茶王赛特别金奖、“忙肺”荣获2018中国（广州）国际茶业博览金奖、“冰岛母树”荣获第九届国际鼎承茶王赛金奖、“勐傣母树茶”荣获2008年广州春季茶业博览会金奖、“勐傣冰岛老树茶”荣获2008年广州春季茶业博览会金奖、“乔木王”荣获2008年广州春季茶业博览会金奖、“勐傣冰岛茶魂”荣获第十二届国际名茶评比金奖、“勐傣小户赛”荣获第十二届国际名茶评比金奖、“勐傣昔归古树”荣获第十二届国际名茶评比金奖，同时多次受邀为华巨臣茶业博览会大会指定用茶。勐傣茶业在勐库、临沧、普洱、勐海等各茶区均建设有初制所。产品主要销往云南各地州、广州、上海、北京、西安等地区，并在昆明、广州、深圳、西安设立四大营销中心。勐傣茶业在长期发展过程中，稳定帮扶的农户数量有1800余户，平均每年带动农户增收达400余万元，并且能提供长期就业岗位140余个，长期帮扶建档立卡户共830户，年更新产品数量50余种、在售产品300余种，直接带动农民就业30余人，通过辐射间接带动100余人。

（九）云南双江勐库原生大叶茶厂

云南双江勐库原生大叶茶厂成立于2005年12月，由法人吴云生投资578万元创建。厂区位于双江县勐库镇，占地面积为12亩，其中厂房建筑面积为10000m^2。企业以勐库大叶茶为原料精心制作普洱茶，注册商标“文化经典”，现有生产一线工人23人，均有10年以上普洱茶加工制作从业经验。建厂以来，企业视产品质量为企业生存之根本，把打造著名品牌作为追求目标，并在这个理念下不断提高产品质量以应对变化无常的市场，努力将企业的品牌打造成茶叶品牌中的名牌。

（十）双江勐库瑞祥茶厂

双江勐库瑞祥茶厂成立于2013年10月16日，注册资本100万元，是一家集茶园基地、茶叶加工、产品研发、仓储服务、品牌运营、文化传播以及自营店、经销加盟为一体的全产业链典范普洱茶叶企业，属三代制茶世家。总部位于冰岛茶区核心的勐库镇，基地遍布勐库各大知名茶山（如：冰岛五寨、小户赛、懂过等），茶园面积1000余亩，生产车间6000余m^2，年生产总量800多吨，研发生产6个系列数百种款茶叶产品，在“神农祠”建有一处“茶旅”融合发展观光点。勐库瑞祥茶厂一直把打造世界一流“绿色食品牌”“绿美云南”“三个示范区”建设战略布局与公司发展蓝图相结合，不断壮大企业规模，同时将秉承“双赢”的经营理念与各类企业建立长期合作，诚邀各界人士莅临洽谈，共谋发展。

（十一）临沧忠鑫缘茶叶有限公司

临沧忠鑫缘茶叶有限公司于2015年5月5日在双江县注册成立，注册资金1000万元。公司主要从事中高端精制普洱茶加工生产、销售，生产的精制普洱茶主要采用临沧茶区冰岛、小户赛及邦东昔归等名山的优质鲜叶为原料。同时公司也在勐海县建立勐海片区各名山头的鲜叶初制加工基地（西双版纳潞卉茶业公司），在昆明成立有茶文化传播及售后服务中心（云南千一茶业有限公司），形成了专业化、规范化、品牌化的现代茶业综合企业，建成比较完整的茶产业链。公司进驻双江先后在勐库冰岛、小户赛、邦东昔归投资建设茶叶生产基地，建成茶叶初制加工厂3个，公司现有长期稳定员工30多人，季节性用工达200多人。

（十二）双江自治县勐库镇冰岛山茶叶精制厂

双江自治县勐库镇冰岛山茶叶精制厂于2015年4月8日注册成立，位于双江县勐库镇护东村扩东组，是一家集茶叶初制所和茶叶精制厂为一体的茶叶生产企业。目前在职员工48人，拥有勐库茶区各山寨古茶园基地约2000余亩的采摘权，主要生产普洱茶熟茶、生茶、功夫红茶和白茶等茶叶产品。随着企业茶树资源的逐步扩增，在秉承传统茶叶生产工艺的同时，引进现代生产设备满足市场多元产品的需求，特别是熟茶制作工艺的成熟稳定，企业对外交流得到更深的拓展。自2019年起与知名茶企八马茶业达成深度经营管理交流和购销战略合作，为宣传和推广勐库大叶种茶，自2020年起连续5年春茶季与八马茶业信记号共同举办了“冰岛老寨茶树王”的盛大采摘仪式。企业在2021年与重庆西南大学茶学专业联合建设“云南普洱茶微生物鉴定及风味特征研究”技术研发项目，旨在联袂专业的科学团队解析及研究临沧茶产区特别是双江产区普洱茶生茶和熟茶的品质风味特征，结合市场趋势研发勐库大叶种茶茶叶新产品。

（十三）云南双江勐库冰岛茶叶精制厂

云南双江勐库冰岛茶叶精制厂位于双江县勐库镇忙波村，是一家集茶叶种植、加工、销售为一体的创新型企业。企业以家族传承制茶为主，始于1926年，三代茶人传承，坚守历代茶人的初心和使命，于2006年9月12日正式建立云南双江勐库冰岛茶叶精制厂，注册“冰中岛”品牌。以传统的手工工艺为主，生产一系列以“勐库大叶种茶”为主的产品，以“精益求精、铸造品质”的企业理念，专心做精制茶。精制厂下设7个茶叶加工初制所、21个鲜叶收购点、拥有10000平方米现代化洁净精制车间及一整套先进的加工设备及生产线，年生产普洱茶可达1000吨以上。企业实行“公司+初制所+农户+基地”的多赢合作模式，与1300余户茶农合作管护优质茶园5430亩，完成有机基地认证3257亩。2023年企业联农带农，为周边提供就业岗位200余个，辐射周边1100户以上农户每户增收1.5万元，成为双江纳税过百万元的茶叶企业，助力乡村振兴。2006年冰岛“古树茶”获武汉第三届农业博览会茶叶评选金奖及中国(广州)国际茶叶博览会全国名优茶质量竞赛特等金奖，一举打响了“冰岛”的美名。2007年“百年老树茶”获中国(东莞)茶文化节暨东莞首届中国茶叶质量评比大赛银奖。“冰岛独树兰香珍品”“大中山(1996)”获2007中国(广州)国际茶叶博览会全国名优茶质量竞赛“优质奖”。2011年“冰中岛古树茶”获浙江杭州第九届“中茶杯”全国名优茶评比特等奖、“望再品”获金奖第一名。旗下“雲泥”获临沧市知名商标。企业自2006年以来积极在兴教助学、赈灾救灾、脱贫攻坚、疫情防控、乡村振兴等方面践行社会责任，通过县红十字会等平台，累计为公益事业捐赠物资和资金千万余元，惠及群众上千人次，得到了社会各界的一致好评。厂长赵国娟女士多次获“云南好人”“人道服务奖章”“社会扶贫模仿”“云南省三八红旗手”“中国红十字会五星级志愿者”等称号。随着市场的不断扩大，企业打破传统的纯加工的产业模式，2013年，注册云南双江王家庄园茶叶商贸有限公司，通过学习借鉴波尔多庄园模式，结合中国汉唐文化特色和双江勐库大叶种茶本地特色茶文化打造集茶叶生产、加工、经营、科研、休闲、观光、文化等为一体的“王庄冰岛古树茶文化庄园”，占地面积48.92亩，投资概算3.1亿元。庄园建成运营后，将成为双江“三茶统筹”发展的重要载体，助推双江茶产业高质量发展。

（十四）纳濮茶业（双江）有限公司

纳濮茶业（双江）有限公司根植原产地百余年，被评为“云南省科技型中小企业”“省级星创天地培育建设单位”“临沧市农业产业化经营市级龙头企业”。茶农世家，遵循传统，历经三代深耕，有着深厚的资源积淀，以产品质量为核心挖掘和保护古茶树臻品，依托云南·双江普洱茶核心原产地区域优势，专注于原产地茶料资源整合，为更多合作商提供包括普洱生茶、熟茶、红茶、白茶等原料供应与定制服务。目前，公司拥有包括冰岛五寨在内的古树茶基地12个、有机茶园基地1个3000余亩、合作古茶园面积达1.8万余亩，纳濮专业合作社1个、初制所6个及占地10余亩的精制厂1个。纳濮，传承先辈世代种茶、制茶的传统，感恩热爱家乡，根植于家乡双江勐库这块丰沃的土地，聚合每一个茶农、每一片茶叶的能量，将濮人种好茶、制好茶的传统继续发扬传承。秉承"用心制好茶"的核心，以"一家人·一件事·一起拼搏"的理念和"实实在在做人·地地道道做茶"的宗旨，不忘初心，笃定前行。2021年，公司升为规上企业，逐步走向规范化管理，秉承"实在人，地道茶"，规范管理，诚信纳税，励志用心制好茶，做好优质原料，扩充销售渠道。建立起规范标准初制加工、发展多元化产品、带动乡村旅游为核心的总体规划。引进专业经营管理公司，打造茶叶源头品牌。充分发挥村集体力量，建立茶叶专业合作社和集体茶叶基金，通过不同形式增加茶农就业，带领茶农共同致富，并积极投入到国家乡村振兴战略，为双江的乡村振兴添砖加瓦。

（十五）双江勐库冰岛古树精制茶厂

双江勐库冰岛古树精制茶厂位于临沧市双江县勐库镇国道214线南卡组，于2015年3月24日注册成立，是一家集茶叶种植、生产、加工、销售为一体的综合型企业。2022年，按照政府的政策引导，申报规上企业，并通过省市统计部门审核，2023年2月成为规模以上工业企业。当前公司发展以"公司+基地+农户+培训+销售"模式为主导，秉承"诚信无价、合作双赢"的经营理念，自创办以来，一直深耕茶叶产业，为茶叶生产提供了天然、绿色、健康、安全的高品质原料，有力地保障了产品的卓越品质。

（十六）云南勐库阿福茶叶有限公司

云南勐库阿福茶叶有限公司于2017年5月31日成立，注册资本100万元。"阿福哥一品百年"为公司自有品牌。公司是一家依托于勐库冰岛产区普洱茶资源为核心，以头部主播云南阿福哥为引领，集产品研发、生产、电商直播销售、货盘供应、原料批发、线下门店加盟为一体的普洱茶供应链平台。2019年，在云南省临沧市勐库镇建成1所茶叶精制加工厂，占地面积8000余平方米，是一个集初加工及精制、仓储为一体的现代化工厂，企业每年可生产优质普洱茶1000余吨。公司拥有冰岛老寨核心产区较多茶树资源，茶类生产主要以普洱茶生普、熟普、红茶、白茶等为主，在勐库冰岛产区、昔归产区辐射带动茶农300余户。

（十七）云南凌顶茶业有限公司

云南凌顶茶业有限公司是一家拥有10年普洱茶行业经营经验的企业，旗下拥有云南凌顶茶业有限公司、云南鹏磐茶业有限公司、云南勐勋茶业有限公司、云南荣广商贸有限公司四家公司和“凌顶古茶”“希必奇”“徐普号”3大普洱茶品牌，主要从事普洱茶批发、直营零售、线上电子商务销售等业务，打造集研发、生产、销售、仓储、文旅为一体的全产业链高端普洱茶品牌。公司采取多品牌、多渠道经营的模式，在各大型电商平台已开设36家店铺，在全国线下拥有100多家分销商，且在抖音、微博、微信公众号、小程序等私域流量渠道均已涉足。经过数年的沉淀与发展，现已具备了成熟的经营模式和稳定的供销渠道。公司体验店总店位于中国第一茶城“雄达茶城”蛮砖路8号“凌顶旗舰店”。营销中心位于昆明市盘龙区独幢独立商铺办公面积达600多m^2，员工52人。凌顶古茶原料主要集中在临沧市和西双版纳州，拥有1000多亩原料基地，精加工基地10个，茶叶初制所38个，临沧市双江县和西双版纳州易武镇以生茶为主，西双版纳州勐海县以熟茶为主。公司从基地、初制、精加工、销售端全产业链均实现了自主化生产。

五、省级茶叶专业合作社（共15户）

（一）双江存木香茶叶农民专业合作社（与云南双江存木香茶业有限公司同为一个主体）

云南双江存木香茶业有限公司于2011年由拉祜族妇女罗成英女士创立，是一个独具拉祜族特色的企业。主要经营绿茶、红茶、普洱茶、紧压茶加工销售。现建设有精制茶厂1个、茶叶初制所5个，有机茶园面积达3370亩。公司结合“互联网+公司+合作社+茶园”新型发展模式，年生产精制茶叶规模可达1000t。2019年获得临沧市人民政府颁发的临沧市农业产业化重点龙头企业、2021年获得云南省人民政府颁发的临沧市农业产业化重点龙头企业、2021年云南省档案馆颁发的品牌普洱茶收藏证书，2022年云南省农业农村厅授予双江存木香茶叶农民专业合作社为云南省农民合作社省级示范社、2022年经云南省农业产业化经营协调领导小组认定为农业产业化省级重点龙头企业。存木香“拉祜寨”古树茶荣获2014年中国（上海）国际茶业博览会中国名茶评选金奖、“西岭藏问”古树茶荣获中国（上海）国际茶业博览会2015年中国好茶叶质量评选金奖、“羊茗天下”古树茶荣获中国（上海）国际茶业博览会2015年中国好茶叶质量评选金奖。公司采用“产业+科技”模式来提升产业发展。投入研发经费近320万元，用于研发理条红茶的生产加工工艺，解决了邦迈村近380多户茶农的茶叶滞销问题，邦迈村茶农户均增收达6000元。2022年资产总额2572万元，工业总产值8319万元，主要工业产品产量59.63t，营业收入2058万元，利润总额84万元，上交税金37万元。

（二）双江忠兴农业专业合作社（与双江灵农茶叶商贸有限公司同为一个主体）

双江灵农茶叶商贸有限公司于2017年4月6日注册登记，属自然人独资企业，注册地址：云南省临沧市双江拉祜族佤族布朗族傣族自治县沙河乡允俸村忙孝小学对面，注册资金为人民币500万元，法定代表人：陶佳忠。经营范围包括：茶叶种植、初制加工、精制及销售；蔬菜、茯苓种植及销售；牛、猪、鸡养殖及销售；农副产品收购及销售。公司占地5.6亩，建筑面积2000m^2，大力推行“公司+合作社+基地+农户”的运行机制，在双江县忙糯乡滚岗村、康太村等地拥有30亩古树茶园基地，2018年，在忙糯乡滚岗村建成面积约4700m^{2}的茶叶初制厂，设备齐全，做到从源头到成品层层把控，为打造安全、性价比高、消费者放心的产品奠定了坚实的基础。

（三）双江旧笼茶叶初制加工专业合作社

双江旧笼茶叶初制加工专业合作社位于双江县沙河乡邦协村委会旧笼大寨组，于2012年11月14日注册成立，主要从事茶叶种植、加工、销售、贮藏等经营活动。合作社与省内多家一流大茶企建立长久合作关系，通过联农、带农、助农的方式，实现茶农收入增加和茶园统一规范管理；有旧笼、小勐峨、邦协等3大生态藤条茶园基地，面积13800亩，其中旧笼基地

2000.85亩已通过有机认证；有3个初制所位于双江县沙河乡邦协村委会旧笼大寨组、邦协村委会小勐峨组、忙开村委会新村组；合作社在双江县具有丰富且优质的茶山资源、有机毛茶及各级别毛茶资源，基于优越的自然条件及周边环境，致力于严格的茶产品生产加工流程管控，从茶叶采摘到成品加工的各环节严格执行茶产品生产相关要求，建立健全合作社管理体系，产出优质茶产品以满足客户及市场的需要。

（四）双江县白石岩林区种植农民专业合作社

该合作社由王顺祥发起，位于双江县大文乡户那村，户那村地处大文乡西南边、东邻大文村、南邻千信河、西邻大梁子村、北邻清平村马安山，距大文乡政府所在地10km，距县城69km。合作社利用户那村得天独厚的自然气候、生态环境，依托当地的产业特色，组建了双江县白石岩林区种植农民专业合作社，以生产茶叶为主，是一家专门从事茶树种植、茶园管理、茶叶采摘、加工、销售及旅游等全产业链生态茶叶企业。合作社采用“合作社+基地+农户”的模式进行产供销一体化为社员服务，采取统一供应种苗、统一技术指导，保底价格回收方式，带动社员发展茶叶种植。目前，合作社从业人员15人，拥有社员326户900多人，茶园面积大，购置安装了一条清洁化名优茶生产线，年加工茶叶20余吨，主要加工生产晒青毛茶、白茶。

（五）忙糯乡滚岗村光甲茶叶初制加工专业合作社

双江县忙糯乡滚岗村光甲茶叶初制加工专业合作社位于忙糯乡滚岗村委会下滚岗二组，由王光甲、王三元、罗祖发、王双存、张保存发起并于2017年3月17日在忙糯乡市场监督管理所注册成立。近年来，合作社积极探索和引进新的管理理念及加工技术，为提升茶叶品质不断努力，成员采用现金、茶地等形式入股加入合作社，同时也为非合作社成员提供茶园管理、代加工、代营销服务。合作社设有理事会、监事会，建立了理事会、监事会、成员大会、财务管理、利益分配等相关制度，同时聘请1名财务人员负责财务核算日常工作。下步，合作社将不断加大技改投资，提高本地茶叶品质。在宣传无公害绿色食品的重大意义和必要性的同时，不断加强本合作社社员茶叶种植管理水平，从茶叶采摘、收购鲜叶、制茶环节和销售管理上配备专人负责，逐步形成统一管理、统一加工、统一销售模式。

合作社以可持续发展为目标，以满足客户需求和增加社员收入为己任，将不断的完善内部管理模式、改进加工工艺、提升产品品质，努力把合作社做大做强。

（六）双江县勐库镇邦读村控库茶叶专业合作社

合作社距邦读村民委员会1.2km，主要从事茶叶种植、生产、加工、销售、技术培训和服务。按照自愿、自主、平等、互利的原则组织成员于2017年6月22日在工商局注册成立。合作社成员覆盖勐库镇邦读村邦读组、邦亢组、梁子组、文库组、里皮金上下6个村民小组，自成立以来组织社员种植茶叶面积达1000余亩，有机茶园认证面积786亩。2018年，在邦读村大平掌田易地搬迁点建设了勐库茶叶专业合作社茶叶初制加工厂，占地面积600m^2，投入建设资金62.6万元，晒场面积320m^2。2019年，在邦读村梁子组建成合作社茶叶初制加工点，占地面积512m^2，投入建设资金约35万元，晒场面积500m^2。合作社以服务于成员、谋求全体成员的共同利益为宗旨，以“公司+合作社+农户”的生产化模式和利益共同体的思路，实行资金运作靠企业、产品营销靠市场、货源组织靠社员的运行机制，自主经营、自负盈亏、利益共享、风险共担。下步，合作社将吸纳更多的茶农以资金、茶地等形式入股加入合作社，以统一培训、统一管理、统一销售的“三统模式”运行管理好合作社，以更加科学的方法管理茶园基地，逐步向全程绿色、有机化迈进。

（七）双江县勐库镇丙山村洪洪茶叶专业合作社

双江县勐库镇丙山村洪洪茶叶专业合作社位于勐库镇丙山村上寨一组，由洪宗怀发起，于2015年1月14成立，是一家专注以勐库大叶种古树茶为原料制作高品质古树普洱茶的合作社，成员大多由当地少数民族组成，是一个融合了多元民族文化的大家庭。目前有社员60余户，拥有勐库茶山丙山自然村大叶种古树茶园基地700余亩。合作社结合“公司+合作社+茶园”新型发展模式，极力为茶友呈现原产地勐库大叶种古树茶的色、香、味、形。合作社积极响应国家富民号召，以国家的富民政策为指导，秉承为茶农服务、支持农业发展、富裕周边农民的理念，积极创新管理模式，学习新知识、新技术、新方法、新理念，带领广大社员做好优质茶叶大文章。同时，通过盘活村集体闲置资产，依靠自身技术优势，充分提高厂房、设备利用率，带动村集体经济发展、保障村集体收益、推动乡村振兴。

（八）双江县勐库镇大户赛秀荣茶叶农民专业合作社

双江县勐库镇大户赛秀荣茶叶农民专业合作社位于勐库镇大户赛村大户一组，2016年1月12日在勐库镇市场监管所注册登记成立。业务范围包括茶园管护和经相关部门批准的茶叶初制加工、销售。成员包括茶农、茶叶初制加工户和茶商，其中茶农的比率≥85%。合作社成立以来，加工规模和社员数量在快速、稳定发展中，合作社章程、财务管理制度、卫生管理规程等制度不断健全和完善。合作社实行统一基地管护、统一生产加工、统一销售服务。目前，合作社拥有初制加工点2个，拥有优质茶叶基地1573亩。2022年，固定资产规模达134.9万元，年产值201万元，实现净利润32.6万元，带动83户社员增收5433元。下步，合作社将以市场为导向，不断提高产能，提升加工能力，开发个性化产品，增加社员收入。一是以“绿水青山就是金山银山”的理念保护茶叶基地，由合作社统一规范基地管护，严禁社员使用化学肥料、化学农药和化学除草剂。二是充分利用勐库大叶种茶得天独厚的种源基地优势，以“建设绿色食品品牌”大背景为契机，增强品牌核心竞争力。三是创建或入驻电子商务平台，通过资金入股或产品直销的方式，对外寻求长期稳定的合作伙伴，下大功夫补齐“销售模式单一”的短板，全方位拓展销售渠道。四是完善利益分配制度，建立利益联结激励机制，在公平、公开、竞争的氛围中充分调动每个社员的积极性、主动性和创造力。

（九）勐库镇回笼组清雅号大树茶农民专业合作社

勐库镇回笼组清雅号大树茶农民专业合作社由尹丽清发起，于2016年11月注册登记。业务范围包括生产加工鲜叶原料，普洱茶生茶、红茶、生态茶的供销与推广。合作社现有社员60余户、基地600余亩，拥有6个初制厂。按照“企业+合作社+农户”经营模式，以市场为导向，以社员为依托，实行资金运作靠企业、产品营销靠市场、货源组织靠社员的运作机制，自主经营、自负盈亏、利益共享、风险共担。由成员代表大会选举出的理事会负责合作社的具体运作，并设理事长一名，理事会对成员代表大会负责，并接受全体社员的监督。合作社成员必须遵守合作社章程和各项规章制度，并能积极地配合理事会代表合作社所做出的各项技术指导、要求和服务。下步，合作社将继续保持收购价略高于市场价格的社员优惠政策，让更多茶农积极参与到绿色、生态有机茶园的种植、管护建设中，继续推动茶园的规范种植、科学管护、提质增收，让更多茶农通过茶产业看到增收的希望。

（十）双江县勐库镇启航茶叶加工专业合作社

双江县勐库镇启航茶叶加工专业合作社于2019年3月28日在勐库镇市场监管所注册登记。合作社通过多次召开成员大会研究决定，将李加有（理事长）和杨明富、杨子福、唐余超4名社员的加工点以40万元价格出让给合作社作为固定资产。新增社员以鲜叶入股形式加入合作社，目前，社员达到90余个，入股本金达57万元，有初制加工点3个，优质茶叶基地1850亩。拥有“雪山灵叶”和“萬木之灵叶”两个注册商标，开发产品有雪山灵叶系列春晓、秋韵、古韵、黄金大叶、古树红茶、勐库大叶白茶等多款产品。合作社基地管护、生产加工、销售服务等各个环节均按照既定规划有条不紊、循序渐进地开展，本着薄利多销、互利共盈、顾客至上的原则，最大程度让利于经销商和消费者，让经销商和消费者真正体会到优越的品质和贴心的服务。

（十一）双江岔箐腾龙茶叶农民专业合作社

双江岔箐腾龙茶叶农民专业合作社位于邦丙乡岔箐村邦大路旁，于2015年9月7日在双江县市场监督管理局注册，法人代表何明龙，注册资金50万元，现有固定资产100万元。主要经营范围：茶叶种植，茶叶初制加工销售。合作社总占地面积2000m^2，建筑面积1500m^2，自有茶叶基地1030亩，合作社社员茶地770亩，年产毛茶20余吨，销售收入达到180万元以上，实现利润20余万元。为了保证健康发展，合作社在健全内部运行机制上狠下功夫，先后制定了《合作社章程》《财务制度》《服务制度》《民主决策制度》等多项制度，做到了制度健全，机制严密，运行规范。合作社通过订单的形式建立紧密的利益联结机制，按照“集中服务，统购、统销”的模式组织生产经营。成员间合作关系紧密，主要生产资料统一购买率达到80%以上。合作社统一注册了“濮满地”与“铁锅帮”商标，茶叶产品全部由合作社统一包装，通过合作社组织销售，统一销售率达到80%以上。合作社产权关系清晰，通过先进的结算系统和信息系统，为每个成员都建立了独立账户，成员出资、合作社交易情况等记录完整，坚持民主管理的原则，接受社员的监督，保障合作社全体社员的知情权、决策权、参与权。下步，合作社将向“规范运作、增加收入、创立品牌、快速发展”目标迈进。

（十二）双江勐库坝糯茶叶农民专业合作社

双江勐库坝糯茶叶农民专业合作社于2015年1月8日在双江县工商行政管理局注册登记成立，由83户茶叶种植户出资创立，注册资金100万元。主要经营茶叶种植、初制加工及销售，农副产品收购销售等。办公地点设在双江县勐库镇坝糯村，建筑面积800m^2，坝糯村位于勐库东半山，是东半山最高最大的寨子。坝糯村盛产坝糯藤条茶，坝糯1500多亩连片的藤条茶古茶园，是如今保存最完整、面积最大的藤条茶古茶园，被誉为“藤条茶之乡”。坝糯藤条茶形表独特，鲜叶时芽头滚圆肥壮，绒毛浅绿密厚，晒干后芽头白亮中略带金黄，做成饼茶条索清晰，饼面芽绒闪光。坝糯藤条茶向来以口感苍劲霸猛著称，坝糯更是藤条茶中的王者，入口微苦微涩，滋味强劲，回甘生津迅猛持久，花香馥郁，果香清润，喉韵来的迅捷持久，后劲十足，气韵强劲霸道，极其适合喜欢茶味刚劲的茶友，在勐库众多山头中，坝糯一直保持着非常高的性价比。双江勐库坝糯茶叶农民专业合作社与茶农建立利益联结关系，带动农户参与产业化经营，给予茶农“二次盈余分配”。为适应市场需求，合作社不断加大技改投资，提高坝糯茶叶的品质，大力宣传无公害绿色食品的重大意义和必要性，共同建设无公害茶叶基地，保护茶叶种植的生态环境。合作社在未来将规划扩大厂房，增加茶叶机械设备，矢志不渝地坚持“专业做好茶”的经营管理理念，追求现代管理模式，注重茶叶品质，以满足顾客需求为己任，致力于茶文化传播，努力把合作社做精、做强，沿着可持续发展的道路，让茶文化走得更远、更好。

（十三）双江勐库公弄五朵茶花茶叶专业合作社

双江勐库公弄五朵茶花茶叶专业合作社成立于2013年5月15日，注册资金120万元，有固定资产1200万元，社员11户，其中理事会成员5人。合作社坐落于双江县勐库镇公弄村，海拔1800m，位于勐库西半山，距离勐库镇

8km，距双江县城28km。双江勐库公弄大寨是勤劳的布朗族世世代代生息的地方，高海拔无污染的自然环境造就了世界茶祖——布朗族人，与冰岛茶地相距十几里，气候、海拔、光照和湿度几近一致。合作社成立运营以来，始终秉承“诚信经营”“客户至上”的宗旨，坚持“心系民众，兼诚合作”“惠民互利，共享发展”“严格质量，生态市场”的方针。世袭了祖传的茶山和茶树，千百年来一直手工制作着出自公弄的古树普洱生茶、古树普洱熟茶、古树红茶，传承了普洱茶的古朴和醇香。目前，茶叶基地2000亩，其中百年以上古树基地200亩，有2个茶叶初制加工厂，年加工普洱茶原料晒青毛茶120余吨。合作社保留茶叶传统生态管护技术，以确保茶叶产品特有的口感，严把质量关，明确产品绿色生态市场，提倡“锅碗”公式，与社员共求发展。

（十四）双江勐库小户赛拉祜茶叶农民专业合作社

双江勐库小户赛拉祜茶叶农民专业合作社于2014年2月15日由铁扎努等5人发起成立，位于双江县勐库镇公弄村，距离勐库镇9km。小户赛村拥有悠久的茶叶种植历史，茶叶收入是当地农户主要经济来源。合作社拥有两个初制所，分别位于双江勐库公弄村小户赛自然村和勐库镇城子村千红组，拥有茶叶基地550多亩。采用“合作社+公司+农户”的经营模式，统一管理茶园、统一加工、统一销售。为保护社员利益，保证鲜叶质量，收购的鲜叶平均价格高于当地市场价格1～2元。2020年、2021年合作社总收入都在80万元以上。近年来，合作社通过持续完善制度建设，加强内部管理，不断提高服务质量。通过注册自己的商标，打造自己的品牌，积极争取当地政府给予政策倾斜和支持，增强了合作社凝聚力、号召力，提高合作社的造血功能。合作社不断探索茶叶产业链延伸，带动本村及周边农村经济的发展，在增加合作社社员以及周边茶农收入的同时，也为当地社会和谐稳定发展做出了应有的贡献。下步，合作社将不断完善各项管理制度，加强内部管理，以市场为导向，做好自己的产品，努力扩展市场，扩大销售，在提升合作社茶叶质量的同时，增强合作社抵御市场风险能力，增加合作社社员以及周边茶农收入，助力地方产业发展壮大。

（十五）双江鑫耀茶叶种植农民专业合作社

双江鑫耀茶叶种植农民专业合作社由俸申元等7人发起，于2017年9月

25日成立，是一家专门从事茶叶种植、茶园管理、加工、销售及旅游等全产业链茶叶企业，目前加入合作社农户达144户，拥有基地300多亩，茶叶年产量达50t左右，收入突破100万元。双江鑫耀茶叶种植农民专业合作社位于双江县彝家自然村，隶属于双江县勐勐镇，位于勐勐镇东边，距离勐勐镇27km，海拔1800m，年平均气温16℃，年降水量1200mm，适宜种植茶叶、水稻、玉米等农作物。合作社利用得天独厚的自然气候、生态环境，采用“合作社+基地+农户”的模式进行产供销一体化为社员服务，采取统一供应种苗、统一技术指导、保底价格回收方式带动社员发展茶叶种植。下步，合作社将努力向规模化经营发展，按企业行为运作，直接服务社员发展，持续增加企业效益。

勐库戎氏“本味大成”产品（勐库戎氏供图）

勐库戎氏“博君”产品（勐库戎氏供图）

勐库戎氏系列产品（勐库戎氏供图）

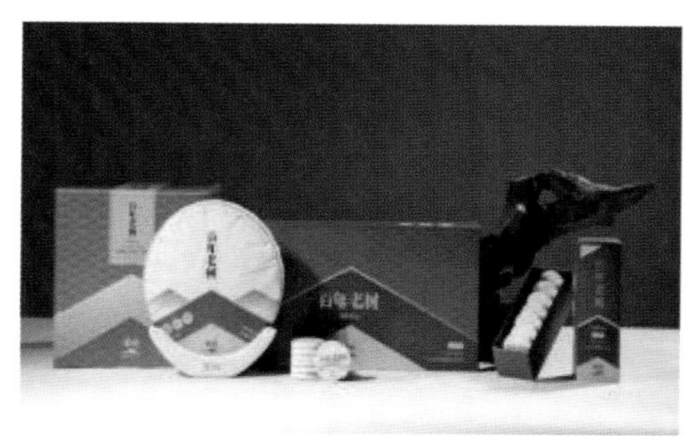

津乔茶业“百年老树”产品（津乔茶业供图）

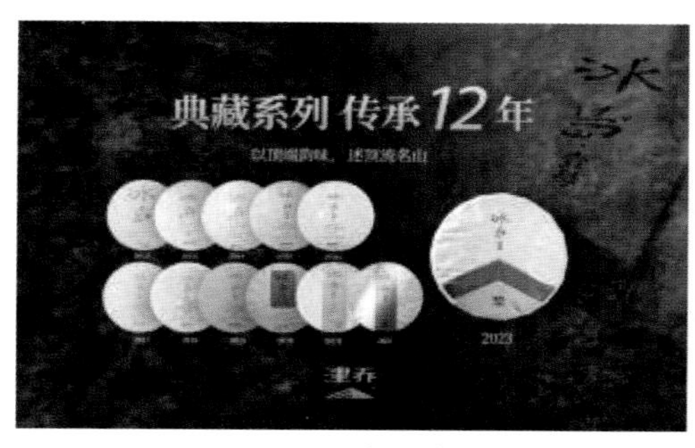

津乔茶业“冰岛壹号”产品（津乔茶业供图）

津乔茶业“津乔叁伍柒”产品（津乔茶业供图）

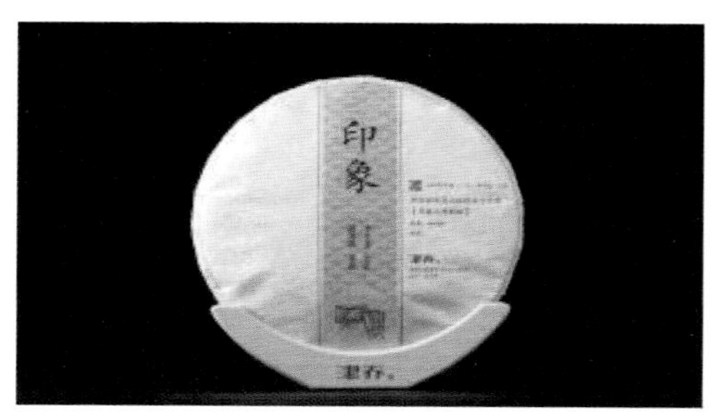

津乔茶业“印象”产品（津乔茶业供图）

傣字号“冰岛六星”产品（傣字号供图）

傣字号“冰岛六星”产品（傣字号供图）

傣字号“冰岛四星”产品（傣字号供图）

傣字号“冰岛五星”产品（傣字号供图）

傣字号“冰岛五星”产品（傣字号供图）

勐傣茶业“冰岛茶魂”产品（勐傣茶业供图）

勐傣茶业“冰岛春尖”产品（勐傣茶业供图）

勐傣茶业“冰岛大家风范系列便携茶”产品（勐傣茶业供图）

存木香茶业“冰岛地界古树普洱茶（生茶）紧压茶”产品（存木香茶业供图）

存木香茶业“冰岛地界古树普洱茶（熟茶）紧压茶”产品（存木香茶业供图）

存木香茶业“金款拉祜寨古树普洱茶（生茶）紧压茶”产品（存木香茶业供图）

冰岛茶叶“芳烟”“望再品”“古树茶”“香妙”“冰岛黄金条”“缅本”产品（冰岛茶叶精制厂供图）

冰岛山“冰岛五寨”产品（冰岛山茶叶精制厂供图）

冰岛山“冰岛普洱茶（熟茶）”产品（冰岛山茶叶精制厂供图）

纳濮茶业“冰岛五寨”系列产品（纳濮茶业“双江”有限公司供图）

第二节

勐库大叶种茶叶品牌

一、“双江·勐库大叶种茶”区域公共品牌标识

2020年10月24日，“双江勐库大叶种茶”区域公共品牌在北京国际茶业展览会上正式发布；2022年1月，“双江”和叶子图形的商标在国家知识产权局审批注册成功。双江区域公共品牌标识Logo图案整体形似一张舒展开的勐库大叶种茶叶片，突出其长椭圆、叶面隆起等特点，在其中加入汉字“江”的元素，贯穿叶脉，既如同江水也如同“北回归线”般贯穿县境。色彩由蓝、绿、黄渐变出“明珠”般的光泽感。在字体标识“双江”中加入了少数民族服饰图案的元素。整体Logo形象具有较强的记忆性又极具双江特色。为规范管理使用“双江勐库大叶种茶”区域公共品牌，双江县制定印发了《“双江·勐库大叶种茶”区域公共品牌管理使用办法（试行）》，在双江融媒、双江市场监管公众号，双江县人民政府官网等平台向社会群众和全县公职人员发布了“双江·勐库大叶种茶”区域公共品牌宣传倡议书，助力区域公共品牌的推广使用。目前，共有23家茶企233款茶产品在茶产品上使用公共品牌标识175842张。

二、勐库大叶种茶农产品地理标志

2015年11月5日，原中华人民共和国农业部批准对“勐库大叶种茶”实施国家农产品地理标志登记保护。登记证书编号：AGI01772。在取得证书后，双江县对地理标志农产品的保护工作随即开展，保护范围涉及勐库镇、大文乡、忙糯乡等6个乡（镇）和2个农场。为规范使用农产品地理标志，制定了《勐库大叶种茶农产品地理标志使用管理办法》，开发“勐库大叶种茶地理标志农产品审批管理信息系统”，目前已上线运行。通过审批，使用农产品地理标志企业6户119款产品318584个标，勐库大叶种茶农产品地理标志得到进一步保护。

三、中国驰名商标（2个）

（一）“勐库”牌普洱茶商标

本商标由双江县茶厂1994年向国家商标管理局注册使用，1999年双江茶厂破产后，作为无形资产转让到云南双江勐库茶叶有限责任公司，2005年被认定为“云南省著名商标”，2012年被认定为“中国驰名商标”。

（二）“勐库戎氏”商标

由云南双江勐库茶叶有限责任公司于2010年1月注册，2013年被认定为“云南省著名商标”，2017年被认定为“中国驰名商标”。

四、云南省著名商标（3个）

（一）“勐库”牌普洱茶商标

用勐库茶制造的茶叶系列产品。本商标由双江县茶厂1994年向国家商标管理局注册使用，1999年双江茶厂破产后，作为无形资产转让到云南双江勐库茶叶有限责任公司，2005年被认定为“云南省著名商标”，2012年被认定为“中国驰名商标”。

（二）“勐库戎氏”商标

由云南双江勐库茶叶有限责任公司于2010年1月注册，2013年被认定为“云南省著名商标”，2017年被认定为“中国驰名商标”。

（三）“勐康牌”商标

双江县供销社茶厂1996年注册“勐康牌”商标，用勐库茶生产青、红、绿茶系列产品，2005年1月国有企业改制，双江县供销社茶厂由茶人杨加龙整体收购，同时变更为云南双龙古茶园商贸有限公司，“勐康牌”商标随即转入云南双龙古茶园商贸有限公司。2014年“勐康牌纯正冰岛春饼（生茶）”和“勐康牌宫廷1号（熟茶）”参加世界茶联合会第十届国际名茶大赛荣获金奖。2016年云南双龙古茶园商贸有限公司“勐康牌”被全国名牌产业工作委员会授予“中国驰名品牌”。云南双龙古茶园商贸有限公司原法人杨加龙于2018年被中国产茶区域“十佳匠心茶人”遴选组委会授予“云南茶区十佳匠心茶人”称号；2022年被中国茶叶流通协会评为“国茶人物·制茶大师”称号；2022年被《云南茶界名人录》编委会入编《云南茶界名人录》第一辑。

五、省级“10大名茶”（3个）

（一）本味大成

戎氏“本味大成”作为戎氏本味系列成功研发的产品之一，荣膺云南省“10大名茶”，也是勐库戎氏目前荣获奖项最多的普洱茶生茶类单品。戎氏本味大成，苛选当年当春勐库大叶种一芽二叶的优质鲜叶为原料，通过“戎氏本味制茶法”精工细制，以“香气高扬，蜜香显著，浓郁绵柔、甜爽，舒适体贴”的个性特点，将勐库大叶种茶优异特性“本味呈现”。

（二）博君熟茶

“博君熟茶发酵法”的杰出作品，精选全生态精细管养的勐库大叶种藤条茶树一芽二叶的高品级鲜叶为原料，运用打破普洱茶熟茶传统发酵工艺的博君熟茶发酵法，分类发酵、精准控制、复合拼配，以“花果香、焦糖香、新熟茶无堆味，新茶即有十年老熟茶的醇厚绵稠和上品生茶的回甘生津”的鲜明个性，开启戎氏普洱茶熟茶2.0时代，引领普洱茶行业熟茶发展新风向。

（三）“勐库”牌普洱茶

云南双江勐库茶叶有限责任公司全力打造“勐库”牌系列无公害放心普洱茶，遵循“以市场为导向，以人为本，以质量求生存、促发展”的指导思想，狠抓质量关，产品被国家农业部茶叶质量监督检验测试中心认可为“无公害放心茶”，可在产品上使用该中心发放的“无公害标签”的普洱茶产品。“勐库”牌普洱茶的质量得到了社会各界的认可，4年4次获评云南茶界至高荣誉——云南省“10大名茶”。

六、市级“10大名茶”（8个）

（一）博君熟茶

“博君熟茶发酵法”的杰出作品，精选全生态精细管养的勐库大叶种藤条茶树一芽二叶的高品级鲜叶为原料，运用打破普洱茶熟茶传统发酵工艺的博君熟茶发酵法，分类发酵、精准控制、复合拼配，以“花果香、焦糖香、新熟茶无堆味，新茶即有十年老熟茶的醇厚绵稠和上品生茶的回甘生津”的鲜明个性，开启戎氏普洱茶熟茶2.0时代，引领普洱茶行业熟茶发展新风向。

（二）本味大成

戎氏“本味大成”作为戎氏本味系列成功研发的产品之一，荣膺云南省“10大名茶”，也是勐库戎氏目前荣获奖项最多的普洱茶生茶类单品。戎氏本味大成，苛选当年当春勐库大叶种一芽二叶的优质鲜叶为原料，通过“戎氏本味制茶法”精工细制，以“香气高扬，蜜香显著，浓郁绵柔、甜爽，舒适体贴”的个性特点，将勐库大叶种茶优异特性“本味呈现”。

（三）博君生茶

诞生于2007年，是以戎玉廷为首的博君团队，依据心中理想所研发的“梦·想”作品。诞生之初，在广州秋季茶博会上登台亮相，一炮而红。“博君生茶”上市至今十七年，每一代博君生茶的诞生，都铭刻着戎玉廷研发团队博君生茶研发及不断超越自我之路。每一代博君生茶的上市，不仅是勐库戎氏孜孜不倦、致力于普洱茶生茶制茶工艺研究与探索的足迹，更是戎玉廷研发团队在产品研发领域追求卓越、大胆试验的阶段性成果作品。

（四）俸字号冰岛金条

俸字号首款荣获“临沧市十大名茶”产品，采用2023年冰岛老寨核心产区古树（树龄300年以上）春、冬大叶，以少数民族传统手工杀青制作、石磨压制而成；条索粗大油润且显毫，汤色金黄透亮，口感香醇馥郁，内含物质丰富、口腔协调性和饱满度高、气足韵长，耐泡度高；叶底叶片革质感有弹性。产品规格为100克/砖，整条产品共10砖，总净含量1kg。

（五）俸字号非遗冰岛普洱茶

俸字号第一款真正意义上按树龄和地块分级的纯料冰岛茶系列，采用2018年冰岛老寨核心产区古树（树龄300年以上）春茶，以俸字号“冰岛老寨晒青毛茶非遗制作工艺”，由非遗传承人亲手制作。茶汤细腻，饱满，入口柔软顺滑、滋味纯正、生津回甘快速而强烈，叶底肥厚富有光泽，有弹性、柔软。

（六）津乔牌冰岛正寨

津乔“正寨古树系列”茶品源自津乔特选的顶级古茶老寨的正宗产区。作为津乔名寨纯料茶的代表，为展现名寨纯古茶的纯正口感，津乔以严谨的选料标准和严苛的制作工艺倾力打造。“冰岛·正寨”原料选自津乔自有的冰岛古茶园，选用早春采摘的鲜叶制成。茶园位于冰岛村口路上方，树龄跨度在200~500年，朝向正东，日照条件好，整体管理以生态自然野放为原则。本品开汤之后清香如兰，茶汤饱满，水路细腻，品饮口感体现出了纯正冰岛的“冰糖水甜”之口感及茶汤“柔中带刚”之气韵。

（七）荣康达高山乌龙茶

“荣康达牌-高山乌龙茶”生产规模为50t，区域范围为3000亩有机乌龙茶基地，产品规格为2×250g、1×168g等，产品用途为食品饮料，主要特点为品尝后齿颊留香，回味甘鲜。

（八）“燕语”牌营盘古茶

“燕语”牌营盘古茶经杀青、揉捻和日照晒青而成，条索紧结、油亮，芽头肥嫩，毛茶的香气干净馥郁。茶汤入口即香甜，苦涩味低。口感饱满丰富、气足韵长。香气中正，渗透性和张力都很强。回甘和生津快，喉韵深，耐泡度高。茶汤色泽金黄油亮，叶片叶脉隆显、分明清晰、厚嫩有弹性，鲜活度高，持嫩性强，韧性好。

农产品地理标志

AGI01772

“双江 · 勐库大叶种茶”区域公共品牌标识　　勐库大叶种茶农产品地理标志

勐库大叶种茶农产品地理标志产品：

（双江自治县勐库镇俸字号古茶有限公司供图）

（双江自治县勐库镇冰岛印象茶厂供图）

（云南双江存木香茶业有限公司供图）

（双江自治县勐库镇壹茶堂茶叶有限公司供图）

（云南壹浒农业开发有限公司供图）　（双江鼎亿茶业有限公司供图）

中国驰名商标——“勐库”牌普洱茶（勐库戎氏供图）

荣誉证书

云南双江勐库茶叶有限责任公司

你公司（厂）使用在30类 茶，茶叶代用品 商品（服务）上的勐库戎氏商标（注册号为：6109668）经云南省工商行政管理局认定为“云南省著名商标”，有效期为二〇一三年十二月至二〇一八年十二月。

特发此证

云南省工商行政管理局

二〇一三年十二月

中国驰名商标——“勐库戎氏”（勐库戎氏供图）

云南省著名商标--“勐康牌”（云南双龙古茶园商贸有限公司供图）

省级“10大名茶”——本味大成（勐库戎氏供图）

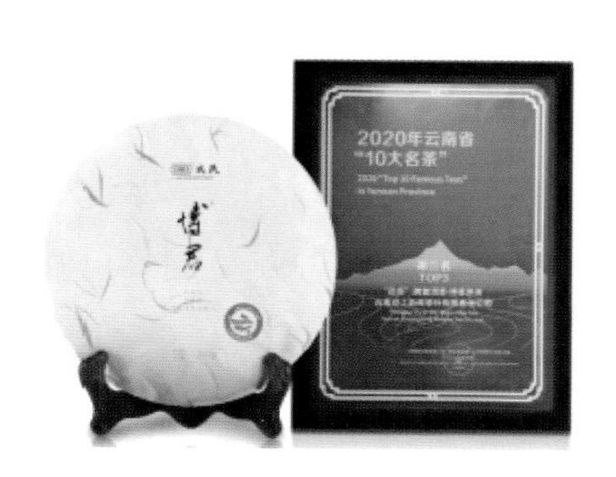

省级“10大名茶”——博君熟茶（勐库戎氏供图）

省级"10大名茶"——"勐库"牌普洱茶（勐库戎氏供图）

市级"10大名茶"——博君生茶（勐库戎氏供图）

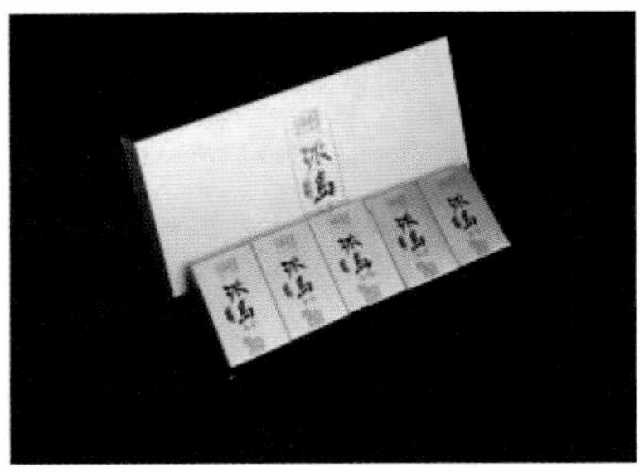

市级"10大名茶"——俸字号冰岛金条（俸字号茶业供图）

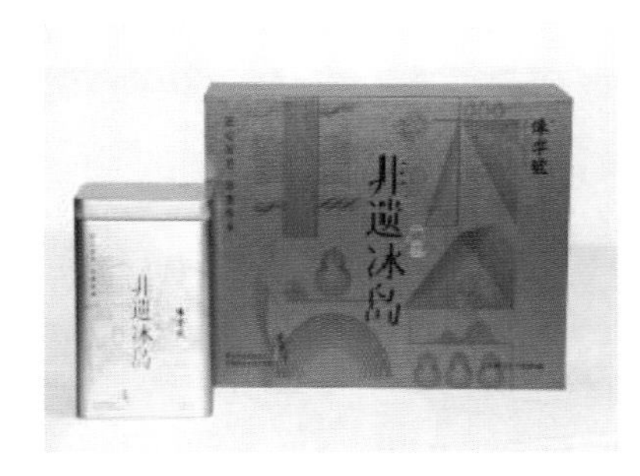

市级"10大名茶"——俸字号非遗冰岛普洱茶（俸字号茶业供图）

荣誉证书

2021年临沧市“十大名茶”

“津乔”牌冰岛正寨

双江津乔茶业有限公司

市级“10大名茶”——津乔牌冰岛正寨（津乔茶业供图）

市级“10大名茶”——荣康达高山乌龙茶（双江荣康达投资有限公司供图）

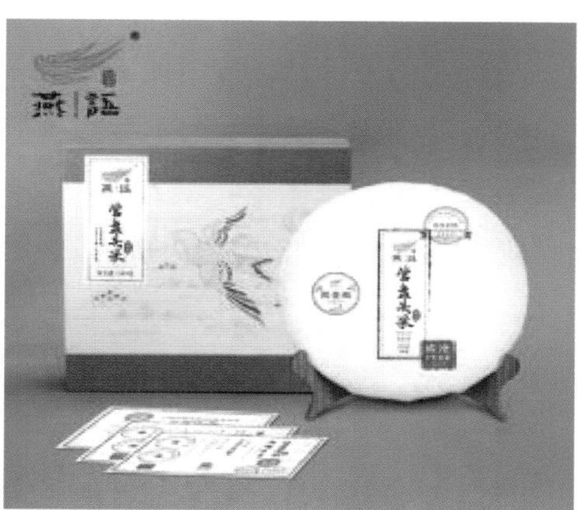

市级“10大名茶”荣康达高山乌龙茶（临沧燕语茶业科技有限公司供图）

参考文献

[1]陈宗懋.中国茶叶大辞典[M].北京:中国轻工业出版社,2012.

[2]蒋会兵,陈林波.云南省茶树种质资源调查与研究[M].北京:中国农业出版社,2012.

[3]梁名志,田易萍.云南茶树品种志[M].昆明:云南科技出版社,2012.

[4]周玉忠,何青元,陈玫.云南少数民族茶俗茶艺文化研究[M].北京:中国农业出版社,2021.

[5]茶祖居住的地方——云南双江[M].昆明:云南科技出版社,2010.

[6]袁正,闵庆文,李莉娜.云南双江勐库古茶园与茶文化系统[M].北京:中国农业出版社,2017.

[7]周重林.茶叶边疆・勐库寻茶记[M].武汉:华中科技大学出版社,2017.

[8]政协临沧市委员会.中国临沧茶文化[M].昆明:云南人民出版社,2007.

[9]史浩然.临沧市双江县佤族鸡枞陀螺文化的产业开发研究[D].云南民族大学,2016.

[10]林棋明.临沧云顶筑巢茶庄园商业模式研究[D].云南大学,2018.

[11]虞富莲."云大"正宗——勐库大叶茶[J].茶叶,1985(02):3-7.

[12]董华明.布朗族的蜂桶鼓舞[J].今日民族,2003(03):47.

[13]管高超,陈丽华.布朗族牛肚被的发展及其性能[J].纺织导报,2015(02):78-81.

[14]金基强,张晨禹,马建强,等.茶树种质资源研究"十三五"进展及"十四五"发展方向[J].中国茶叶,2021,43(09):42-49.

[15]陈杖洲.大叶种茶树优质高产栽培技术要点[J].中国茶叶,1993,(03):13.

[16]陈红伟.拉祜族茶文化探究[J].农业考古,2013(02):129-132.

[17]汪云刚,赵红艳.临沧茶树地方良种及其开发利用对策[J].湖南农业科学,2013(06):59-61.

[18]虞富莲.论茶树原产地和起源中心[J].茶叶科学,1986(01):1-8.

[19]林晓虹.浅论勐库茶山旅游的发展路径[J].茶叶,2019,45(02):97-99.

[20]王艳艳.浅述云南勐库大叶种白茶加工工艺[J].中国茶叶,2019,41(10):38-39.

[21]吴雷.山区茶叶种植技术及种植管理[J].农业技术与装备,2022(06):147-149.

[22]李国胤,苏燕.双江古茶山国家森林公园生态文明教育功能显现[J].云南林

业,2017,38(04):49–50.

[23]王志,杨丽韫,汪礼平,等.双江古茶树资源、价值及农业文化遗产特征[J].茶叶,2016,42(03):175–179.

[24]虞富莲.双江勐库野生大茶树考察[J].中国茶叶,2003(02):9–11.

[25]陈杰丹,马春雷,陈亮.我国茶树种质资源研究40年[J].中国茶叶,2019,41(06):1–5.

[26]宁功伟,杨盛美,宋维希,等.云南茶树种质资源研究60年[J].植物遗传资源学报,2023,24(03):587–598.

[27]郭丹英.云南茶文化考察记略[J].茶叶,2009,35(04):250–253.

[28]郑际雄.云南茶叶主产区古树红茶加工技术[J].茶叶,2021,47(04):211–213.

[29]心表.云南大叶茶品种英豪——勐库种[J].中国茶叶,1982(01):35.

[30]罗琼仙,陈玫,杨毅坚,等.云南独特的茶树管理技术——藤条茶[J].福建茶叶,2021,43(12):193–196.

[31]曹茂.云南各民族茶历史文化遗产研究[J].农业考古,2022(02):203–210.

[32]杨源禾,李秀珊.云南古茶园生态保护研究——以云南双江勐库古茶园与茶文化系统为例[J].农村经济与科技,2022,33(02):153–155.

[33]蒋会兵,唐一春,陈林波,等.云南省古茶树资源调查与分析[J].植物遗传资源报,2020,21(02):296–307.

[34]孙玲,刘思功.云南双江中国古茶文化之乡[J].中国报道,2011(05):66–69.

[35]李汶娟.云南双江拉祜族七十二套路打歌的发展研究[D].云南艺术学院,2014.

[36]刘福桥,李强,戎玉廷,等.云南双江县古茶树种质资源的表型多样性[J].中国茶叶,2017,39(04):22–25.

[37]李强,虞富莲,刘福桥,等.云南双江县仙人山野生古茶树群落调查与分析[J].中国茶叶,2016,38(08):14–17.

[38]陈亮,杨亚军,虞富莲.中国茶树种质资源研究的主要进展和展望[J].植物遗传资源学报,2004(04):389–392.